U0256835

国家社科基金重点项目"爱斯基摩史前史与考古学研究"
（项目编号：18AKG001）阶段性成果

聊城大学学术著作出版基金资助

北冰洋译丛
Translation Series of the Arctic

主编　曲枫

Northern Ethnographic Landscapes

北方民族志景观

北极民族视角

〔美〕伊戈尔·克鲁普尼克（Igor Krupnik）　〔美〕雷切尔·梅森（Rachel Mason）
〔美〕托妮娅·伍兹·霍顿（Tonia W. Horton）　主编
李燕飞　孙庆舒　译
曲枫　审校

Perspectives from Circumpolar Nations

社会科学文献出版社
SOCIAL SCIENCES ACADEMIC PRESS (CHINA)

Northern Ethnographic Landscapes: *Perspectives from Circumpolar Nations* edited Igor Krupnik, Rachel Mason, and Tonia Horton, was published in 2004 by the Arctic Studies Center, National Museum of Natural History, Smithsonian Institution, in collaboration with U. S. National Park Service. (ISBN 0 – 9673429 – 7 – X)

北冰洋译丛编委会

总　序

正如美国斯坦福大学极地法学家乔纳森·格林伯格（Jonathan D. Greenberg）所言，北极不只是地球上的一个地方，更是我们大脑意识中的一个地方，或者说是一个想象。[1] 长久以来，提起北极，人们脑海中也许马上会浮现出巨大的冰盖以及在冰盖上寻找猎物的北极熊，还有坐着狗拉雪橇旅行的因纽特人。然而，当气候变暖、冰川消融、海平面上升、北极熊等极地动物濒危的信息不断出现在当下各类媒体中而进一步充斥在我们大脑中的时候，我们已然意识到，北极已不再遥远。

全球气温的持续上升正引起北极环境和社会的急剧变化。更重要的是，这一变化波及整个星球，没有任何地区和人群能够置身事外，因为这样的变化通过环境、文化、经济和政治日益密切的全球网络一波接一波地扩散。[2]

2018 年 1 月，中国国务院向国际社会公布了《中国的北极政策》

---

① J. D. Greenberg, "The Arctic in World Environmental History", *Vanderbilt Journal of Transnational Law* 42 (2009): 1307 – 1392.

② UNESCO, *Climate Change and Arctic Sustainable Development: Scientific, Social, Cultural and Educational Challenges* (Paris: UNESCO Publishing, 2009).

白皮书，提出中国是北极的利益攸关方，因为在经济全球化以及北极战略、科研、环保、资源、航道等方面价值不断提升的前提下，北极问题已超出了区域的范畴，涉及国际社会的整体利益和全人类的共同命运。

中国北极社会科学研究并不缺乏人才，学科结构却处于严重的失衡状态。我们有一批水平很高的研究北极政治和政策的国际关系学学者，却很少有人研究北极人类学、考古学、历史学和地理学。我们有世界一流水准的北极环境科学家，却鲜有以人文科学和社会科学为范式研究北极环境的学者。人类在北极地区已有数万年的生存历史，北极因而成为北极民族的世居之地。在上万年的历史中，他们积累了超然的生存智慧来适应自然，并创造了独特的北极民族文化，形成了与寒冷环境相适应的北极民族生态。如果忽略了对北极社会、文化、历史以及民族生态学的研究，我们的北极研究就显得不完整，甚至会陷入误区，得出错误的判断和结论。

北极是一个在地理环境、社会文化、历史发展以及地缘政治上都十分特殊的区域，既地处世界的边缘，又与整个星球的命运息息相关。北极研究事关人类的可持续发展，也事关人类生态文明的构建。因此，对北极的研究要求我们从整体上入手，建立跨学科研究模式。

2018 年 3 月，聊城大学成立北冰洋研究中心（以下简称"中心"），将北极社会科学作为研究对象。更重要的是，中心以跨学科研究为特点，正努力构建一个跨学科研究团队。中心的研究人员为来自不同国家的学者，包括环境考古学家、语言人类学家、地理与旅游学家以及国际关系学家等。各位学者不仅有自身的研究专长，还与同事展开互动与合作，形成了团队互补和跨学科模式。

　　中心建立伊始，就定位于国际性视角，很快与国际知名北极研究机构形成积极的互动与合作。2018年，聊城大学与阿拉斯加大学签订了两校合作培养人类学博士生的协议。2019年新年伊始，中心与著名的人文环境北极观察网络（Humanities for Environment Circumpolar Observatory）迅速建立联系并作为中国唯一的学术机构加入该研究网络。与这一国际学术组织的合作得到了联合国教科文组织（UNESCO）的支持。我因此应联合国教科文组织邀请参加了2019年6月于巴黎总部举行的全球环境与社会可持续发展会议。

　　2019年3月，中心举办了"中国近北极民族研究论坛"。会议建议将中国北方民族的研究纳入北极研究的国际大视角之中，并且将人文环境与生态人类学研究作为今后中国近北极民族研究的重点。

　　令人欣喜的是，一批优秀的人类学家、考古学家、历史学家加盟中心的研究团队，成为中心的兼职教授。另外，来自聊城大学外国语学院的多位教研人员也加盟中心从事翻译工作，他们对北极研究抱有极大的热情。

　　中心的研究力量使我们有信心编辑出版一套"北冰洋译丛"。这套丛书的内容涉及社会、历史、文化、语言、艺术、宗教、政治、经济等北极人文和社会科学领域，并鼓励跨学科研究。

　　令人感动的是，我们的出版计划得到了社会科学文献出版社的全力支持。无论在选题、规划、编辑、校对等工作上，还是在联系版权、与作者（译者）沟通等事务上，出版社编辑人员均体现出严谨的职业精神和高水准的业务水平。他们的支持给了我们研究、写作和翻译的动力。在此，我们向参与本丛书出版工作的各位编辑表示诚挚的谢意。

聊城大学校方对本丛书出版提供了经费支持，在此一并表示谢意。

最后，感谢付出辛勤劳动的丛书编委会成员、各位作者和译者。中国北极社会科学学术史将铭记他们的开拓性贡献和筚路蓝缕之功。

曲　枫

2019 年 5 月 24 日

序　言

英国环境史学家伊恩·戈登·西蒙斯（Ian Gordon Simmons）将全球的土地依生态类型划分为"驯化之地"（tame land）和"荒野之地"（wild land）。他将前者定义为人工生态系统，将后者定义为自然生态系统。但这并不意味着后者属于非人工化的纯粹的自然生态系统，而是指人类活动并未对自然生态构成致命性破坏的地方，比如英国的高沼地。在他看来，自旧石器时代晚期开始，除了南极大陆，地球上就再也找不到纯粹自然的生态系统了。这其中就包括气候寒冷干燥的北极地区。[①]

人类对北极环境的开发与利用至少有两万年的历史。大量考古发现的人类活动遗址分布在广袤的北极地区，揭示了人类历史对北极景观的塑造。值得注意的是，当工业革命在西欧开始并迅速扩展到世界大部分地区的时候，这一浪潮对北极地区的影响并不明显。北极地区在席卷全球的生态灾难中得以幸免，其"荒野"状态保存至今。因而，人类文化对北极景观的构建明显不同于其他地区，因为它并未以

---

① 贾珺：《英国地理学家伊恩·西蒙斯的环境史研究》，中国环境出版社，2011，第 101 ~ 103 页。

牺牲自然生态为代价。文化生态与自然生态处于相互依存的和谐状态。

北极景观是文化性质的而非自然性质的。这样，我们首先得明白"文化景观"的概念。美国地理学家卡尔·苏尔（Karl O. Sauer，1889 – 1975）在其文化生态学理论中最早提出了"文化景观"的概念，认为地理概念的建立必须基于景观的物质与文化的双重因素。景观是对人类有重要意义的物质区域，由于人类的使用，因而具有物质背景事实和人类文化事实。① 从 20 世纪 90 年代开始，美国国家公园管理局（National Park Service）开始启动文化景观项目，将文化景观定义为"一个拥有文化和自然资源、野生动物或家畜的地理区域，此区域与某个历史事件、活动或人有密切的关系，或展现出其他的文化或美学价值"。文化景观包含四个部分，分别是历史设计景观（historic designed landscape）、历史本土景观（historic vernacular landscape）、历史遗迹（historic sites）和民族志景观（ethnographic landscape）。其中，民族志景观尤其重要，它常常包含自然资源和文化资源两部分，既包括植物、动物、地质结构和地貌，也包括人工建筑物和人工制品。②

联合国教科文组织于 1997 年公布的《实施世界遗产公约的操作指南》第 39 条详细列出了文化景观的三种形式：人类有意创造的景观、自然演化的生物性景观以及综合了以上两种因素的综合性景观。其中，第三类景观由于"具有将自然因素与宗教、艺术或文化因素紧密联系在一起的优势，远远胜于那些不太重要的或是证据缺失了的

① Carl O. Sauer, *The Morphology of Landscape* (Berkley: University of California Press, 1925).
② 见本书《撰写民族志史——历史保护、文化景观和传统文化遗产》。

物质文化"。

在 20 世纪 90 年代之前，地理学家和人类学家一直秉承笛卡尔的二元论思想，将景观中的自然因素与文化因素截然分开。在联合国教科文组织公布的《实施世界遗产公约的操作指南》中，我们仍然可以清楚地看到文化与自然之间的划分。然而，民族志景观概念的提出则有意模糊二者之间的界限。如美国人类学家托妮娅·伍兹·霍顿（Tony Woods Horton）认为，民族志景观是一种代表着与历史文化族群密切相关的遗产价值的独特的资源环境。[①] 加拿大人类学家苏珊·布吉（Susan Buggey）认为，民族志景观正属于《实施世界遗产公约的操作指南》中的第三种文化景观类别，即综合了文化因素与自然因素的景观。[②]

笛卡尔二元论将人类视为世界的主宰，将环境与物质世界仅仅看作人类生存资料的来源。然而，自 20 世纪 90 年代以来，人类学家发现二元论不仅在狩猎采集社会中，而且在人类历史上的许多社会形态中都是不存在的。对笛卡尔二元论的质疑形成了著名的人类学"本体论转向"思潮。这一思潮的领导者包括法国人类学家布鲁诺·拉托尔（Bruno Latour）和菲利普·戴斯克拉（Philippe Descola）、巴西人类学家维维洛斯·德·卡斯特罗（Viveiros de Castro）以及英国人类学家提姆·英格尔德（Tim Ingold）等人。民族志景观概念的提出正是对这一本体论转向思潮的直接反应。在民族志景观理论中，自然与文化并不是截然二分的，而是一种互动的主体间关系。

---

① 见本书《撰写民族志史——历史保护、文化景观和传统文化遗产》。
② 见本书《加拿大土著文化景观研究方法》。

无论是美国还是加拿大，在 20 世纪 90 年代之前，国家文化遗产管理部门主要依据考古学、历史学和艺术史学原则来界定遗址、遗迹和文化景观。然而，90 年代以后，它对遗迹的认定更加注重土著与土地之间的关系，强调文化景观概念中文化与自然环境的互动，形成了一种独特的纪念民族文化历史的方法，即民族志景观方法。这一新的视角将考古资源、与人类历史联系密切的自然环境以及有关的岩画遗址都视为民族志景观，表明其遗产界定方法已从以二元论为理论基础的科学思维向以"天人合一"思维为特征的土著民族知识转移。①

自 20 世纪 90 年代开始，美国通过了很多联邦和州立法案，旨在保护美国土著的文化遗产和民族志景观。在此背景下，美国国家公园管理局与史密森学会北冰洋研究中心合作，联合加拿大、俄罗斯以及北欧的人类学家、民族学家、考古学家以及国家公园的管理者，就极地国家民族志景观的保护政策和未来发展撰写了多篇论文，编撰成《北方民族志景观》一书，2004 年由北冰洋研究中心和美国国家公园管理局联合出版。

该书主要从三个层次对北极土著民族志景观的保护进行了阐释。第一个层次是从国家法规层面释读加拿大、美国、俄罗斯等北极国家对民族志景观的官方保护措施和管理系统，介绍了各个国家的保护机构及研究机构所施行和提倡的保护方法。第二个层次是公园管理人员或研究人员的地域性民族志景观项目，揭示了被国家政策忽略的各种现实问题。第三个层次是从地区角度分析了多年来当地机构积累的民族志景观研究经验，描述了北极地区的历史、政策及人口融合状况。

本书的三位主编分别为美国史密森学会北冰洋研究中心的民族

---

① 见本书《加拿大土著文化景观研究方法》。

学家、人类学家伊戈尔·克鲁普尼克（Igor Krupnik）博士，美国国家公园管理局阿拉斯加地区办公室的文化人类学家雷切尔·梅森（Rachel Mason）和美国国家公园管理局宾夕法尼亚州高级主管、时任宾夕法尼亚州立大学景观建筑学助理教授的托妮娅·伍兹·霍顿。

项目的发起人和组织者、第一主编克鲁普尼克博士的研究方向包括北极民族志学、土著生态知识、社会系统学等，尤其关注全球气候变化对极地文化遗产保护的影响。他工作勤奋，著作等身，担任过数个著名出版项目的主编。他是俄罗斯移民，20世纪70年代在苏联俄罗斯科学院民族研究所获得了民族学博士学位。在阿拉斯加大学人类学系担任短暂的教职之后，于1991年加入由美国考古学家威廉姆·费茨（William Fitzhugh）刚创立三年的北冰洋研究中心。2018年8月，我前往美国华盛顿史密森学会北冰洋研究中心拜访了克鲁普尼克先生。研究中心坐落在美国国家自然历史博物馆的老式建筑内，房间中的老式家具让我感觉似乎回到了多年以前，历史感油然而生。这是一个天气舒适的下午，阳光透过老式窗户照在我们两人之间的旧桌子上。当克鲁普尼克先生得知聊城大学创办了中国第一家以北极人文和社会科学为研究对象的北冰洋研究中心时，显得十分高兴。他花了几乎整整一个下午向我介绍史密森学会北冰洋研究中心于20世纪80年代创建的经过与30年的发展历程，并向我提出了很多有关机构开创与事业发展的建议。当我向他提出将《北方民族志景观》一书译为中文出版的想法时，马上就得到了他的赞同。

翻译本书的计划很快得到了史密森学会北冰洋研究中心主任威廉姆·费茨的肯定与支持。当时他在加拿大北极地区从事发掘，未能与我会面。他在给我的电子邮件中以美国人特有的直率表示："我们非常愿意将我们中心出版物的读者群扩展到大洋彼岸的中国。"后来，当社会科学文献出版社的版权负责人与他沟通版权事宜并向他送达版权协议时，他非常认真地阅读了协议并将中文版权免费授予聊城大学北冰洋研究中心与社会科学文献出版社。

翻译工作在聊城大学外国语学院李燕飞博士的组织下迅速启动。英文版本中原有18篇论文，我们选取了其中更具代表性的11篇。本书的翻译队伍人员构成如下：聊城大学外国语学院教授崔艳嫣博士（第一篇、第十一篇）、聊城大学外国语学院副教授李燕飞博士（第二篇、第三篇、第七篇）、聊城大学外国语学院副教授朱坤玲博士（第四篇、第八篇）、聊城大学外国语学院讲师孙利彦（第五篇）、聊城大学外国语学院副教授马敏（第六篇、第七篇）、聊城大学外国语学院副教授孙厌舒博士（第九篇、第十篇）。以上人员全部为加盟我们北冰洋研究中心的兼职研究人员。他们怀着对北冰洋研究的极大热情，不辞辛苦，牺牲了大量的节假日时间，于2019年3月出色地完成了全部书稿的翻译和初步的校对工作。我相信，他们在中国北极人类学研究史上的贡献一定会被后人铭记。

本书的翻译组织工作得到了聊城大学外国语学院院长陈万会教授以及聊城大学"一带一路"沿线非通用语研究中心的全力支持。谨致谢意。

我校北冰洋研究中心的齐山德博士担任了出版、编辑事务的组织与联络工作。虽然事务繁缛，但他处理事务的出色能力为本书的顺利出版提供了保障。

感谢社会科学文献出版社国别区域分社社长张晓莉博士与叶娟编辑、肖世伟编辑的辛勤工作。他们的认真工作使本书的质量得到了保证。

最后，我们当然应该把诚挚的感谢送给同意我们翻译此书并向我们无偿赠送版权的克鲁普尼克博士和史密森学会北冰洋研究中心主任费茨博士。

曲　枫

2020 年 8 月 26 日

目　录

加拿大土著文化景观研究方法

苏珊·布吉 （Susan Buggey）

与西方看待土地和景观的视角不同，世界上许多地方的土著通常以他们的经验看待景观，主要从精神层面而非物质层面构建人与土地的关系。许多土著认为整个大地都是神圣的，他们把自己看成是这一神圣的生活景观不可分割的一部分，与动物、植物和他们的祖先一样属于大地，祖先的灵魂依然栖居在此。对许多土著来说，景观中的地点也是神圣和权威的，神灵曾穿行其中，需要敬仰和抚慰。来自神灵的律法和馈赠塑造了加拿大北部土著的文化和日常活动。长期持续地与当地自然资源和生态系统交集形成的丰富知识以及对栖居此地的神灵的尊崇，塑造了他们的生活。以口头形式代代相传的叙事、地名和生态民俗等传统知识，体现并保存着与土地的关联。景观"容纳"了这些故事，而保护这些景观才能使它们在土著文化中得以长期存在。

在加拿大北部，几千年来土著一直居住在恶劣多变的环境中。跨越时空的各种各样的历史经验，以及各不相同的现状，构成了人与土地关系的特征。今天，印第安人（Indians）、因纽特人（Inuit）

和梅蒂斯人（Métis）由大约 50 个"第一民族"组成，使用大约 16 种不同的语言，但是主要讲阿萨巴斯卡语（Athapaskan）和因纽特语（Inuktitut）。这个地区在政治上分为三个区域：西部的育空（Yukon）地区、位于中心的西北地区（Northwest Territories）和东部的努纳武特（Nunavut）地区。土著的权利和定居区由土著民族与联邦政府谈判达成的综合土地索要协议界定，并以传统的土地使用和占有为基础。每项索要协议中的规定各不相同，过去十年达成的协议包括与环境、遗产和文化资源有关的条款，这些条款为国家历史遗址提供了部分规划背景（Lee，1997）。1991 年成立的皇家土著民族委员会（Royal Commission on Aboriginal Peoples）审查了加拿大各个历史时期的土著民族与整个加拿大社会及政府之间的关系。它的大量报告（Canada，1996）阐明了土著的世界观、知识传统、问题和建议，这些都与后续的土著遗产问题相关。加拿大最高法院（The Supreme Court of Canada）对德尔加穆库案（Delgamuukw case，1997）的判决标志着在法律上接受土著的口述历史——与一个群体的传统地区有关，同时对与土地所有权有关的土著的权利也产生了更广泛的影响。

为了认识土著文化景观的价值和纪念这些景观遗址，对景观的鉴定和评价必须以土著的世界观为重点，而不是以西方文明和西方科学传统的非土著文化为重点。在加拿大，国家遗产属于环境部（Minister of the Environment）的权限。加拿大历史遗址和遗迹委员会（Historic Sites and Monuments Board of Canada，HSMBC）是一个法定机构，由十个省、三个地区和三个国家遗产机构的代表组成，可以就确定遗产的国家历史意义向环境部长提出建议。加拿大公园管理局（Parks Canada）是一个对环境部长负责的联邦政府机构，管理国家历史纪念计划。长期以来土著民族的历史在加拿大国家历史遗址系统中不被重视，但现在是优先议题之一。十年来，由多方参加的持续对话一直在探索如何处理加拿大历史上这一被忽视的方面。1997～1998年，加拿大历史遗址和遗迹委员会明确指出，需要建立一个合适的框架，此框架应以基于"自然、传统、连续性和与土地的关系……来作为确定历史意义的决定性因素"，"考虑纪念团体［并］注重某地对土著族群的重要性"（HSMBC Minutes，July 1998）。本文着眼于加拿大北部，但其背景则是整个国家（Buggey，1999）。本文把土著的世界观和遗址与文化景观以及与土著民族历史有关的国家历史遗址认定联系起来，通过与加拿大公园管理局、全国各省和地区的工作人员，具有与土著社区合作的经验丰富的顾问，在综合组织和其他岗位的土著等约 50 人对各个方面问题的探讨，介绍了加拿大为鉴定具有国家历史意义的土著文化景观制定的指导方针。

土著的世界观

了解北方景观需要了解相关的宇宙学知识。土著的宇宙学涉及地球、天空、元素、方向、季节以及与土著自古居住的土地有关的不断变换形体的神话人物。在这些宇宙观的指导下，土著创作了许多与他们自己的家园有关的故事，他们把自己在这些地方出现的时间追溯到神灵穿越世界之时，神灵自由地在人和动物之间变换形体，创造他们的祖先并勾画出景观的轮廓。例如，对于次北极的捕海狸者（Beaver people）来说，创世纪故事的焦点人物是穆斯克拉特（Muskrat），他从海底把一点泥土带到地表，这代表了来自四个方向的小径汇集在一起。斯旺（Swan）也是创世纪故事的焦点人物，他飞向天空，带回了世界和四季的歌声。在视觉感官上，男孩斯旺成长为文化英雄萨亚（Saya），他像太阳和月亮一样穿越天空，是第一个追踪动物踪迹的人，从而建立了猎人与猎物之间的关系。猎人头朝东方——太阳升起的方向——睡觉，这样他们在陆地上真实地捕猎之前，就可以梦想着一直沿着太阳的轨迹捕猎（Ridington，1990：69－73、91－93）。

一些遗址也体现了这些宇宙学背景。文化英雄的旅行和探索的范围可能与景观中的特定特征相关，比如西北地区麦肯基盆地（Mackenzie Basin）的雅莫里亚（Yamoria）和其他几个族群和他同名的人的旅行和探索等（Andrews，1990）。这些叙事因族群而异，但是故事的高潮都出现在同一地点——麦肯基河畔的熊岩（Bear Rock）。在那里，高山地貌和考古证据长期联系在一起。许多迪恩人视熊岩为圣地和重要的象征符号，把它作为迪恩人的标志，象征迪恩人和德尼赫人（Deneneh）的关系（Hanks，1993）。哥威迅人（Gwich'in）的"魔术师雷文"（Raven）系列故事记录了当今西北地区启吉迭克（Tsiigehtchic）景观里的空洞是如何成为他的营地和床的（Gwich'in Social and Cultural Institute，1997：800－807）。在魁北克（Quebec）北部，巨型海狸仍然处于身体变换模式中，与之有关的地点分布在人口稀缺的土地上（Craikand Namagoose，1992：17－21）。

通过与宇宙和神灵的关联，有神力的场所得以确认。在这些场所，神灵和土地的结合创造了有利于与神灵交流的环境。例如，对西北地区多格里布人（Dogrib）景观中两条小径沿途遗址的鉴定，区分了多格里布长者认为的五类神圣遗址：

——文化英雄的活动与景观特征相关的遗址；

——巨人居住的场所，这些巨人通常是怀有恶意或危险的

"灵兽";

　　——文化英雄的梦境与风景相交的遗址;

　　——发现了诸如石头、赭石等重要资源的遗址;

　　——坟墓。

沿着爱达小径（Idaà Trail），发现了 20 个与文化英雄亚摩沙（Yamòzhah）有关的圣地，以及他在保护土地安全方面的功绩（Andrews et al.，1998：307 - 314；Andrews，本卷）。

　　与圣地相联系的宇宙学、神话学，以及与这些地方的神灵和神力相联系的文化关系，是加拿大土著景观的重要特征。传统知识直接把当代文化与传统遗址联系起来。社会结构、经济活动、语言、仪式和精神信仰通过与遗址有关的非物质传统来保存文化记忆。要把这些遗址看成是身份辨认的标志，就需要通过与之相关的族群的世界观和经验来看待它们。正如报告《拉基高阁：我们关心的地方》（*Rakekée Gok'é：Places We Take Care Of*）中所言：

　　　　了解萨图·迪恩人（Sahtu Dene）和梅蒂斯人历史最重要的主题之一是文化与景观的关系。几乎所有的萨图·迪恩人和梅蒂斯人的历史都写在土地上。因此，纪念这种关系的地方和遗址是萨图·迪恩人和梅蒂斯人身份的组成部分（Sahtu，2000：14）。

代代相传的故事和地名把与神灵的关系直接和土地联系在一起。

　　萨图·迪恩人的叙事创造了一个包括了灰熊山（Grizzly Bear Mountain）和香草山（Scented Grass Hills）等文化景观的系列故事，"神话和记忆"的网络延伸到山外，覆盖了包括大熊湖在内的整个西部地区，展示了萨图·迪恩景观传统的复杂性（HSMBC Minutes，November 1996）。

土著信仰和土著传统的复杂性与密集性标志着人们与土地的现存关系。"土地"的概念包括水、天空和地球。人、动物和神灵之间的相互关系，以及亲属关系和与地方相关联的语言，都体现于生活在特定环境中的人的精神、心理和情感方面。传统生活植根于对自然环境的深入了解，侧重于季节性迁移，并与动物迁徙、海洋资源和狩猎活动交织在一起。无论是收获、社会集会还是仪式、庆典，都是与土地关系的重要表现。亲属关系、社会关系和相互责任在这个复杂的循环中关联了几个世纪。土著不仅把土地当作物质资源，而且在精神上和土地紧密相连。

人类生活的各个方面与自然景观的内在相互关系——社会和精神关系以及收获——使土著文化植根于土地，土著文化景观的定义如下：

> 土著文化景观是指土著（或族群）珍视的某个地方，他们与那片土地有着长期而复杂的关系，那片土地表明他们与自然和属灵环境的统一，体现了他们关于神灵、地点、土地利用和生态的传统知识。表明这种联系的实物遗迹可能非常重要，但往往数量很少或者已经缺失（Buggey，1999：27）。

相关人员不一定是土地目前的主人或使用者，还可能包括那些对其文化仍具有重大历史意义的人，如魁北克的休伦－温达特人（Huron-Wendat），他们在 17 世纪中叶离开安大略省南部。此外，其他人而非相关族群可能利用了这些景观，也可以赋予景观更多的价值。

文化景观

在确定具有国家历史意义的文化景观时，加拿大遵循了联合国教科文组织的做法。经过近十年关于文化景观的性质及其潜在的突出的普适价值的辩论，1992 年《保护世界文化和自然遗产公约》的执行机构、联合国教科文组织世界遗产委员会（World Heritage Committee）一致认为"文化景观"包括了各种各样的人类与自然环境相互作用的表现（UNESCO，1996a：37）。联合国教科义组织的指导方针侧重于塑造文化景观的社会和自然世界之间的互动，依据这个特征，联合国教科文组织列出了三类景观：

  ——人类有意设计和创造的清晰可见的景观；
  ——自然演化的生物景观，包括过去和正在演化的生物景观；
  ——综合了以上两种因素的文化景观。

这些初步分类有利于识别景观的价值。第三类综合性文化景观"之所以被列入世界遗产名录，是由于它们具有将自然因素与宗教、艺术或文化因素紧密联结的优势，远远胜过那些不太重要或是证据缺失的物质文化景观"（UNESCO，1996a：39iii），与土著民族相关的文化景观最有可能符合这一类别。

  综合性文化景观标志着传统的植根于物质资源的遗产观念的重大转变，这种物质资源可能是文化遗产，也可能是自然遗产中的荒野。综合性文化景观也重视文化和自然价值在文化景观中的不可分割性。联合国教科文组织举办的 1995 年亚太综合性文化景观讲习班阐述了

综合性文化景观的基本特征:

> 综合性文化景观可以定义为大或小的、连续或非连续的区域
> 和路线或其他线性景观,是可以嵌入人们的精神、文化传统和实
> 践的物理实体或心理图像。综合性文化景观可以是无形的,包括
> 声学、动力学和嗅觉以及视觉的东西,也可以是可见的
> (Australia ICOMOS,1995:4)。

综合性文化景观是由与自然资源相关的文化价值定义的。与宇
宙学相联系且具有象征性、神圣性和重大文化意义的景观范围非常
广泛,包括山脉、洞穴、露出地面的岩层、沿海水域、河流、湖
泊、水池、山坡、高地、平原、树木。虽然物质资源在很大程度上
是自然的,但其文化价值将它们从自然景观转变为文化景观。在语
言中,叙事、声音、仪式、亲属关系和社会习俗是文化意义的凝聚
性证据。

在文化景观作为文化遗产不可分割的组成部分出现的同时,自然
遗产界也认识到,长期以来被认定为原始荒野并以其未被人类活动触
及的生态价值而闻名的地区是土著族群的家园,其文化景观是由长
期、持续的人类居住形成的。他们对这些景观的治理常常改变了原来
的生态系统,但同时也促进了生物的多样性,而生物多样性长期以来
被认为是荒野的主要价值 (McNeely,1995)。人类学家及致力于传
统利用研究和重建西海岸文化景观的土著将这一悖论应用于观察西海
岸景观的方式。与体察荒原的游客和科学家相比,海达人 (Haida
people) 将他们已定居数百年的家园海达瓜依 (Haida Gwaii) 群岛视
为历史和精神遗存。

　　加拿大公园管理局将文化景观定义为"被人们改造、影响或赋予特殊文化意义的地理区域"（Parks, Canada, 1994a: 119），明确认定土著民族赋予文化景观无形的价值。在没有物质遗迹的情况下依据精神联系赋予这些遗址相应的遗产地位，就是在承认和认定这些民族的人类价值，而这种人类价值对这些民族的身份至关重要。大多数省份采取了一种处理文化景观的方法（例如，安大略省，http://www.culture.gov.on.ca/english/culdiv/heritage/landscap.htm；新斯科舍省: http://museum.gov.ns.ca/mnh/nature/nhns/t12/t12 - 2.htm)。虽然各省和地区认识到一些认定的遗址，如艾伯塔省省立石刻公园（Writing-on-Stone Provincial Park）和魁北克省米斯塔西尼湖边的白山（White Mountain on Lake Mistassini），具有文化景观价值，但是它们在纪念土著遗产时一般采用考古学而非文化景观的方法，并未指认土著文化景观所在地。然而，不列颠哥伦比亚省的传统使用研究项目（British Columbia, 1996）和育空地区在其规划过程中对土著价值的论述阐释了确认文化景观的其他方法。土著决策者也有自己的方法，包括通过地名研究说明其象征价值。

土著文化景观的国家历史遗址认定

　　在过去的30年里，加拿大历史遗址和遗迹委员会为确认国家历史遗址推荐了许多与土著民族文化相关的地方。从20世纪60年代末至80年代，该委员会主要是从艺术史和考古学的角度纪念土著历史，之后该委员会则将文化景观与在当地生活的土著联系起来，这一转变反映了各个决策时期的历史过程。早在1969年，该委员会就认为位于努纳武特巴芬岛埃努斯科角的因纽苏特雕像（Inuksuit at Enusko

Point，Baffin Island，Nunavut）具有重要的国家意义。按照当时的观点，该委员会主要把它看作考古文物，而不是整体的多维文化景观的一部分（Stoddard，1969）。对国家多处系列遗址的认定反映了这一识别其价值的科学方法，这一方法将对遗址的认定置于考古学、历史学和艺术史学的学科规则中。文化景观的范围、界限和意义通常由考古调查进行描述，有时还辅以专业的历史或民族学研究；依赖既定的标准，文化景观价值的认定取决于它是不是某一文化的杰出代表（Federal Archaeology Office，1998a，App. B）。这些景观的规模是有限度的，如安大略省阿瑟利峡谷（Atherley Narrows）原始部落的鱼堰或艾伯塔省神秘的克鲁尼土屋村（Cluny Earthlodge Village）。一些遗址在加拿大国家历史上被认定为具有历史意义的遗址，如在 1885 年西北起义（North West Rebellion/Resistance）中具有重要作用的巴托什（Batoche）遗址。其他地方之所以成为国家历史遗址，是因为它们以艺术的形式表现文化，如安大略省的彼得堡（Peterborough）岩画或不列颠哥伦比亚省海达村的南斯丁斯（Nan Sdins）。一些大型遗址，如纽芬兰（Newfoundland）省的奥乔克斯港（Port au Choix）和新斯科舍省的德伯特/贝尔蒙特（Debert/Belmont），因自身的文化历史被确认为遗址。这些遗址都是通过考古证据而非文化联系来确认的。主要根据考古证据认定与土著民族历史有关的遗址的做法反映了国家和国际遗产界的标准做法。从那时起，虽然没有采取措施来降低考古的价值，但认定遗址的制度标准已经改变，以确保当今相关的社区参与认定和管理文化景观。

20 世纪 90 年代的视角

加拿大历史遗址和遗迹委员会认识到土著的历史在国家历史遗址

系统中并没有充分的代表性，因此在 1990 ~ 1991 年探讨了与纪念土著民族历史有关的问题和遗址的初步分类。董事会建议：

> 对土著民族具有精神和/或文化重要性的遗址，即使不存在非物质文化资源，只要有以口述历史获得的证据，或者该地对涉及的文化确实具有特殊意义且能确定其位置，这些遗址一般也应有资格被认定为国家历史遗址（HSMBC Minutes，February 1990）。

背景文件确定："基于土著视角的潜在的纪念意义可以来自以下一种或多种情况：传统和持久的土地使用；人民和土地之间的关系；第一民族历史上最近的事件，如它与新来者的关系。"（Goldring & Hanks，1991）受西北地区西部红狗山（Red Dog Mountain）和鼓湖小径（Drum Lake Trail）的启发，加拿大历史遗址和遗迹委员会特别关注探索神话或神圣遗址的意义及"包含许多物质资源的线性遗址或小径的潜力。……强调人与土地之间的联系"（HSMBC Minutes，March 1991）。作为 1990 ~ 1991 年正式和非正式磋商的结果，任何解决土著历史问题的框架：

> ——必须符合北方地区关于遗产和文化遗址的索赔要求（Lee，1997）；
> ——必须尊重体现土著与土地之间持久关系的土著世界观；
> ——为了实现第二个目标，必须认识到土著理解……人与地方的关系所具有的伦理、文化、医学和精神要素，而且这些要素与经济利用模式交织在一起。讲述的故事是关于特定区域的故事，只有在此地才存在神力，此地特有的教义在非土著社会没有

与之对应的教义。在土著文化中，这些属性往往比过去人类使用土地的物质遗迹更重要（Coldring & Hanks，1991：14）。

因此，到 1991 年，加拿大历史遗址和遗迹委员会已经形成有关观念、问题和架构的基本纲要，用来解决北部土著遗址问题，而且在接下来的 10 年里，他们逐渐增加了对土著民族历史纪念的思考和建议。该委员会决定不再继续研究岩画和象形文字，而将资源转移到以社区为基础的研究。这一决定标志着一个关键阶段的到来。从科学知识向土著传统知识转移，从遗址的类型（如小径、圣地）向体现传统叙事和精神含义以及经济用途的遗址转移，从制定评估标准向确定纪念土著民族历史的指导方针转移，该委员会逐渐形成一种纪念土著民族历史的方法，这种方法既基于土著价值观念，也基于土著遗址对所有加拿大人的意义。文化景观的概念植根于文化与自然环境在各个方面的相互作用，集中体现了这种方法。

协商和参与

20 世纪 90 年代文化景观研究方法的关键是相关人员直接参与重要遗址的选择、研究设计、认定和治理。20 世纪 80 年代，在对西北地区的麦肯基盆地和不列颠哥伦比亚省的斯托洛（Stólō）遗址（Hanks & Pokotylo，1989；Lee & Henderson，1992）的研究中，研究方法从文化史过渡到民族考古学。迪恩人和梅蒂斯人更加积极地参与对麦肯基盆地的研究，这表明"迪恩人讨厌成为简单的调查对象而非调查者"（Hanks & Pokotylo，1989：139）。迪恩文化研究所（Dene Cultural Institute）的传统环境知识试点项目（Traditional Environmental Knowledge Pilot Project）启动于 1989 年，是参与式行动研究的范例，其中土著民族主要参与满足其需要的研究方向，包括研究设计和实施，这是"传统环境知识研究认可的方法"（Johnson, 1995：116）。土著民族特别是土著长者的积极参与，使调查工作的重点从对物质资源的分析转移到对人与土地的精神关联的分析。

20 世纪 90 年代的经验认可了这一关键作用，新斯科舍省克吉姆库吉克国家公园（Kejimkujik National Park）的岩画最初被确定为纪念物时，它们被视为公园的主要文化资源。与米克玛克人（Mi'kmaq）协商后，将纪念的关注点从简单的资源类型转移到整个园区。米克玛克人和加拿大公园管理局大西洋区域办事处的代表联合编写的背景文件认为"人与地方之间的联系有重要的意义"，提出了该地区"文化景观"纪念的三个依据：

    ——传统土地利用具有 4000 年历史，其中考古资源基本保存完好；

    ——公园的自然环境表明此地是米克玛克人的精神家园；

    ——岩画遗址是米克玛克人文化和精神的重要组成部分（Mi'kmaq, 1994）。

同样，当加拿大公园管理局在不列颠哥伦比亚省南斯丁斯国家历史遗址发起纪念活动时，经与世袭酋长协商，认为在确认遗产价值时，虽然这个村子代表的海达艺术和建筑艺术的成就是确认其为国家历史遗址和世界文化遗址的核心因素，但同时也要承认"一个民族在此地的历史"：

    ——具有延续性的海达文化与历史；

——海达文化与陆地和海洋的联系；

——海达遗址的神圣性；

——是几千年来海达口述传统的视觉钥匙（Dick and Wilson，1998）。

这两个例子都表明了加拿大公园管理局执行了 1992～1994 年加拿大土著民族历史国家工作坊制定的三项原则：

——土著传统知识对理解所有土著民族的文化和历史具有至关重要的意义；

——与土著群体进行有意义的参与式协商；

——土著群体在展示他们的历史和文化方面发挥主导作用（Parks Canada，1994b）。

多格里布长者参与西北地区爱达小径沿线的大量研究，扩大了最初的研究设计，即从调查传统遗址和关于多格里布地名及故事的文件到记录圣地和传统方式旅行，再到为多格里布青年确定考古方法和制订口述传统记录方面的训练计划等（Andrews & Zoe，1997：8 - 10）。长者认为只有五类圣地而不是六类，因为第六类只是代表了来自它们文化之外的认同（Andrews et al.，1998：307 - 308）。最近提交加拿大历史遗址和遗迹委员会的研究项目一直积极吸纳当地社区及其长者参与和咨询。

1995～2000 年新近认定的土著文化景观

自 1990 年以来，加拿大历史遗址和遗迹委员会考量了许多土著文化景观。早在 1991 年，不列颠哥伦比亚省的哈兹岩（Hatzic Rock）——现在被称为赛义姆（Xá:ytem）——不仅提供了可能具有国家意义的考古学证据，而且就土著文化价值而言，这里也是神灵变换形体的遗址。此遗址直接借鉴了戈登·莫斯（Gordon Mohs）对斯托洛人的研究，展示了支持其作为圣地的宇宙观（Lee & Henderson，1992；Mohs，1994）。1998 年，在与斯托洛人协商后，在国家成本分担方案框架下达成协议。此协议认为只要遗址对土著民族具有重要的精神意义，该委员会可以被授权认定此遗址具有特殊的国家意义。

1995 年认定的喀山河秋季驯鹿过境点（Kazan River Fall Caribou Crossing site）和阿维亚华克（Arvia'juaq）沿海岛屿及与之毗邻的北极东部奇基克塔阿朱克（Qikiqtaarjuk）海角遗址，为土著文化景观的综合经济、社会和精神价值提供了独特的例证。这些遗址分别由贝克湖（Baker Lake）和亚怀亚特（Arviat）社区选定，目的是保护和描绘此地因纽特人的历史和文化，这些遗址"有力地说明了基瓦廷（Keewatin）地区因纽特人的文化、精神和经济生活……对相关社区具有特殊意义"（HSMBC Minutes，July 1995）。

  ——这些遗址是早期考古调查的结果；

  ——这些遗址使用了全球定位系统进行地图测绘；

  ——现场拜访长者确认这些遗址；

  ——通过与社区内其他知识渊博的因纽特人进行口头访谈确认这些遗址；

  ——确认这些遗址也是记录与该地区相关的传统故事的结果。

通过以上方式确定了与这些遗址相关的传统的土著价值和科学价值

（Keith，1995；Henderson，1995）。经批准的纪念性匾文阐明了这些文化景观的实有价值和潜在价值：

> 几个世纪以来，穿越喀山河的秋季驯鹿对内陆因纽特人来说至关重要，因为驯鹿为他们提供了日常生活必需品和度过漫长冬天的手段。在水中，大量驯鹿很容易被驾驶基雅克斯船（qajaqs）的猎人捕获或者猎杀。因纽特人根据传统信仰和习俗珍惜和保护驯鹿经过的土地，以确保驯鹿每年南迁期间返回此地。驯鹿是内陆因纽特人生活的重心，全身都是宝，是因纽特人的食物、燃料、工具、衣服和房屋建筑材料（Harvaqtuuq，1997：2.3）。

> 几个世纪以来，因纽特人每年夏天都回到这里扎营，收获丰富的海洋资源。一次次的团聚也为教导年轻人、庆祝生活、加强和更新因纽特人社会关系提供了机会。阿维亚华克和奇基克塔阿朱克的口述历史、传统知识和考古遗址为后世提供了文化和历史基础，这些遗址仍然是亚怀亚特地区庆祝、实践和振兴因纽特文化的中心（Arviat，1997：2.3）。

基于 1990～1991 年北方土著历史倡议，在基瓦廷项目和德利纳（Déline）渔场研究的基础上，克里斯托弗·C. 汉克斯（Christopher C. Hanks）在 1996 年拓展了"文化与土地之间的基本联系"的观点（Hanks，1996a：887），使之成为了解西北地区西部灰熊山和香草山文化景观的核心依据。汉克斯在当地传统知识、相关学科以及学术文献方面有坚实的基础，他代萨图·迪恩人撰写的背景文件确定了文化景观具有国家历史意义的三个基本条件：

——这些族群自古以来就生活在那片土地上；

——他们作为一个与众不同的族群在那里繁衍；

——在灰熊山和香草山，地名和传统叙事相互映现，体现了与该地的关联（Hanks，1996a：885，888）。

汉克斯大量借鉴了次北极地区的考古学和民族志文献，以及大熊湖（Great Bear Lake）地区的口述历史，并且根据特定的景观特征和更大的景观意义，精选了一些口头叙事。这一做法既有见地，又明智审慎。叙事通过语言传播、行为规范、地点与故事的联系代代相传，在维系萨图·迪恩文化方面发挥着重要作用。通过把地方、名字和故事联系起来，汉克斯成功地将口头叙事和大熊湖地区的地形图匹配在一起。五个宽泛的时间段为按主题对叙事进行分类提供了一个时间框架。迪恩长老乔治·布隆丁（George Blondin）对这个地区的口头叙事被人们广为传诵表示满意（Blondin，1997）。他赞同这一框架，同时认为这一框架并非来自迪恩文化。汉克斯也指出，对于迪恩人来说，"同时间相比较的话，与神力有关的主题和与动物的关系更重要"（Hanks，1996a：906）。传统的萨图·迪恩叙事和关于四个岬角中有两个岬角分割了大熊湖两翼的这则故事的起源有着丰富的历史联系，这些联系表明"这片土地上充满将自然界和超自然融合在一起的故事，界定了［萨图·迪恩］民族与土地的关系"（Hanks，1996a：886，888）。

1997年，西北地区西部启吉迭克的格维希亚·哥威迅地区（Gwichya Gwich'in）把麦肯基河从雷河（Thunder River）到分离海角（Point Separation）的部分作为他们故乡中最重要的地方进行推介、纪念和保护。该地严格按照汉克斯的方法，发现了一系列关于雷文（Raven）、阿塔丘凯（Atachukaii）、纳盖伊（Nagaii）、阿特斯安·维

（Ahts'an Veh）等的口头叙事，这些叙述都与这片土地及其决定性特征紧密相连（Gwich'in Social and Cultural Institute，1997）。叙事中五段交叠的时间用于形成

> 对历史的整体理解，叙事涵盖整个地区，并赋予河流重要的意义。他们的历史故事和他们在陆地上的生活经历……阐明了河流在格维希亚·哥威迅文化中占据重要地位的基本文化主题（Gwich'in Social and Cultural Institute，1997：824）。

大多数通过传统知识和与相关社区协商认定的新的国家历史遗址都位于北部。然而，1996 年认定的魁北克省阿比提比湖（Lake Abitibi）的阿皮提皮克（Apitipik）是阿比提比温尼人（Abitibiwinni）传统领地的中心，也是他们过去穿越广阔水域的主要水路。该地的夏季采摘和交易场所的历史长达几个世纪，阿比提比角长达 6000 年的考古证据表明，这是阿比提比温尼人的圣地（Société Matcite8eia，1996）。

1997 年认定的不列颠哥伦比亚省努特卡湾（Nootka Sound）的育谷（Yuquot）是莫瓦查特人（Mowachaht）的中心区域。第一民族莫瓦查特－穆查拉特（Mowachaht-Muchalaht）人一直在此生活。自 18 世纪帝国探险以来，他们接待过探险者，通过捕鲸人圣洗馆（Whalers' Washing House）逐步具备了捕鲸能力。这个遗址是捕鲸能力的物质载体，并与环境的"巨大自然力和美丽"有着紧密的精神联系（Mowachaht-Muchalaht，1997）。1997 年的遗址认定顺应了莫瓦查特－穆查拉特人的要求，即"更正先前的认定，使我们在历史上的地位更加明确和准确"，"统一纪念我们的地区，将所有的历史都置于育谷名下"（HSMBC Minutes，June 1997）。

20 世纪 90 年代从因纽特人的角度对努纳武特历史的研究是基于社区协商和长者的判断，是在由全体工作人员和知识渊博的学者参与的因纽特人指导委员会的指导下进行的。它代表了纪念土著人民历史的另一种方法，这种方法没有确定开始的地点，只是建立了一个历史和文化框架，用以确定因纽特人最主要的遗址。它的三项原则表明了其主题优先性，即持久使用、因纽特人文化和因纽特人身份以及地区差异，而且都聚焦于"文化与土地利用之间的传统关联。许多传统的居住场所、迁移路线、资源采集地和圣地都具有复杂丰富的关联价值，将各地年度活动中的经济、社会和精神意图与群居的人联系起来，而这些群居族群的规模则由他们自身的需要和机会而定"（Goldring，1998）。

在努纳武特的"因纽特人传统"研究进行的同时，西北地区梅蒂斯人遗产协会（Métis Heritage Association of the Northwest Territories）在界定和发展 11 个与其历史有关的主题方面发挥了主导作用。社区的口述历史和欧洲裔加拿大人的叙述使梅蒂斯人传统的土著文化和欧加文化合二为一。"历史追踪"记录了传统历史和土地用途，以帮助确定 18 世纪以来对梅蒂斯人具有重大意义的麦肯基河沿岸的遗址（Payment，1999）。

具有潜在土著文化景观价值的国家历史遗址

一些国家历史遗址在 1990 年以前以其考古、科学或历史价值得以认定，这些遗址具有进化的或综合的文化景观的潜在特征。一些遗址，如世界遗产遗址"野牛碎头崖"（Head-Smashed-In Buffalo Jump）及艾伯塔省（Alberta）［National Historic Site（NHS），1968；World

Heritage Site（WHS），1981］，由于能够通过考古学资源来阐释土著在很长一段时期内对加拿大的重大贡献，从而被土著纪念和喜爱，土著民族也认定这些遗址和他们的文化遗产相关。这些遗址几乎全部位于加拿大南部（Buggey，1999：24－25）。然而，20世纪90年代，这种方法扩展到北部的一些地区。位于西北部地区海伊河（Hay River）印第安人保留地的海伊河传教遗址（NHS，1992）由圣彼得圣公会、圣安妮罗马天主教堂和教区以及两个教堂墓地和众多的灵屋组成，由于"与迪恩/欧加关系中的关键时期联系密切"（HSMBC Minutes，June 1992）而被认定为遗址。由于该遗址的精神意义备受当地迪恩人的重视，它被看作社区更大的文化景观的一部分。最近，西北地区的德利纳传统渔场和富兰克林古堡（NHS，1996）因自身重要的历史联系而被认定为遗址，认为其"有力说明了19世纪土著和决心去探索此地的欧洲裔加拿大人之间关系的演变"、"迪恩人和梅蒂斯人对约翰·富兰克林爵士第二次探险的支持和帮助"，以及富兰克林和后来的探险者对该地区土著的影响，特别是对"萨图·迪恩人作为一个独特的文化群体的出现"的贡献。此外，"萨图·迪恩人认为德利纳渔场对于他们定居该地具有特殊的文化意义"（Hanks，1996b；HSMBC Minutes，November 1996）。萨图·迪恩人保护和展示该遗址的要求强调了其作为土著历史代表的遗址的重要性。

遗存景观

根据考古价值还确定了大量其他国家历史遗址，以纪念可能具有文化景观价值的土著民族历史，或者纪念相关民族将其确定为土著文化景观或者景观中的一部分所具备的价值。除了努纳武特巴芬岛埃努斯科角的因纽苏特雕像外，这些遗址还包括村落遗址、其他居住地、象形文字和岩画遗址、印第安人的锥形帐篷、墓地和像采石场这样的资源遗址。例如，不列颠哥伦比亚省九个或者其中一些被遗弃的海达人、基特卡汕（Gitksan）人和钦西安人（Tsimshian）的村庄，在1971～1972年被国家历史遗址机构认定为可能具有与南斯丁斯的世袭酋长确定的那些相似的土著遗产一样的价值（NHS，1981；WHS，1981）。正如在克吉姆库吉克的调查显示的那样，在全国范围内被大量认定为联邦和地方的象形文字和岩画遗址是更大的文化景观的重要特征。印第安人的锥形帐篷也是更广阔的文化景观的一部分，认定的墓地可能是土著文化景观中的圣地。土著民族可以选择将一些现存的国家历史遗址认定为具有其他价值的土著文化景观，比如莫瓦查特－穆查拉特人要求将位于育谷的努特卡海湾作为自己的历史遗迹（Mowachaht-Muchalaht，1997）。同样，他们可能认为目前与战争或土著文化等事件有关的具有国家历史意义的现有名称是他们遗产的一部分，可以通过文化景观更有效地纪念这些遗产。

一些与土著民族历史有关的、公认具有历史价值的景观目前没有与特定民族相联系。例如，在萨斯喀彻温省（Saskatchewan）的草原国家公园（Grasslands National Park），文化遗迹的考古学分析提供了此地长达10000年的被占据时期的各种活动的证据，但占据结束后，目前没有族群声称与公园地区有直接联系（Gary Adams，pers. comm，1998）。这些景观可以称为遗迹景观，而不是涉及相关族群参与的土著文化景观，其中文化进化在过去就已经结束，但强有力的物质证据仍然存在。这种与生活社区有关的遗址和那些仅通过过去的科学证据而被认定的遗址之间的区别，与澳大利亚"具有考古学意义的土著遗产地"和"对现存文化遗产具有重要意义的土著遗址"的区分是一致的，其目的是用于识别自然和文化遗产的环境指标（Pearson et al.，1998：15 – 19，57 – 76）。

具有国家历史意义的土著文化景观认定指南

土著文化景观的国家意义应该如何识别？"国家意义"在土著的历史中意味着什么？加拿大历史遗址和遗迹委员会认识到其传统的评价标准、结构和框架没有充分反映土著民族历史固有的价值。正如上文所讨论的，尽管加拿大遗产部已经认定了一些土著文化景观，但仍在继续寻找适当的框架来审查与土著民族历史有关的重要地方。无论土著民族是通过第一民族、语言群体还是传统领土被认定，人们都普遍认为，在加拿大各地，土地使用传统差别很大，历史经验和语言也有所不同。每个族群的信仰和实践的形式和传统都有各自的特点。《关于土著民族的皇家委员会报告》（*Report on the Royal Commission on Aboriginal Peoples*）主要以语言为基础，确定了加拿大约 60 个不同的群体（56 个第一民族、4 个因纽特部落和梅蒂斯部落）。这个分组确立了一种背景比较的方法，在比较中评价具有国家历史意义的地方。语言群作为确定民族历史意义的一个领域显然很复杂，如许多土著族群在不同时期不断迁移，这一事实需要理解群体内各民族之间的区别，例如新不伦瑞克省的麦勒席人（Malecite of New Brunswick）和魁北克的麦勒席人（the Malecite of Quebec）。加拿大历史遗址和遗迹委员会也开始讨论使用"土著民族的传统领土……作为纪念或认定遗址的比较基础"（Federal Archaeology Office，1998a：21）。一些试点项目正在使用土著民族的概念作为比较框架（Lee，2000：5）。迄今为止，语言类别和传统领土都是必须提交给加拿大历史遗址和遗迹委员会的"背景文件",但对国家历史意义的认定主要是在语言、领土和历史汇集在一起的第一民族层面上做出的,土著文化景观与这些方针是一致的。

土著文化景观指南

在加拿大历史遗址和遗迹委员会关于国家历史意义的标准中,任一被认定的土著文化景观"将说明加拿大历史的一个具有国家意义的重要方面"(HSMBC,1999)。土著历史被认为是"加拿大历史一个重要的方面"。土著文化景观因与土著历史有着"明确而有意义的联系"而被认定为遗址,这些景观"完全或部分地象征或说明了土著的文化传统、生活方式或对加拿大发展很重要的思想"。除了背景之外,表明一个地方完整性的认定元素通常对理解土著文化景观的意义不是必需的,因此一般不适用。

以下具体的指导方针构成加拿大历史遗址和遗迹委员会审查土著文化景观的国家意义的基础(Buggey,1999:29-31)。

1. 相关的土著群体或多个群体已经长期参与认定遗址及其意义,同意选择该地为遗址并支持认定。

该指导方针源自加拿大历史遗址和遗迹委员会自1990年以来的一贯主张,即咨询土著民族,让他们参与确定与其历史有关的框架和地点。这一方针符合为土著遗产遗址确立的协商程序和《纪念土著历史的原则和最佳做法的声明》(Statement of Principles and Best Practices for Commemorating Aboriginal History)(Federal Archaeology Office,1999),同样符合《关于土著民族的皇家委员会报告》

（Canada，1996）。

    2. 相关群体在精神、文化、经济、社会和环境方面与被认定遗址的联系，包括连续性和传统，说明遗址具有历史意义。

这一指导方针强调通过相关族群和某地的长期联系和利用活动、其社会和亲属关系、熟谙的知识和与之相连的精神确定遗址的历史意义。

    3. 所认定的遗址的相关文化和自然属性使其成为一处重要的文化景观。

该指导方针承认土著族群与地方关系的整体性质，包括文化和自然价值的不可分割性。认定的遗址可能广泛多样，各不相同，但都能表明文化景观中文化和自然的核心关联。该指导方针预见，遗址认定将会涉及和包含土著族群随时间推移延伸出来的相互关联的各个方面。由于证据主要植根于口头和精神传统以及与此地有关的活动，所以有形的证据在很大程度上可能不存在。可能存在的有形证据包括自然资源、考古遗址、坟墓、物质文化以及书面或口头记录。该指导方针还预见，在族群与地域关系的背景下，属性的认定将识别生态系统、气候、地质、地形、水、土壤、景观、具有优势和文化意义重大的动物和植物群等，土著族群可能通过动物或其他自然隐喻显示其与土地的关系。

    4. 体现该地意义的文化和自然属性是通过相关土著群体的传统知识来识别的。

该指导方针预测，包括环境知识在内的传统知识可能包含叙述、地名、语言、传统用法、仪式和与所认定地点有关的行为。该指导方针认识到一些知识不一定能通用，但是现有的知识必须足以证明其在相关群体文化中的重要地位。

5. 还可以通过学术研究成果进一步理解体现遗址意义的文化和自然属性。

该指导方针认识到学术研究对了解遗址的贡献。历史（包括口头历史和民族历史）、考古学、人类学和环境科学是最有可能但不是唯一的相关学科。

大小、规模和边界

对土著文化景观的识别不仅要了解认定地点的历史价值，还要明确其边界。确定其大小和范围对土著族群和加拿大公园管理局都具有挑战性。因其所处环境不同，土著对这些遗址的观点也不尽一致。尽管特定的遗址一定会具有相关的文化意义和与历史相关联的口述传统，但是土著的世界观侧重于土地而不是景观特征。然而，考虑到土著和土地的整体关系，更重要的是不能孤立地看待这些遗址，应该把它们看作更大景观的一部分，可识别的景观同样可能只是更大的文化景观的一部分。沿着爱达小径确定的多格里布圣地说明了这些地点与更大景观之间的关系，而小径本身是面积达 100000 平方英里的多格里布文化景观的一部分。加拿大北部的情况与纳瓦霍人（Navajo Nation）的情况几乎没有什么不同，"对重要遗址与它们所属的整个景观进行人工隔离，常常违反了使某些遗址具有文化意义的文化原则"（Downer & Roberts，1993：12）。

那么如何绘制边界呢？土著文化景观可以借鉴其他地方的保护区管理经验。加拿大的国家公园使用分区系统来识别不同保护级别的公园区域，并加以管理和利用（Parks Canada，1994a：11.2.2）。生物圈保护区也采用分区方法，分为核心区、缓冲区和过渡区，不同区域予以不同程度的保护和干预（UNESCO，1996b：4）。保护区管理中出现的生物区域规划，适用于从黄石到育空走廊（http：//www.Y2Y.net）面积2000平方英里的广大地区，可能也适用于对土著文化景观的保护。与美国纳瓦霍人保留地合作的唐纳和罗伯茨（Downer & Roberts）认为：

> 基于景观或生态系统而不是人为定义的影响区域的更广阔的背景……正在从环境规划的各个学科中涌现出来。我们确信，这是对传统文化特性及其构成部分的文化景观进行有意义思考的唯一现实方法（Downer & Roberts，1993：14）。

这类规划框架和共同管理方法（Collings，1997）可能为建立机制提供机会，以确保文化景观纪念的完整性，如纳格威乔恩吉克（Nagwichoonjik）（麦肯基河）这样的认定区域。

在澳大利亚，许多土著遗址是相隔很远的离散区域，但通过贸易路线或祖先涉足的路径相互连接。当把它们视为遗址网络的一部分而不是单独的组成部分时，更能清楚地了解它们（Bridgewater & Hooy，1995：168）。"阿南古人（Anangu）拥有平等、非集权的政治制度，他们把景观中的地点想象成祖先轨迹网络中的节点，其景观不易划分为离散区域。"（Layton & Titchen，1995：178）"血泪之路"是一个包括多条道路和多个遗址的网络,用来纪念彻罗基人(Cherokee)1838~1839 年从佐治亚州、亚拉巴马州等地被迫迁移到俄克拉荷马州,这一遗址是九个州多个群体和多个地点合作的项目。历史学家约翰·约翰斯顿(John Johnston)在研究这种节点概念如何用于加拿大土著历史纪念活动时指出,它所适用的遗址"讲述了一个随时间和地点延伸的相互联系的故事",如与为获取食物进行的季节性迁移有关的陆路和水路(Johnston,1993)。网络中的每个节点(每个节点都具有确定的重要性)可以是更大的文化景观要保护和呈现的重点。

美国国家公园管理局指出,由于有时"没有明显的正确的边界",因此传统文化遗产的界限选择应基于历史遗址的特征,特别是如何利用该地以及该地为何重要等因素(King & Townsend n. d.)。美国的方法在加拿大土著文化景观现有国家历史遗址认定中的作用在很多方面得到确认。例如,在克吉姆库吉克,现有的国家公园边界界定了足够大且更加恰当的传统米克玛克人居住区域,此区域能够代表更大的米克玛克景观。虽然在此情况下,管理便利性为可接受的边界提供了基础,但不推荐使用这种选择方法。在阿维亚华克和奇基克塔阿朱克,利用明确界定的具有与因纽特人驯鹿文化有关的强大的精神、社会、经济和考古价值的地理特征——岛屿和海角——来确定边界。鉴于邻近水域对文化意义的重要性,今后可能也要考虑确定包括关键水域的区域的边界。在索休/埃达乔(Sahyoue/Edacho),认定的遗址也是两个与水域有关的明确界定的区域,地点分析和价值讨论有效地阐明了较大的大熊湖景观的重要文化关系。此外,这个遗址的景观历史价值对于认定遗址的"健康发展"特别重要。虽然离散的地理特征在识别边界方面非常有用,但显然,认定遗址的价值必须在划定适当的边界时起主导作用。

纪念完整性方法是加拿大公园管理局国家历史遗址纪念计划的基础，土著文化景观的规模及其边界的确定对其提出了重大挑战。因为规模和边界概念适用于历史地点、历史价值和大型文化景观的目标，因此要确保这些广袤地区的"健康或整体性"，就需要仔细研究当前对这一概念的理解。

土著文化景观保护

加拿大北部文化景观的保护始于尊重与景观相关的价值、用途和行为，以便与土地保持持久的联系。将文化景观的管理融入社区生活，利用社区传统和实践进行保护和呈现，对文化景观的长期健康发展至关重要。社区在影响如何管理土地、水域和资源方面的作用越来越重要，这使得有关景观的决策与那些生活和生计与之紧密相连的族群的关系更加紧密。土地索要协议提供了适用于文化景观的权力和框架。共同管理作为一种公认的管理可再生资源的方法，同样适用于文化遗产，同时应积极鼓励长期从事诸如传统收获这样的经济活动。保护和展示的目标必须与社区优先事项、社区问题和社区结构相结合。保护土著文化景观需要与地方规划、经济发展、旅游倡议以及其相关资金来源相结合。

文献记录和遗址认定是保护文化景观的重要工具。而各地即使有相关法规，也是倾向性而非规定性的，以不符合文化景观价值的方式分离自然和文化资源。当文化景观受到直接威胁时，相关机构也因时间仓促无法进行必要的研究。没有来自对传统知识和遗址清单的长期文献记录和鉴定，就缺少在规划和环境评估过程中应用现有工具所需的信息库。国家历史遗址认定承认和纪念一个地方的历史价值，但不对认定的地方采取任何法律或保护措施。然而，遗址认定不仅可以提供获得财政和技术援助的途径，如国家成本分担方案，并且可能有助于得到公众的认可和支持等道德说服，还可能有机会获得赠款机构的资源。传统上，国家历史遗址最常用的保护技术是根据国家公园法，以加拿大公园管理局的名义，将土地转让给联邦政府。这种方法现在非常罕见。在缺乏具体保护机制的情况下，可以采用多个规划工具来保护公认的具有历史价值的遗址，并且可以通过各种规划程序支持保护文化景观特征的管理方法。

最近应用于索休/埃达乔的一个直接保护措施是根据加拿大历史遗址和遗迹委员会的联邦决议，出于保护的目的收回土地。2000 年，在加拿大公园和荒野协会（Canadian Parks and Wilderness Society, CPAWS）、加拿大世界野生动物基金会（World Wildlife Fund Canada, WWF）等环境组织的协调下，备受瞩目的德利纳萨图·迪恩社区的行动促使加拿大遗产部长与印第安人和北方事务部长（Minister of Indian and Northern Affairs）收回索休/埃达乔用于开发的土地。2001 年 2 月获得停止开发的批准，进行为期五年的保护，由利益相关方确定对该遗址进行长期保护的最有效机制。临时机制旨在消除采矿开发对景观完整性长期存在的威胁，其方法是将地表和地下权利作为联邦政府土地的一部分，将目前没有被《萨图·迪恩人和梅蒂斯人综合土地索要协议》（Sahtu Dene and Métis Comprehensive Land Claim Agreement, 1993）包含的地下权利作为第一民族萨图·迪恩人拥有土地的一部分。临时收回土地这一行为是执行了西北地区保护区战略（Protected Areas Strategy for the Northwest Territories），该战略为决策提供了分析和评估基础（CPAWS, 2001；Canada, 2001），其结果是对这两个半岛进行有效管理和长期保护。

最近北方的土地索要协议为与遗产遗址有关的决策提供了各种综合管理方案，确定了合作管理委员会、区域委员会、领土遗产委员会、国家公园规划和管理委员会以及联合工作组实现共同参与的机制（Lee，1997）。育空第一民族最终综合协议委员会（Council for Yukon First Nations' Umbrella Final Agreement）（1993）的特别管理地区和遗产分会以及随后单独的《育空第一民族最终协议》（Yukon First Nations' Final Agreements）为相关族群看重的遗址提供了认定、管理规划和经济机会。所有这些都包含育空第一民族的价值观、育空第一民族和政府的公平参与、第一民族的所有权，它们是管理第一民族定居地内与其文化和历史有关的遗址的关键组成部分。一些协议规定联合管理特定遗址，一些协议规定收回在特定遗址勘探、采矿的权利，还有一些协议确定了有文化价值的遗产地区（Canada，1993：Ch.10，13）。根据《萨图·迪恩人和梅蒂斯人综合土地索要协议》成立了萨图遗产地和遗址联合工作组（Sahtu Heritage Places and Sites Joint Working Group），审议土地索要直接产生的萨图遗址问题，并向相关政府部门和萨图部落理事会提出建议（Sahtu，2000：11；Andrews，本卷）。在努纳武特，根据《努纳武特土地索要协议》（1993）（Sahtu，2000：11；Andrews，本卷），《因纽特人的影响和利益协议》（Inuit Impact and Benefit Agreements）要确保区域经济和因纽特文化融入包括国家公园在内的所有规划和开发。

影响文化景观的土地利用规划和相关决定可以是保护策略的关键组成部分。机会可能存在于《因纽特人的影响和利益协议》的条款：

通过包括土地利用规划和发展评估过程等综合资源开发，来确定和减轻开发对遗产资源的影响……并且确保社会、文化、经济和环境政策以综合和协调的方式应用于土地、水和资源的管理、保护和使用，以确保可持续发展。

一些协议规定，在土地利用规划和发展评估中，将考虑所确定的小径、驯鹿围栏、渔洞、采集地点和精神遗址的文化和遗产意义以及对这些遗址的影响（Canada，1993：Ch. 11，13）。这些资源在很大程度上被认定是具有特定特征的景观而不是文化景观。一些协议明确表示，任何当事方都不承诺维持这些资源或保证这些资源在当前状态下继续存在。育空河畔的特罗契克遗址（Tr'ochëk Heritage Site）在《特罗契克赫维钦最终协议》（Tr'ochëk Hwëch'in Final Agreement，1998）中被确定为具有文化意义，而且根据自身拥有的土著文化景观的价值，2002 年被认定为国家历史遗址，其管理计划于 2003 年完成（Tr'ochëk，2001，2002；Neufeld，2001）。

在秋季驯鹿过境点和阿维亚华克国家历史遗址，保护和介绍报告与相关数据被送交努纳武特规划委员会（Nunavut Planning Commission），以确保有关遗址的重要性、价值和保护目标的信息可用于规划。因纽特地名、口述传统和考古遗址已被记录并输入地理信息系统，努纳武特规划委员会负责维护这两个遗址的地理信息系统数据库。基瓦廷区域土地利用规划（Keewatin Regional Land Use Plan）中引入了一些规定，以便根据"降低土地利用，禁止建造永久性建筑"的目标，保护历史遗址地区免于开发。贝克湖和亚怀亚特的哈姆雷特理事会（Hamlet Councils of Baker Lake and Arviat）、贝克湖的猎人和陷阱诱捕者（Baker Lake Hunters and Trappers）以及基瓦利克因纽特人协会（Kivalliq Inuit Association）都支持禁止建造新的永久性建筑，以避免破坏考古资源和扰乱驯鹿的迁徙（Harvaqtuuq，1997：7.12，7.13；Arviat，1997：7.12，7.13）。由于担心开发可能影响喀山河水质和水位（Harvaqtuuq，1997：7.20），一份有关秋季驯鹿过境点国家历史遗址的保护和介绍报告也被送交努纳武特水资源委员会（Nunavut Water Board），对德利纳渔场提出了用水和渔业管理规划的建议（Sahtu，2000：38）。在不列颠哥伦比亚省，林业厅土著事务局的传统用途研究项目为第一民族提供了帮助，调查、记录和开发了传统知识和地方数据库，使第一民族能够掌握信息，对规划咨询和对传统遗址使用的威胁做出回应（British Columbia，1996）。

土著社区还可以效仿政府土地管理部门建立一些文化景观保护机制。正如布莱恩·李维斯（Brian Reeves）对尼纳斯塔基斯（Ninaistakis）（主山）的报道，规范非传统旅游活动，停止对非传统资源的使用，保障传统宗教习俗的自由，完成生物物理学和文化清单，修复路径网络，协调与邻近地区权力部分有关的土地使用管制，这些都是可应用的策略（Reeves，1994：285－288）。加拿大可以从澳大利亚的长期经验中继续了解土著文化景观的保护机制，如为圣地提供全面保护的《北部地区土著圣地法》（Northern Territory's Aboriginal Sacred Sites Act，1989）和土著地区保护局（Aboriginal Areas Protection Authority），土著地区保护局可以根据需要盘点任何区域，以查明所涉及的基础工程附近是否存在圣地（Ritchie，1994：239）。

保护规划手段也有助于保护文化景观。作为原则而非硬性规定，这些手段可以植根于社区价值观并包含社区实践。1996年，贝克湖哈瓦克图克历史遗址委员会（Harvaqtuuq Historic Site Committee）、哈瓦克图尔米特（喀山河）长老会［Harvaqtuurmiut（Kazan River）Elders］与加拿大公园管理局一起为秋季驯鹿过境点国家历史遗址发布了《完整性纪念声明》（Commemorative Integrity Statement，CIS）。《完整性纪念声明》认定了秋季驯鹿过境点国家历史遗址的历史价值和管理目标，以确定历史遗址及其组成部分是否未受到损害或威胁：因纽特人的传统信仰和做法得到尊重；长者的愿望得到尊重；历史与传统被记录、解释和传递给后代；除非用于研究，考古遗迹不受人类干预；低影响土地利用，包括没有永久性建筑物；卡米努里亚克（Kaminuriak）驯鹿群的健康发展和对喀山河进行适当的监测（Harvaqtuuq，1996：C.2.0 - 2.5）。管理计划详细说明了如何实现这些目标。澳大利亚乌鲁鲁 - 卡塔 - 丘塔国家公园（Uluru-Kata-Tjuta National Park）的管理计划提供了一个基于传统所有者的价值观来管理遗址的模型。由阿南古人和其他具有相关知识和专业知识的澳大利亚人组成的联合管理委员会根据楚库帕（Tjukurpa），即"管理阿南古人生活各个方面的法律"，对该遗址进行联合管理。楚库帕为管理目标和管理承诺指出了关键方向，被融合进公园决策的各个方面（Uluru，1991，2000）。虽然乌鲁鲁 - 卡塔 - 丘塔国家公园的运营规模与加拿大北部的文化景观大不相同，但其管理计划的原则是将公园管理植根于阿南古人的价值观念，并将这些原则具体化为目标和行动，这些原则可以用于拓展秋季驯鹿过境点保护和介绍报告的方向，同时对加拿大土著文化景观的管理规划也极有用处。

　　1997 年的保护和介绍报告是贝克湖哈瓦克图克历史遗址委员会和加拿大公园管理局就秋季驯鹿过境点的成本分担协议编写的，阐明了保护土著文化景观的重要特征（Harvaqtuuq，1997），其保护文化景观的战略确定了关于口述传统、考古遗址、文物收藏、地名、景观、河流和卡米努里亚克驯鹿群的保护目标和行动，也同样解决了遗产活动和边远遗址的文化旅游潜力的协作问题。已经生效的协议为实施战略的具体方面提供了资源。然而，面对国家成本分担方案下提出的众多援助要求，有限的资金严重制约了保护土著文化景观的可行性和有效性。

在既定的环境评估过程中仔细评估拟开发项目对该地价值的影响有助于保护文化景观的长期完整性。《加拿大环境评估法》（The Canadian Environmental Assessment Act，CEAA）似乎为保护土著文化景观提供了一些机会，该法定义的环境影响包括：

> 该项目可能在环境中造成的任何变化，包括这种变化对自然和文化遗产、土著因传统需求而使用的土地和资源、具有历史、考古、古生物学或建筑学意义的任何结构、遗址或事物的任何影响 [Sec. 2 (1)]。

鉴于自然和文化价值在文化景观中的综合性质，将传统知识纳入评价过程对景观的完整性和对抑制或减轻勘探、开采和收获的影响都至关重要。最近的土地索要协议规定了联邦、省和地区联合环境评估程序，联邦－省协调协议也规定了这些程序（Canadian Environmental Assessment Agency，1996）。

监管是保护土著文化景观的有效策略之一。在秋季驯鹿过境点，由社区成员执行的监护人监管方案（Guardian Monitoring Program）报告了不定期查看期间观察到的河流、驯鹿和考古遗址的重大变化、受威胁或被劫掠状况。监管自然资源的传统技术也可用于识别土著文化景观的某些变化。《澳大利亚环境状况报告》（Australia's State of the Environment Reporting）同样包括对现有文化遗产有重要价值的土著地点的监测指标，其重点是"承认土著在管理和保护其遗产场所和物品方面的专门知识，承认土著积极参与对这些场所和物品的解释和管理的权利"（Pearson et al. ，1998：72）。

保护土著文化景观的关键在于继续记录长者对土地的使用、地名和地点、圣地、文化的传统叙事以及对青年的知识传递。与这个地方有关的人们积极参与阐释项目，并以他们自己的声音讲述故事也是保护文化景观及其意义的组成部分。

展　望

上述措施都是保护加拿大北部地区景观的柔性措施。近年来，公众和政府部长越来越担心联邦政府认定并不意味着对国家历史遗址的任何法律保护和加拿大公园管理局的持续参与。加拿大国家公园国家历史遗址计划、加拿大遗产部与省和地区的合作伙伴共同发起了"历史遗址倡议"，正在制定一项拥有多用途保护历史遗迹工具的战略，其中包括与土著族群协商以及让土著人民参与的工具（Canadian Heritage，2003）。萨图遗产和遗址联合工作组的报告指出，西北地区现有的保护立法几乎都致力于保护自然景观及其特征。虽然通过该工作组研究确定的遗址包括自然景观及其特征，但这些遗址的主要价值是它们的文化意义。报告敦促联邦和地方政府通过立法"纪念和保护文化景观"（Sahtu，2000：25），西北地区地方政府现已开始探讨新的遗产政策和对《历史资源法》（Historical Resources Act）的修订。

本文概述的方法代表了正在进行的工作，这是涉及许多人的更广泛的正在进行的对话的一部分。这种对文档、标识、认定、保护、呈现和管理的持续探索侧重于土著族群与土地的共生关系。这些地方不是遗迹，而是活生生的风景：他们的宇宙观、神话和精神体现了自然和文化的密不可分，融入土著族群经久不衰的季节性的日常活动中，借助代代相传的口述传统，土著传统知识通过叙事、地名、圣地、仪式以及与土地相联系的行为模式将这些精神联系起来。

即使对其意义达成广泛共识，保护土著文化景观仍然是一项挑战。这些景观的自然、文化和精神价值既复杂又相互关联，超出了大多数已建立的保护框架。然而，最近的变化开始将这些过程从"岛屿"扩展到"网络"。认识土著族群所重视的地方的价值并将其记录下来，确定其意义，并根据这些价值和意义来管理文化景观，是进行保护的关键步骤。土地索要协议的力量以及西北地区保护区战略等合作进程的出现，为基于社区的行动提供了工具，为更广泛地利用规划进程等现有框架管理和保护土著文化景观创造了契机。

致　谢

本文充分借鉴了为加拿大公园管理局准备的一项研究，以协助加拿大历史遗址和遗迹委员会认识到纪念土著民族历史的重点。我非常感谢许多项目和组织的成员慷慨分享关于这个主题各个方面的知识、观点和经验。我特别要感谢托马斯·D. 安德鲁斯（Thomas D. Andrews）、克里斯托弗·汉克斯（Ckristopher C. Hanks）、乔安·拉特莫伊勒（Joann Latremouille）、艾伦·李（Ellen Lee）、乔治·麦克唐纳（George MacDonald）、伊莎贝尔·麦克布莱德（Isbel McBryde）、雪莉·史密斯（Sheryl Smith）和乔茜·维尼格尔（Josie Weninger）在交谈和写作中分享的见解。

参考文献

Andrews, Thomas D.

1990   *Yamoria's Arrows: Stories, Place-Names and the Land in Dene Oral Tradition.* On file with Canadian Parks Service, National Historic Parks and Sites, Northern Initiatives, contract no. 1632/89 – 177.

Andrews, Thomas D., and John B. Zoe

1997   The Idaà Trail: Archaeology and the Dogrib Cultural Landscape, Northwest Territories, Canada. In *At a Crossroads: Archaeology and First Peoples in Canada*, George P. Nicholas and Thomas D. Andrews, ed., pp. 160 – 77. Burnaby, BC: Archaeology Press, Department of Archaeology, Simon Fraser University.

Andrews, Thomas, John Zoe, and Aaron Herter

1998   On Yamòzhah's Trail: Dogrib Sacred Sites and the Anthropology of Travel. In *Aboriginal World Views, Claims, and Conflicts*, Jill Oakes et al., ed., pp. 305 – 20. *Canadian Circumpolar Institute, Occasional Publication* 43. Edmonton: University of Alberta.

Arviat Historical Society and Parks Canada

1997   *Arvia'juaq National Historic Site Conservation and Presentation Report.* On file with Parks Canada.

Australia ICOMOS

1995   The Asia-Pacific Regional Workshop on Associative Cultural Landscapes: A Report to the World Heritage Committee, April 1995. http://whc.unesco.org/archive/1995/whc – 95 – conf203 – inf9e.pdf.

Blondin, George

1997   *Yamoria the Lawmaker. Stories of the Dene.* Edmonton: NeWest Publishers Inc.

Bridgewater, Peter, and Theo Hooy

1995   Outstanding Cultural Landscapes in Australia, New Zealand and the Pacific: the Footprint of Man in the Wilderness. In *Cultural Landscapes of Universal Value: Components of a Global Strategy*, Bernd von Droste, et al., eds., pp. 162 – 9. Jena: Gustav Fischer Verlag in cooperation with UNESCO.

British Columbia, Ministry of Forests, Aboriginal Affairs Branch

1996   *Traditional Use Study Program Guidelines.* Victoria: Aboriginal Affairs Branch.

Buggey, Susan

1999   *An Approach to Aboriginal Cultural Landscapes.* HSMBC agenda paper # 1999 –

10. http: //www. pc. gc. ca/ docs/r/pca-acl/index_ e. asp.

Canada. Privy Council Office

1996　*Report on the Royal Commission on Aboriginal* Peoples, Vol. IV. Ottawa: Privy Council Office.

Canadian Environmental Assessment Agency

1996　*The Canadian Environmental Assessment Act Reference Guide on Physical and Cultural Heritage Resources.* Ottawa: Minister of Supply and Services Canada.

Canadian Heritage

2003　*Towards a New Act: Protecting Canada's Historic Places.* http: //www. pch. gc. ca/ progs/ieh-hpi/ pubs/0 – 622 – 66831 – 6/00_ e. cfm.

Collings, Peter

1997　The Cultural Context of Wildlife Management in the Canadian North. In *Contested Arctic: Indigenous Peoples, Industrial States, and the Circumpolar Environment*, Eric Alden Smith and Joan McCarter, eds. , pp. 13 – 40. Seattle: University of Washington and University of Washington Press.

Craik, Brian, and Bill Namagoose

1992　Environment and Heritage. The Point-of-View of the Crees of Quebec. *ICOMOS Canada Bulletin*, 1 (1): 17 – 22.

Dick, Lyle, and Barbara Wilson

n. p.　Presentation, 20 April 1998 in Cultural Landscapes course, HA 489G, University of Victoria.

Downer Alan S. ,and Alexandra Roberts

1993　Traditional Cultural Properties, Cultural Resources Management and Environmental Planning. In *Traditional Cultural Properties*, Patricia L. Parker, ed. , pp. 12 – 15. *CRM* 16. Washington D. C. : National Park Service.

Federal Archaeology Office [Parks Canada]

1998a　*Commemorating National Historic Sites with Aboriginal Peoples' History: An Issue Analysis.* HSMBC Agenda Papers, #1998 – A01. Copies available from National Historic Sites Directorate, Parks Canada.

1999　*Update on ' Commemorating National Historic Sites Associated with Aboriginal Peoples' History: An Issue Analysis.* HSMBC Agenda Papers, #1999 – 11. Copies available from National Historic Sites Directorate, Parks Canada.

Goldring, P.

1998　*Inuit Traditions: A history of Nunavut for the Historic Sites and Monuments Board of Canada and the People of Nunavut.* HSMBC Agenda Papers, #1998 – OB1. Copies available from National Historic Sites Directorate, Parks Canada.

Goldring, P. , and C. Hanks

1991　*Commemoration of Northern Native History.* HSMBC Report to the Cultural Pluralism

Committee, #1991 – 13. Copies available from National Historic Sites Directorate, Parks Canada.

Gwich'in Social and Cultural Institute

1997　*"That River, It's Like a Highway for Us"*: *The Mackenzie River through Gwichya Gwich'in History and Culture.* HSMBC Agenda Papers, #1997 – 30. Copies available from National Historic Sites Directorate, Parks Canada.

Hanks, Christopher C.

1996a　*Narrative and Landscape*: *Grizzly Bear Mountain and Scented Grass Hills as Repositories of Sahtu Dene Culture.* HSMBC Agenda Papers, #1996 – 61. Copies available from National Historic Sites Directorate, Parks Canada.

1996b　*The 1825 – 26 Wintering Place of Sir John Franklin's Second Expedition*: *A Dene Perspective.* HSMBC Agenda Papers, #1996 – 24. Copies available from National Historic Sites Directorate, Parks Canada.

1993　Bear Rock, Red Dog Mountain, and the Windy Island to Shelton Lake Trail: Proposals for the commemoration of the cultural heritage of Denendeh, and the history of the Shu'tagot'ine. Canadian Parks Service, National Historic Sites Directorate, contract no. 1632 – 929220.

Hanks, Christopher C., and David L. Pokotylo

1989　The Mackenzie Basin: An Alternative Approach to Dene and Metis Archaeology. *Arctic* 42 (2): 139 – 47.

Harvaqtuuq Historic Site Committee and Parks Canada

1997　*Fall Caribou Crossing National Historic Site Conservation and Presentation Report.* On file with Parks Canada.

Henderson, Lyle

1995　*Arviaq and Qikiqtaarjuk.* HSMBC Agenda Papers, #1995 – 29. Copies available from National Historic Sites Directorate, Parks Canada.

Historic Sites and Monuments Board of Canada (HMSBC)

n. p.　*Criteria for National Historic Significance.* http://crm. cr. nps. gov/issue. cfm? volume = 16&number = SI.

Johnson, Martha

1995　Documenting Traditional Environmental Knowledge: the Dene, Canada. In *Listening for a Change*: *Oral Testimony and Community Development*, Hugo Slim and Paul Thompson, et al., eds., pp. 116 – 25. Philadelphia PA and Gabriola Island BC: New Society Publishers.

Johnston, A. J. B.

n. p.　Partnerships and Linkage in Native History Interpretation: Examples from the United States. Report to Historical Services Branch, National Historic Sites Directorate, Parks Canada.

Keith, Darren

1995 *The Fall Caribou Crossing Hunt*, *Kazan River*, *Northwest Territories*. HSMBC Agenda Papers, #1995 – 28. Copies available from National Historic Sites Directorate, Parks Canada.

King, Thomas F. , and Jan Townsend, writers and compilers

n. d. *Through the Generations*: Identifying and Protecting Traditional Cultural Places, Ed Dalheim in association with Pavlik and Associates, video producers. Available from National Park Service.

Layton, Robert, and Sarah Titchen

1995 Uluru: An Outstanding Australian Aboriginal Cultural Landscape. In *Cultural Landscapes of Universal Value*: *Components of a Global Strategy*, Bernd von Droste, et al. , eds. , pp. 174 – 81. Jena: Gustav Fischer Verlag in cooperation with UNESCO.

Lee, Ellen

2000 Cultural Connections to Land: A Canadian Example. *Parks* 10 (2): 3 – 12.

n. p. Aboriginal Heritage Issues in Canadian Land Claims Negotiations. Paper presented at the Fulbright Symposium *Aboriginal Cultures in an Interconnected World*, Darwin, Australia, 1997.

Lee, Ellen, and Lyle Henderson

1992 *Hatzic Rock Comparative Report*. HSMBC Agenda Papers, #1992 – 04. Copies available from National Historic Sites Directorate, Parks Canada.

McNeely, Jeffrey A.

1995 Coping with Change: People, Forests, and Biodiversity. *The George Wright Forum* 12 (3): 57 – 73.

Mi'kmaq Elders and Parks Canada

1994 *Mi'kmaq Culture History*, *Kejimkujik National Park*, *Nova Scotia*. HSMBC Agenda Papers, #1994 – 36. Copies available from National Historic Sites Directorate, Parks Canada.

Mohs, Gordon

1994 St: olo Sacred Ground. In *Sacred Sites*, *Sacred Places*. David L. Carmichael et al. , eds. , pp. 184 – 208. *One World Archaeology* 23. London and New York: Routledge.

Mowachaht-Muchalaht First Nations

1997 *Yuquot*. HSMBC Agenda Papers, #1997 – 31. Copies available from National Historic Sites Directorate, Parks Canada.

Parks Canada

1995 *Guidelines for the Preparation of Commemorative Integrity Statements*. Ottawa: National Historic Sites Directorate.

1994a *Guiding Principles and Operational Policies*. Ottawa: Department of Canadian Heritage.

1994b *National Workshop on the History of Aboriginal Peoples in Canada*, *Draft Report of Proceedings*. On file with Parks Canada.

Parks Canada in association with the Harvaqtuuq Historic Site Committee and the Harvaqtuurmiut (Kazan River) Elders

n. p.　Fall Caribou Crossing National Historic Site Commemorative Integrity Statement (draft).

Payment, Diane P.

1999　Executive Summary of *Picking Up the Threads*: *Métis History in the Mackenzie Basin* ([Yellowknife NWT]: Métis Heritage Association of the Northwest Territories and Parks Canada, 313p. , 1998), HSMBC agenda paper #1999 – 49. Copies available from National Historic Sites Directorate, Parks Canada.

Pearson, M. ,D. Johnston, J. Lennon, I. McBryde, D. Marshall, D. Nash, and B. Wellington

1998　*Environmental Indicators for National State of the Environment Reporting*: *Natural and Cultural Heritage.* Environment Indicator Reports. Canberra, Australia: State of the Environment.

Reeves, Brian

1994　Ninaistákis: the Nitsitapii's Sacred Mountain. Traditional Native Religious Activities and Land Use/Tourism Conflicts. In *Sacred Sites, Sacred Places.* David L. Carmichael et al. , eds. , pp. 265 – 95. *One World Archaeology* 23. London and New York: Routledge.

Ridington, Robin

1990　*Little Bit Know Something*: *Stories in a Language of Anthropology.* Vancouver: Douglas & McIntyre.

Ritchie, David

1994　Principles and Practice of Site Protection Laws in Australia. In *Sacred Sites, Sacred Places.* David L. Carmichael et al. eds. , pp. 227 – 44. *One World Archaeology* 23. London and New York: Routledge.

Sahtu Heritage Places and Sites Joint Working Group

2000　*Rakekée Gok'é Godi*: *Places We Take Care Of. Report of the Sahtu Heritage Places and Sites Working Group* (Yellowknife NWT). http: //pwnhc. learnnet. nt. ca/research/Places/execsum. html.

Société Matcite8eia and the Community of Pikogan

1996　*Abitibi.* HSMBC Agenda Papers, #1996 – 64. Copies available from National Historic Sites Directorate, Parks Canada.

Stoddard, N.

1969　*Inukshuks, Likenesses of Men.* HSMBC Agenda Papers, #1969 – 60. Copies available from National Historic Sites Directorate, Parks Canada.

Uluru-Kata Tjuta Board of Management and Parks Australia

2000　*Tjukurpa Katutja Ngarantja. Uluru-Kata Tjuta National Park Plan of Management,* http: // www. deh. gov. au/parks/publications/uluru-pom. html.

Uluru-Kata Tjuta Board of Management and Australian National Parks and Wildlife

Service

1991　*Uluru（Ayers Rock-Mount Olga）National Park Plan of Management.* Canberra：Uluru-Kata Tjuta Management，ANPWS.

UNESCO

1996a　Clauses 23-42. *World Heritage Convention Operational Guidelines*，http：//whc. unesco. org/archive/out/guide96. htm.

1996b　*Biosphere Reserves：The Seville Strategy and the Statutory Framework of the World Network.* Paris：UNESCO.

（崔艳嫣　译）

保护阿拉斯加民族志景观

——美国的政策和实践

雷切尔·梅森（Rachel Mason）

　　根据阿拉斯加州的座右铭，阿拉斯加被称为"最后的边疆"，它是美国民族志景观中的一个特例。阿拉斯加在人与土地的关联方式以及在影响土地使用的法律和政策方面都不同于其他州。生存、荒野和边疆机会是阿拉斯加独特的三个主题，其主题特征在于景观的对比视角。

　　在阿拉斯加，生存指的是对传统的野生动植物的捕获、加工和分配，以及超越它们营养价值的具有文化意义的活动。老一辈人把动物栖息地及其迁徙路线的地理信息等有关生存的传统知识传授给年轻人。早在与西方接触之前的几千年里，阿拉斯加土著就在此生活。

　　阿拉斯加的开发始于第一批欧洲人的到来。从18世纪俄罗斯毛皮贸易殖民地的建立开始，非土著就涌向阿拉斯加，从其丰富的自然资源中获取利润。除毛皮猎获外，其他的采掘活动还包括捕鱼、采矿、木材和石油开发。

　　非土著也来到阿拉斯加休闲与冒险，如钓鱼、打猎、划皮艇，或在广阔的荒野徒步旅行。阿拉斯加景观的规模和偏远一直让游客和远方的仰慕者望而却步。西方的荒野概念与边疆概念具有相关性，因为两者都被认为是未被触及的、未知的领土。不同的是荒野要在原始状态下被欣赏，而边疆是必须被征服的。

德纳里景观

德纳里国家公园和保护区（Denali National Park and Preserve，DNPP）是阿拉斯加州最受欢迎的旅游景点，它既展示了阿拉斯加州大型景观的魅力，也阐释了保护和管理这些景观中存在的复杂问题。德纳里国家公园和保护区的不同用途对应了阿拉斯加景观的三个主题——生存、荒野和边疆机会。该公园以阿拉斯加山脉的最高峰为中心，1980年之前仍被称为麦金利山国家公园（Mt. McKinley National Park）。

阿拉斯加土著通常在该公园内进行许多生存活动。他们多在低海拔地区猎取麋鹿和驯鹿，一般不会去攀越现在被称为麦金利山的那座大山。考古证实，在 11000 年之前，靠近现在希利社区（community of Healy）的德纳里国家公园西北部的干溪谷（Dry Creek）流域曾经是一个专门狩猎羊、野牛和麋鹿的营地（Brown，1991：4）。和这个流域的土著一样，那个时候的阿萨巴斯卡人（Athapaskans）夏天以几个家庭为单位游猎，冬天则以较大团体为单位群居。他们把每两个家庭设为一个经济单位，2~5 个这样的经济单位构成一个本地群（local band）。捕鱼在季节性狩猎中仅次于狩猎。在他们与外界开始接触之前的晚些时候，麋鹿比驯鹿更重要（Brown，1991：8 - 10）。

德纳里国家公园居住着讲五种阿萨巴斯卡语——塔纳纳语

（Tanana）、科育空语（Koyukon）、上卡斯科奎姆语（Upper Kuskokwim）、阿特纳语（Ahtna）、德纳伊纳语（Dena'ina）——的阿萨巴斯卡人。讲科育空语的阿萨巴斯卡人生活在该地区西北部。讲塔纳纳语的阿萨巴斯卡人居住在公园北部，公园的山脉地区是他们传统狩猎区的最南端。讲上卡斯科奎姆语的阿萨巴斯卡人从明丘米纳湖（Lake Minchumina）和坎蒂什纳河（Kantishna River）游历到公园西部。讲阿特纳语和德纳伊纳语的阿萨巴斯卡人主要在公园南部活动。

尽管生活在这个地区的阿萨巴斯卡人确实会在麦金利山较低的山麓或其他山上狩猎，但是他们一般不会攀越麦金利山。1903 年，当詹姆斯·威克夏姆（James Wickersham）法官试图登上麦金利山时，他遇到了一群在山麓打猎的塔纳纳人。塔纳纳猎人把新鲜的肉食分享给威克夏姆的团队，并告诉他们到达这座山的盆地的路线。另一群阿萨巴斯卡人告知探险者如何到达麦金利山下方的冰川（Brown，1991：32 - 33）。

1917 年公园建立之前，麦金利山所在地区经历了短暂的淘金热。在坎蒂什纳山麓（Kantishna Hills）发现金矿之后，勘探者从 1905 年开始陆续来到这里。同年晚些时候，很多人搭船或驾着狗拉雪橇蜂拥而至，但是大多数人在 1906 年初沮丧地离开。像其他拓荒者一样，矿工并不特别依恋他们工作的地方，当获取高额利润的希望破灭时，他们继续前往别处探寻新的发财机会（Catton，1997：103，96）。

在同一时期，狩猎大型猎物的猎人发起了一场运动，旨在建立一座国家公园来保护麦金利山不同寻常的狩猎机会。1902 年官方首次探险麦金利山，探险报告指出，正是因为人类无法进入该地区，所以那里才有大量的熊、羊、麋鹿和驯鹿种群。倡导和推动建立麦金利山国

家公园的野外运动狩猎的自然保护主义者认为，北方动物，比如那些
生活在麦金利山周围的动物，所占比例高到不可思议。虽然比起生存
狩猎来野外运动狩猎者更反对市场捕猎，但他们把这两种类型的狩猎
者一并称为"为生存或赚钱滥猎的猎人"（pot hunters）。他们鄙视那些
寻找最简单最有效狩猎方式的猎人，认为这些"为生存或赚钱滥猎的
猎人"忽视了他们的捕猎行为对动物种群的长期影响（Catton，1997：
90－94）。

　　支持建立麦金利山国家公园的人希望它成为野外运动者的狩猎天
堂，但他们也想竭力保护该地区蓬勃繁衍的动物种群。他们不希望每
年都有大批游客来访。1916 年，虽然他们承认公园离铁路有 30 英里
的距离，但是他们竭力向国会证实公园将受益于阿拉斯加铁路。野外
运动狩猎者向参议院委员会解释他们为什么想要保护公园的野生动
物，而且只允许少数矿工到那里打猎（Catton，1997：104）。最后，
在国家公园管理局（National Park Service）主任的支持下，国会在
1917 年建立了这个公园，尽管直到四年之后国家公园管理局才为公
园聘请第一位主管（Brown，1991：135）。

　　在新建立的麦金利山国家公园狩猎的大部分非土著是矿工。1921
年，公园发布了新的规定，要求狩猎者记录他们猎杀的猎物，并要获
取许可证来猎杀动物作为狗食（Brown，1991：147）。矿工要依赖野
生动物的肉食生存，这种依赖性使他们在野外运动狩猎者眼中的
"滥猎的猎人"（Catton，1997：98）身份变得合理而正当。由此看
来，阿萨巴斯卡人通过狩猎来获取食物的做法也是可接受的。

　　最初，支持公园的野外运动狩猎者认为，金矿开采者的存在与保
护该地区丰富的野生动物资源可以兼容。然而，在公园建立早期，矿
工、铁路工人和建筑工人偷猎成了一个可怕的问题（Sellars，1998：

71）。很快，国家公园管理局游说政府禁止矿工居住在公园内（Catton，1997：117）。尽管如此，今天仍有一些矿工要求居住在公园内的权利。

勘探者、阿拉斯加土著以及野生动物都代表着阿拉斯加作为美国最后边疆的典型形象。有关麦金利山狼群的长期争论与景观有关，此争议表明人们对人类在自然界中的角色有不同的感知和看法。野外运动狩猎者渴望创造更好的狩猎机会，而自然资源保护主义者不愿意控制狼的数量，两者似乎相容，却又存在不可调和的一面。阿萨巴斯卡人的传统狩猎甚至不在此种情形之内。显然，游客的乐趣与坚持自然保护原则之间存在冲突（Sellars，1998：155–159）。

国家公园管理局希望修建公路以吸引驾车而来的游客。一些早期的荒野支持者认为，由于公园特许经营区吸引了游客，国家公园管理局对在公园内修建公路表现出极大的热情（Catton，1997：144）。在国家公园管理局积极游说之下，麦金利山国家公园公路于1923年开始动工修建（Sellars，1998：107），直到1938年才完工。虽然它提供了进入坎蒂什纳矿山的通道，但是这条公路的修建主要是为了公园管理和游客的利益。国家公园管理局想给来麦金利山国家公园的游客提供一次边疆体验，同时也想让游客的游览更加便捷。即使是第一批勇敢的游客也开始要求更完善的住宿条件，而不是仅提供帐篷和平台。国家公园管理局在公园总部修建了看起来质朴的原木建筑，给人以一种边疆的感觉。

20世纪40年代，阿拉斯加公路的修建使美国在北美洲彼此相连的四十八个州经加拿大到达阿拉斯加成为可能。国家公园管理局的66号任务是一个十年国家计划（1956~1966），旨在改善公园基础设施，此项计划进一步鼓励汽车旅游业的发展。在麦金利山国家公园，66号任务的项目包括游客中心、露营地、解释性路旁设施和风景名胜区的建设。最具争议的项目是一项关于拓宽并将道路铺入公园的计划。国家保护组织如塞拉俱乐部反对修缮道路，他们认为这会破坏公园的荒野特色。折中的解决方案是"压缩"道路，只铺砌道路的最初几英里，而对道路的前半部分不进行修缮——国家公园管理局主任把这种道路称为"荒野之路"（Sellars，1998：192）。

如今，与阿拉斯加大多数国家公园不同的是，根据 1980 年《阿拉斯加国家利益和土地保护法》（Alaska National Interest and Lands Conservation Act），德纳里国家公园在扩建的同时进行了重新命名，并且有公路直通。夏季旅行者的房车或露营车沿着公园公路到达德纳里成为常见的景象。贯通西沃德（Seward）和费尔班克斯（Fairbanks）的南北铁路也穿过公园。从 1972 年开始，除非获得特殊用途限制许可证，游客不得驾车超越铺砌道路进入公园。他们必须计划好时间乘坐穿梭巴士或露营车在公路上往返，途中可以短暂停留欣赏出现的野生动物。巴士将乘客送至埃尔逊游客中心（Eilson Visitor Center）（往返 11 小时）或沿着泥泞的碎石路去往更远的奇迹湖（Wonder Lake）（往返 8 小时），在那里最多停留 1 小时，之后返回公园入口区域的游客中心。

以前居住在公园里的阿萨巴斯卡人活动在公园的广阔地区，但是现在一些土著已经在公园外的村庄定居，所以游客几乎没有机会在公园里看到土著。夏季，小型土著群居部落会分成若干家庭来维持生计，而在漫长寒冷的冬季里他们则聚集在一起。冬季赠礼是一种宴会和礼物赠送仪式，唱歌、跳舞、演讲、讲故事等活动会持续几天的时间。

阿萨巴斯卡人擅长讲故事，同时他们也热衷于听故事。如果听众在听故事的时候没有表现出十足的欣赏态度，故事讲述者可能会讲一个毫无意义的故事以示对听众的惩罚（de Laguna，1995：286），而其他的故事一般是关于人和动物在精神世界中的正确行为。经验丰富的故事讲述者通常会非常熟悉他们在故事中提到的地方和动物，并将他们自己的经历添加到故事里。

在内陆阿萨巴斯卡人中流行一类故事，即"旅行者"系列，比如科育空人的故事"在人和动物中划桨"（Attla，1990；Thompson，1990）。这些故事围绕土著文化中的一位英雄展开，他先是造了一只独木舟，然后从一个地方游历到另一个地方，经历了各种冒险，遇到了神话时代和现代的各种人和动物。在塔纳纳人的故事"经历一切的人"的不同版本中，游历者拜访了水獭、狼獾、兔子、小昆虫、青蛙、鼠女、巨人以及其他各种动物（de Laguna，1995：96 - 104，121 - 134，326 - 333）。

阿萨巴斯卡的故事讲述者与当时招聘的向非本地巴士乘客讲述德纳里野生动物的口译员形成了鲜明对比。口译员通常是非阿拉斯加州的季节性员工，他们受雇不是因为了解公园的动植物，而是因为他们能够与游客和谐相处，而且讲解起来相当流畅、幽默且富有知识性。巴士在公路上来回穿梭，游客们可以通过窗户窥视"五大"物种——熊、驯鹿、驼鹿、绵羊和狼（Pratt，2002）。虽然几乎所有游客在往返游客中心的旅途中都会时不时地看到野生动物，但在整个游览的过程中，很少有游客可以透过云层看到被云朵遮掩的山脉。

麦金利山海拔 20320 英尺（6194 米），是北美最高的山峰，也是专业登山者喜爱的目的地。它象征着边疆的困难所在。在每年春季短暂的登山时节，来自世界各地的专业登山者都试图登上顶峰。许多攀登以救援或登山者的死亡而告终。非本地游客和阿拉斯加居民对登上山顶感到敬畏。

然而，这座山对于居住在它"阴影"中的阿拉斯加土著来说有着不同寻常的意义。以麦金利总统的名字命名的这座山峰被称为德纳里，在科育空语中意为"高山"。阿萨巴斯卡人很少用人的名字来命名地标。他们尊重这座高山，轻易不谈论它（Kari，1999：7）。他们不会为了娱乐或比赛而攀登德纳里山或其他高峰。公园最北部的奇塔西亚山（Chitsia Mountain）因与驼鹿心脏相似而得名，是塔纳纳人起源神话的所在地（Brown，1991：33）。

德纳里国家公园和保护区是理解各种文化景观互相交织和冲突的实例之一。如今，生存、荒野和商业资源开发之间持续斗争的主题是阿拉斯加的联邦政策。每一种观点和做法的拥护者都担心其他两种观点和做法可能会凌驾于他们的利益之上。因为很多土地是公有的，这种情形一般在阿拉斯加联邦管理者的管辖下发生。

阿拉斯加的生存管理几十年来一直存在争议。1991年，为了规范在阿拉斯加的联邦公共土地上对野生动物的生存使用，制定了联邦生存管理计划。1989年第9区法院做出了具有里程碑意义的麦克道尔（McDowell）判决后，联邦政府接管了阿拉斯加的生存管理，此判决宣布阿拉斯加州因未能向农村最低生活保障用户提供优先狩猎权而违反了联邦法律。继1995年凯蒂·约翰（Katie John）的判决[1]及随后的上诉和拖延，以及随后阿拉斯加州未能颁布赋予农村居民生存优先权的法律，联邦政府于1999年接管了阿拉斯加的生存渔业管理。

与"生存"不同，"荒野"一词在阿拉斯加以外引起强烈反响。尽管西方普遍认为"荒野"代表人类尚未踏足的自然，是与文化相对立的概念，但是其实"荒野"这个概念本身就是一种西方文化建构。与阿拉斯加居民特别是阿拉斯加土著相比，保护自然的原始状态可能对游客和外来者来说更重要。为了实现这一目标，荒野倡导者可能更喜欢非消耗性的娱乐活动，如捕鱼然后放生，而不是为生存而捕猎。虽然一些荒野支持者可以接受为生存而消耗自然资源，即"生存性狩猎"，但鲜有人接受对未开垦的荒野进行商业开发。

阿拉斯加商业的发展始于俄罗斯殖民地利润丰厚的海獭皮贸易。后来，黄金勘探者、鱼类加工者和石油开发商等蜂拥而至，促成了采掘业的繁荣。就像"荒野"一样，"发展"这一概念也来自阿拉斯加以外的地方，许多阿拉斯加人已经接受了这些概念中的一个或另一个。边疆开发商与这片土地本身没有内在联系，但是由于这片土地和海洋拥有巨大的潜在利润，他们垂涎这片广阔的土地。

影响民族志景观的法律和政策

美国

文化景观在美国资源管理中是一个较新的概念，而民族志景观是一个更新的概念，所以政府机构在民族志景观是什么、它们与文化景观的关系如何以及它们应该如何受到保护等方面存在不一致的看法也就不足为奇。国家公园管理局是文化资源保护和保存的主要政府机构，在对历史景观进行了几十年的研究之后，于1990年启动了文化景观项目。仅比此项目早几年，国家公园管理局在1981年实施了应用民族志学项目，旨在协调美国各地的文化人类学工作。国家公园管理局的这两个项目都对民族志景观感兴趣，但它们对这些现象的解释是不同的。这在一定程度上是因为文化景观项目是在历史保护法下运作，而民族学项目没有类似的限制。

国家公园管理局的政策将文化景观定义为"一个拥有文化和自然资源、野生动物或家畜的地理区域，此区域与某个历史事件、活动或人有密切关系，或展现出其他文化或美学的价值"（NPS，2001：129）。民族志景观是国家公园管理局划分的四种交叉文化景观类型之一（NPS，1997：88）。四种交叉文化景观如下：

——**历史设计景观** 历史设计景观是一种反映普遍认可风格的刻意的艺术创作。工程师对此类景观可以进行设计。比如，阿拉斯加德纳里国家公园的历史总部区域，其设计修建的目的是为游客提供边疆体验。另一个典型的例子是德纳里公路走廊。

——**历史本土景观** 历史本土景观体现了各个民族对土地的价值观和态度，反映了某段时间内的居住、利用和发展模式，它们可以独立于人类深思熟虑的设计而发展。阿拉斯加历史本土景观包括位于兰格尔－圣伊莱亚斯（Wrangell-St. Elias）国家公园和保护区的肯尼科特矿山综合设施（Kennecott Mine complex）以及其他矿山。西沃德红灯区作为基奈峡湾（Kenai Fjords）国家公园针对新游客中心进行的基于史实的合规性研究的一部分，是另一个例子。

——**历史遗迹** 历史遗迹因与重要事件、活动和人物的联系具有重要意义。通常这样的历史遗迹是在阿拉斯加州外发现的，但是克朗代克淘金热国家历史公园（Klondike Gold Rush National Historical Park）的摩尔农庄（Moore homestead）是阿拉斯加一个典型的罕见的历史遗迹。新的阿留申第二次世界大战国家历史区（Aleutian World War II National Historic Area）是另一个例子，尽管它的规模大于通常所说的"遗迹"。

——**民族志景观** 民族志景观对于那些被国家公园管理局称为有传统关联性的族群来说具有当代重要性，而且这些人如今在继续使用这些景观。通常，这些景观都是以传统方式使用或估价的。阿拉斯加西北部的伊亚特（Iyat，蛇形温泉）是该地区伊努皮克（Iñupiaq）居民的圣地和疗养地。在阿拉斯加东南部，邓达斯湾（Dundas Bay）既有史前遗迹，也有历史遗迹，是胡纳村（villge of Hoonah）特林吉特人（Tlingits）的季节性生存场所。巴特利特湾（Bartlett Cove），也位于阿拉斯加东南部，是冰川湾（Glacier Bay）国家公园和保护区的一部分，由于它与胡纳村特林吉特人的创造神话有联系，因此具有神话意义。

与其他类型的文化景观不同，民族志景观通常包含自然和文化资源（Hardesty，2000：169），也可能包括植物、动物、地质结构和地貌，以及人工建筑和手工艺品。那些使用和重视景观的人可能认为它们纯粹是自然的，而事实上也包括强大的文化成分。自然景观的文化改造可能是象征性的而非物质性的。此外，对同一景观的文化解读可能存在争议。例如，在加利福尼亚，传统上与死亡谷国家公园息息相关的西部蒂姆比沙·肖肖尼人（Timbisha Shoshone）反对将他们充满活力的家园描绘成凄凉、死气沉沉的（Hardesty，2000：178 - 179，引自Fowler等人1995年的原始研究）。

许多人可能认为他们作为一个群体的生存取决于民族志景观的持续生命力。例如，这适用于阿拉斯加土著与生存性狩猎和捕鱼相关的文化价值观。许多人认为，他们文化的生存取决于他们不断收获、加工和分享野生食物的机会。支持荒野的非土著也强烈地感觉到他们对土地的依恋。然而，他们可能认为人类是一个参照体，或者是一个被困扰的生态系统，而不是一个单一的文化群体。

在全国范围内，国家公园管理局的文化景观计划主要侧重于非土著民族建筑和活动的历史遗迹保护。被国家公园管理局认可的文化景观包括名人府第、历史牧场、旧矿山、水坝、教堂建筑、道路、监狱，甚至出租的住宅。国家公园管理局的文化景观项目开发人员从考古学中获得的灵感远比从民族志学中获得的灵感要多，这可能是因为考古学家和历史建筑学家对建筑、物质遗迹和历史有着共同的兴趣。国家公园管理局的许多历史景观项目包括史前部分，但很少有项目涉及当代的活动。美国与其他地方一样，由于考古证据而指定的历史遗址往往被视为一组离散的实体，而不被视为一个综合景观的一部分（Buggey，本卷）。

在国家层面，美国政府对民族志景观的政策来自一些旨在保护文化资源的重要法律。这些法律大多需要与受管理决策影响的相关人员协商。1969 年颁布的《国家环境政策法》（National Environmental Policy Act，NEPA）要求对任何具有潜在环境影响的拟议工作提供环境影响声明或环境评估，以保护自然资源和文化资源。

1966 年的《国家历史保护法》（National Historical Preservation Act，NHPA）于 1992 年进行了修订，要求和其他文化意义非常重大的遗址一样，保护那些对于美国土著来说非常重要的遗址，这些遗址是各种各样的国家遗产的一部分。《国家历史保护法》确定了国家历史遗迹登记资格的标准：

——在美国历史、建筑、考古、工程和文化等领域具有重要性，且在位置、设计、设置、材料、工艺、情感和关联等方面具有完整性的地区、地点、建筑、结构和物件；

——与对宽泛的历史模式做出重大贡献的事件有关；

——与现在或过去重要人物的生活有关；

——体现某一构建类型、时期或方法的独特性，或代表大师作品，或具有较高的艺术价值，或代表一个重要且可辨别的实体，其组成部分可能缺乏个体差异；

——已产生或可能产生的历史或史前重要信息（NPS，1997：2）。

显然，这些标准使许多现在使用中的具有文化意义的民族志景观被排除在外。历史不足 50 年的遗迹只有在被认为具有不同寻常的重要性时才符合登记标准。此外，公墓、出生地、坟墓、纪念性资产、宗教资产、从原来位置移走的结构或重建的历史建筑通常都不符合国家登记的条件。《国家历史保护法》关注的是景观的结构和其他变化，而不是人们解读它的方式。由于民族志景观可能缺乏物质文物或书面文件，其保存价值可能比历史结构更难确定（Evans & Roberts，1999）。

为解决这一问题，国家公园管理局已采取措施使传统文化遗产（Traditional Cultural Properties，TCPs）符合国家登记的条件。国家公园管理局于 1994 年发布了一则公告，以帮助考古学家和民族志学家识别和解释传统文化遗产（NPS，1994）。虽然对于确认个别的遗产来说这是一种有效的方法，但它对理解景观中各个地点的相互关系却没有太大的帮助。

影响民族志景观的其他立法领域还包括如何保护和进入圣地。在过去的 25 年里，美国制定了独特的"立法一揽子计划"，直接关系到美国土著民族在践行传统宗教方面的自由。1978 年的《美国印第安人宗教自由法》（American Indian Religious Freedom Act，AIRFA）确认了印第安人的宗教信仰权利，但它没有任何实施条例，主要依靠土地所有者或管理者的善意来允许信徒进入圣地。然而，1996 年颁布的第 30007 号行政命令（Executive Order 30007）更明确地保护了美国土著进入圣地的权利。1979 年的《考古资源保护法》（Archaeological Resources Protection Act，ARPA）要求联邦土地经营者确定潜在的发掘地点是否对相关民族具有文化意义，这与仪式用途没有太直接的相关性。1990 年的《美国土著坟墓保护和归还法》（Native American Graves Protection and Repatriation Act，NAGPRA）要求将联邦土地上发现的人类遗骸和丧葬物品归还相关部落（Hardesty，2000：182）。特别是对于美国土著来说，这些法律保护了民族志景观的具体组成部分。

阿拉斯加

政府管理体制经常和土著与土地的关系发生冲突，在阿拉斯加也不例外。在与西方接触之前，阿拉斯加土著根据自己的实践和要求管理土地及其他资源。如今，由于该州一半以上的土地都归联邦管理，猎捕野生动物受到一系列复杂的正式法规的制约，这些法规包括联邦和州政府在不同情形下的各种权力。用于个人和家庭消费与分配的生存性用地，诸如狩猎、捕鱼和对野生资源的获取等，与商业性、娱乐性以及野生动物保护性用地共存并存在竞争关系。

最近，阿拉斯加国家公园管理局的大多数文化景观项目并没有关注生存景观，而是关注历史结构和非土著的活动。目前对民族志景观的关注使美国国家公园管理局在阿拉斯加的文化景观工作与其他地区不同。在阿拉斯加，此类工作包括：

（1）奇尔库特小径（Chilkoot Trail）和戴伊镇（Dyea Town）遗址文化景观目录（NPS，1999a & 1999b）。这两个遗址都位于克朗代克淘金热国家历史公园，总部位于阿拉斯加的史凯威（Skagway），靠近加拿大边境，而且这两个遗址也与1898年淘金热中向北蜂拥而入育空（Yukon）地区的非土著所走的路线有关。他们描述了居住在该地区的土著族群并提到他们参与的历史事件，但没有提到这些遗址在当代的重要性（Horton，见本卷）。

（2）位于兰格尔－圣伊莱亚斯国家公园和保护区的肯尼科特铜矿镇（Kennecott Mill Town）的文化景观报告（Gilbert et al.，2001）。肯尼科特是20世纪初在一个铜矿附近发展起来的非土著社区，但是现在已经废弃。报告强调要制订计划来恢复和保护该遗址的历史建筑和结构。

民族志景观报告是国家公园管理局应用性民族志项目的报告标准类型之一[2]：

这是一项有限的田野调查，旨在确定和描述名称、位置、分布和意义等民族志景观特征……社区成员将参与实地考察和民族志访谈。各类研究与文化景观计划相协调，文化景观计划主要负责文化景观的识别和管理（http：//www.cr.nps.gov/add/studies.htm）。

在撰写本文时，国家公园管理局管辖下的阿拉斯加地区还没有发表任何民族志景观报告。然而，许多早期的民族志都是关于阿拉斯加州土著对地方依恋的雄辩陈述（例如，de Laguna，1972；Nelson，1969：83；Ellanna & Balluta，1992；Burch，1981，1994，1999；Goldschmidt & Haas，1998）。最近，国家公园管理局签约的工作主要集中于对阿拉斯加土著具有特定价值的民族志景观，包括：

——1996 年，共享的白令海峡遗产项目对乌布拉桑（Ublasaun）的研究成果发表。乌布拉桑是一个过去在阿拉斯加西北部希什马里夫（Shishmaref）村附近的驯鹿放牧区和生活定居点（Schaaf，1996）。国家公园管理局资助的对这一地区的其他研究还包括 Simon & Gerlach（1991）与 Fair & Ningeulook（1994）的成果。乌布拉桑的废弃定居点是一处"记忆景观"，是人们心中一个曾经至关重要的地方。

——关于德纳里国家公园和保护区的地名研究（Gudgel Holmes，1991；Kari，1999）。这些报告以阿萨巴斯卡语使用者的文字和口述的历史工作为基础。

阿拉斯加的特殊情况影响着国家公园管理局和其他联邦机构，也间接影响着民族志工作者的利益。阿拉斯加民族志学家关注的是自给自足的收成、使用地区、通行方式和地名，他们的关注点部分来源于 1971 年的《阿拉斯加土著索赔解决法案》[3]（Alaska Native Claims Settlement Act，ANCSA），但最重要的是来自 1980 年的《阿拉斯加国家利益和土地保护法》[4]。这两部法律对阿拉斯加的联邦土地管理有指导意义，同时也为政府确认那里的民族志景观设定了标准。

根据《阿拉斯加土著索赔解决法案》，13 个区域性本土公司得以创建，某些土地也被分配给股东。这些举措将西部财富、商业以及政治领土等概念和阿拉斯加土著与土地的关系相融合。这项法律的间接产物是印第安人事务局（Bureau of Indian Affairs）的 14（h）（1）项目[5]，该机构的一个办公室负责收集了 2500 多份有关整个阿拉斯加重要地点的阿拉斯加土著的录音和书面采访（Pratt，2002）。这些记录保存在位于安克雷奇（Anchorage）的印第安人事务局办公室，是阿拉斯加本土传统知识的重要档案。

普拉德霍湾（Prudhoe Bay）石油的发现对所有人来说都是最大的边境机遇，这也是推动 1971 年解决阿拉斯加土著索赔问题的动力。《阿拉斯加土著索赔解决法案》废除了当时土著的所有权利要求，但根据《阿拉斯加国家利益和土地保护法》，授予合格的使用者生存性收获的优先权。最初，该法第八章将生存狩猎优先权授予土著农村居民。然而，作为对阿拉斯加州利益的最后妥协，国会通过的该法的版本是将生存优先权授予所有符合要求的农村居民，既包括土著居民也包括非土著居民。根据此法的其他条款部分，在阿拉斯加留出了 3240 万英亩（131118 平方公里）的土地作为荒野，不用于开发。

比起《阿拉斯加土著索赔解决法案》，《阿拉斯加国家利益和土地保护法》更是直接关注土地保护。根据《阿拉斯加国家利益和土地保护法》，沿着一些历史遗迹、保护区、野生动物保护区、荒僻但风景优美的河流建立了六个新的国家公园。这项新的法律还将阿拉斯加土著公司使用的土地纳入联邦管理和保护范围，这些土著公司是根据《阿拉斯加土著索赔解决法案》设立的（Hardesty，2000：182）。《阿拉斯加国家利益和土地保护法》是一项开创性的立法，因为它还为保护土地创造了一种新的管理模式，承认当代土著文化的生存使用。罗伯特·阿恩伯格（Robert Arnberger）是国家公园管理局阿拉斯加地区办公室主任，他在论文中写道，正是由于《阿拉斯加国家利益和土地保护法》，"阿拉斯加成为研究土著及其文化如何得以保存、如何与景观保持联系永不分割的实验室"（Robert Arnberger，2001：1－2）。

通过在联邦公共土地上为农村居民设立最低生活保障优先权，根据《阿拉斯加国家利益和土地保护法》第八章，最终于1991年制定了联邦最低生活保障管理计划。这个跨部门计划包括五个联邦机构的代表，美国鱼类和野生动物管理局是牵头机构，其他机构包括国家公园管理局、森林管理局、土地管理局和印第安人事务局。

政府对生活资料的管理更多地集中于对特定资源的利用，而不是对景观的解读。成立于1978年的阿拉斯加州生计研究部门，隶属于阿拉斯加鱼类和猎物部生计处，记录了生计收获，并绘制了传统使用区域图。[6]出于解决管理问题的实际需要，政府机构的观点也不再强调文化景观的认知特性。州和联邦创建了几个相互冲突的管理单元网络，以非常特别的方式管理用于生活、商业和娱乐的资源，结果破坏了景观。

州和联邦生存项目的双重管理以一种新的方式进一步重组了阿拉斯加的景观。为了减少混乱，联邦项目采用了州系统中的26个猎物管理单元，将它们命名为"野生动物管理单元"。猎物或野生动物管理单元不是传统意义上的领地，更像是阿拉斯加土著的传统，有收获季和禁猎期。此外，联邦项目还设立了十个联邦生存区域咨询委员会。生存区域咨询委员会的成员由内政和农业部长任命，这个委员会的建立旨在反映每个农村地区的文化群体和生活资料使用者的不同利益。土著和非土著都有资格加入该委员会，这与《阿拉斯加国家利益和土地保护法》坚持包括非土著生存性资源使用者的要求一致。[7]

1999年，联邦野生动物生存性管理增加了渔业一项，提高了生存性资源使用者对河流景观的兴趣。居住在阿拉斯加内陆的阿萨巴斯卡人特别关注河流。阿萨巴斯卡语中除了"朝向水域"或"远离水域"（Tilley，1994：57）之外，还将方向描绘为"上游"或"下游"（Kari，2000），而不是使用西方的基本方向。在1999年秋的联邦中南部区域咨询委员会会议上，该地区的一名阿特纳阿萨巴斯卡居民提议将河流流域作为生计渔业管理的主要单元，来替换野生动物管理单元。这样管理重点将更接近阿拉斯加州中南部农村地区已经使用的传统的管理方法。尽管区域委员会认为该建议很有吸引力，但这一切实可行、符合文化传统的建议在监管渠道上仅停留于讨论阶段。

阿拉斯加的生存管理制度促成了科学研究和自然资源管理两个方面的新发展。一是需要同等对待传统生态知识和西方科学。随着学者对传统知识兴趣的提高，科学研究越来越倾向于西方学者与部落之间的合作。传统的生态知识常常以景观为中心。景观是传统世界观的组成部分（Buggey，见本卷），动物和人类属于同一精神世界。地理特征也可能起到一定作用。例如，在阿拉斯加东南部，一些特林吉特家族是以附近的山脉命名的。卡瓦格雷（Kawagley）对阿拉斯加西部的尤皮克人（Yup'ik）世界观的研究始于一个关于人类的创世神话，这个神话出现在育空－库斯科昆姆（Yukon-Kuskokwim）三角洲（Kawagley，1995：13）。许多阿拉斯加本土的创造神话告诉我们第一批人类是如何被安置在他们的景观中的。

二是相关发展受到加拿大资源管理决策中向共享权力进展的影响，具体表现为美国政府机构倾向与利益相关者（包括用户和管理者）进行共同管理。在加拿大和美国，建立共同管理制度的努力主要集中于特定的自然资源而不是景观保护。然而，这两个国家的土著已经越来越多地参与管理历史或文化遗址（Buggey，见本卷）。涉及土著或土著土地的研究现在必须在与部落协商并获得正式批准的情况下进行。

自 1991 年启动以来，联邦生存管理项目在共同管理方面取得了进展，也就是说，生存使用者有意义地参与制定对他们有重大影响的野生动物管理决定。除特殊情况外，联邦生存委员会有义务遵循区域咨询委员会的建议。社区居民参与并影响经常在阿拉斯加农村举行的区域理事会会议。共同制定决策的其他例子包括开发用户管理组对驯鹿狩猎做出监管决策，推行对阿拉斯加南部半岛驯鹿的社区配额。在联邦生存项目管辖范围以外的地区，影响海洋哺乳动物监管和候鸟捕猎的立法都考虑到了当地用户的参与和管理。

在阿拉斯加和美国其他地方，政府管理机构及其科学顾问已经开始更多地关注地方的实际情况和地方关心的问题。尽管存在共同管理的趋势，但土地管理政府机构代表的是占主导地位的非土著文化而不是土著民族。土地管理这一概念强制推行与土著对土地使用权的看法相矛盾的法律和政治制度。

民族志景观

美国

在美国，许多土地管理机构对地方附属物的兴趣，以及由此对民族志景观的兴趣，都源于保护美国土著民族圣地的各种努力（Evans & Roberts，1999：1）。联邦土地政策旨在阻止或限制进入公共领地，也阻止了美洲土著和其他人参观神圣或有意义的遗址（Hardesty，2000：180）。另外，美国土著可能也希望阻止外来的参观者在他们仪式期间打扰或参观圣地。

那些习惯了西方宗教观念的人可能不那么容易理解为什么美国土著把一些地方视为神圣之地。美国土著不认可圣地的孤立性，而是赋予圣地更为广泛的意义。旅程本身可能比沿途的地标更神圣。神圣性也可以是暂时的；一个地点的神圣性可能不会掩盖它特定的某种用途。

圣地和重要的生存用地之间存在关联性。狩猎和收获既是精神层面的，也是经济和政治层面的。针对1989年埃克森瓦尔迪兹石油泄漏事件（Exxon Valdez Oil Spill）对社会影响的研究表明，阿拉斯加土著和非土著在与环境相关的精神意义上存在显著差异（Jorgenson，1995）。非土著赋予他们最喜欢的狩猎和捕鱼场所的价值不同于土著确认的基于文化的精神意义。

地名是土著和政治上处于主导地位的管理者之间存在冲突的另一个领域。由景观使用者构建的民族志景观可能会与主导群体对同一景观地区的看法相冲突。费尔（Fair）回顾了阿拉斯加州以及州外地名学的文献。在阿拉斯加，国家公园管理局大量的工作是关注土著对土地的依附关系（Gudgel-Holmes，1991；Kari，1999；Fair & Ningeulook，1994；Fair，1996）。对这些知识的收集为某种世界观的民族志文档增加了关键的细节。例如，在高地旅行的时候会发现德纳里国家公园和保护区的土著地名变得越来越少，这是因为阿萨巴斯卡人几乎没有机会在雪山上狩猎（Kari，1999：16）。阿拉斯加土著因为认识到对这片土地的命名象征着主权和身份，所以努力恢复以前使用的地名（如将麦金利山改名为德纳里山）。

一些在联邦机构工作的人类学家和历史建筑师在编制遗址目录方面遇到了体制压力。例如，在国家公园管理局项目中，所有项目的任务都是制定可衡量的目标并记录实现这些目标的进展情况。民族志资源目录（Ethnographic Resource Inventory，ERI）、考古遗址管理信息系统（Archaeological Sites Management Information System，ASMIS）和文化景观目录（Cultural Landscapes Inventory，CLI）数据库都是基于这一考量创建的。但是，上述所有这些只是列出了遗址名称而没有对它们之间的关系进行解释，这是一个潜在的缺陷。

民族志资源目录在 2004 年仍处于初始阶段，尚未完全投入使用。国家公园管理局绩效管理数据系统[8]（Performance Management Data System）的全国性民族志学唯一目标就是测量民族志资源目录中每年增加的民族志资源公园的数量。民族志资源目录被期望成为该机构应用民族志项目完成工作的主要衡量标准。最终，人们希望民族志资源目录能提供比资源清单更多的信息。[9]然而，目前的民族志资源目录并不能充分传达民族志资源之间的关系。为国家公园管理局考古项目服务的考古遗址管理信息系统也存在类似的问题。文化景观目录的优势在于它列出了整体的景观，不再是彼此独立的资源或将景观记录为一个过程（Horton，见本卷）。然而，民族志资源目录的方法会使事物具体化和离散化，所以这种方法最好被认为是连续的。正如史密斯（Smith）和伯克（Burke）（2004）在提及澳大利亚土著的时空观时指出的，民族志景观不是点的集合，而是点与点之间的联系。

美国自然和文化资源管理的另一种方法是建立生态系统模型，这种方法在过去十年中被一些联邦项目采用，这些项目包括鱼类和野生动物管理以及森林管理。土地管理局并没有非常明确地支持生态系统的概念，而是采用了它的一些特点。这不仅反映了人们对生态系统相关部分的兴趣，而且也表明人类是自然景观的一部分。遗憾的是，每个机构在使用生态系统模型时都遇到了一些困难。喜欢物种分析和管理的生物学家一直反对生态系统方法。其他问题与自下而上的决策有关，这些问题主要关注与生态系统管理举措相关的合作关系。然而，改变机构的等级权力结构并不容易。

阿拉斯加

民族志景观不是静态的，它们最终会在一个地理区域发生变化。文化团体需要大小不同的空间来充分利用它们的景观。过去一些阿拉斯加猎人和采集者在指定的群族领域跟踪迁徙的动物并进行季节性的游历。定居的群体由于贸易或战争，对广阔的领土有着深入的了解。

今天，阿拉斯加的一些土著族群仍然尊崇"旅游景观"。特别是阿萨巴斯卡人，他们是游牧民族，有许多游历故事（Mishler，1995）。生活在库克湾（Cook Inlet）附近的德纳伊纳阿萨巴斯卡人曾在一片广袤的土地上游历（Kari & Fall, 1987）。如上文对德纳里国家公园和保护区的讨论中，一些阿萨巴斯卡故事集中描述了一个名为"旅行者"的人物，他提前梦到了他要去的地方（de Laguna, 1995：330）。纳尔逊（Nelson）描述了科育空人如何看待人类对环境的影响：

> 这一影响可以通过描述科育空人赋予景观具体方位和地方的文化和个人方式来加以说明。其中一些是最近的事件；另一些更加久远，比人类更具精神性。科育空人在荒野中不断地经过这些地方，地点的转换变成了思想的流动（Nelson, 1983：242 – 243）。

阿特纳阿萨巴斯卡人也经常讲述旅行的故事。这些故事讲述了人们记忆中的狩猎和捕鱼之旅，着重描述了如何在困难中求得生存。上游的阿特纳旅行故事也显示了各地区族群之间的亲属关系（Kari，1986：153–215）。

阿拉斯加西北部的因纽皮特人（Iñupiat）也分享旅行的故事，其中一些是关于海上或沿海岸旅行的故事（Fair & Ningeulook，1994）。就波因特霍普（Point Hope）的伊努皮克社区土地使用的社会层面问题，伯奇阐释了个体在定居点之间的流动以及整个定居点的流动（Burch，1981）。超自然因素（尤其是对鬼魂的恐惧）和方便出入定居地的实际要求都影响了其对定居点的选择。

阿拉斯加南部海岸线的景色主要是大海，而阿留申人和阿鲁提克（Aluttiq）人则是无所畏惧的水上旅行者。他们也在陆地上旅行，知道某些道路的每一个标志。20 世纪初，在科迪亚克岛（Kodiak Island）上的居民从阿克肖克（Akhiok）村步行几天到岛西侧的卡尔鲁克（Karluk）是司空见惯的事情（Rostad，1988）。

除了地理方面，旅游景观的时间维度也体现出西方思维方式和非西方思维方式的不同。虽然这通常被视为线性思维和循环性思维的对比，但非西方的景观时间观可能被更准确地描述为"生活在当下的过去"（Horton，2002，见本卷）。澳大利亚"梦想时间"（Australian Dreamtime）是一个著名的运动景观的例子，一些澳大利亚土著可以理解地标体现了一个群体图腾的历史。阿拉斯加本土的旅行故事也表明过去的事迹和冒险在如今的景观中仍然存在。

在与西方接触之前，阿拉斯加土著在对当地动植物资源进行精密开发的基础上发展了复杂的经济。没有一个群体独立于其他群体存在；所有的人不是商人就是旅行者，他们知晓海洋、海岸或陆地上的各种景观。阿拉斯加土著很难接受强加于他们的西方景观，而西方管理者无法认识到与管理制度共存的民族志景观，这些情形并不令人惊讶。

国家公园管理局在全国范围内正式承认了一些以路线、河流和概念单位形式出现的旅游景观，如"地下铁路"（the Underground Railroad）、"彻罗基人的血泪之路"（the Cherokee Trail of Tears）和"66 号历史公路"（Historic Route 66）。这些历史遗迹或路径是为了纪念旅行和运动，而不是为了纪念各个分散的遗址。"地下铁路"代表着非裔美国人为获取自由向北逃亡的过程中遇到的救助者网络。"彻罗基人的血泪之路"讲述了彻罗基人被迫从美国东南部的家乡迁移到俄克拉荷马州的历程。"66 号历史公路"是为了纪念 20 世纪 30 年代大萧条时期风沙侵蚀区的农民从中部迁徙到加利福尼亚州。

对于非美国土著而言，保存下来的历史景观往往是为了庆祝对自然的征服（Melnick，2000：26）。这导致美国本土价值观与现存的历史景观管理体系日益疏离。例如，在阿拉斯加的克朗代克淘金热国家历史公园，游客可以看到"淘金热"勘探者在奇尔库特小径辛苦劳作。然而，直到最近，国家公园管理局才把美国土著当作克朗代克故事的重要组成部分。

与国家公园管理局文化景观指南定义的那些景观相比，美国土著民族志景观更具包容性，地理分布更广。因为传统文化遗产法以零散的方式看待地标，所以与之相比，景观法是展示文化遗址和资源如何相互关联的更好方式（Stoffle & Evans，1990）。遗憾的是，文化资源管理者仍然对美国土著的景观整体保护言论以及他们对圣地和活动的信仰持怀疑态度。

政策启示

为了探索政策的含义和启示，我们现在回到最初提出的生存、荒野和边疆机遇三方之间的斗争。从政府管理的角度来看，这三个类别代表着相互竞争的使用群体。尽管三方之间有很多交叉部分，但大家对交叉部分毫无兴趣。

土地和资源管理者认为土著狩猎者对景观的影响微乎其微。对于早期的保护运动和最近的保护主义者来说，与荒野相对的是发展（Sellars，1998：211）。政府机构和保护主义者都将欧美的管理方法视为唯一的管理形式。美国土著对景观的使用并不是这些影响因素的一部分。今天，虽然一个特定的地点或地区对非本地游客和科学家来说似乎是为了保护自然或用来纪念历史事件，但它也可能是土著的家园（Buggey，见本卷）。

文化资源管理者已经接受了保护自然景观完整性的目标，并将此目标应用于历史景观保护（Howett，2000）。完整性确实是有资格进入国家历史遗迹名录的重要标准，但是文化资源管理者并没有全心全意地支持维护民族志景观的完整性。他们倾向于分别管理每一个种类，而不是保护整个景观及其所包含的活动。

就像联邦或州狩猎管理单元系统人为划定的边界困扰着狩猎者那样，狩猎者同样困惑于为什么一个地区被称为"荒野"。在非土著的理解中，荒野是无人居住、未被使用和接触的。只要土著不改变自然景观，他们在一个地方的生存及对其使用就可以被容忍或忽视。人类对荒野的消费性使用，即使是为了生存或宗教仪式，也会威胁到非土著所感知的荒野的完整性。

在阿拉斯加，国家公园管理局的民族志景观主要是阿拉斯加土著使用的景观，正如阿拉斯加民族志学关注的是该州的土著居民一样。阿拉斯加的民族志景观往往不为公众所知，而西方文化留下的历史遗迹和文物等文化景观则被广泛展示并向游客讲解。通过积极提升西方历史景观在公众中的知名度、增加参观者的数量来发展旅游业以带来更高的商业收入。相反，大多数非土著居民和游客既没有接触到也没有正确理解阿拉斯加土著赋予其景观的精神价值。

很多最新的阿拉斯加民族志研究包括景观研究，都涉及西方学者和阿拉斯加土著之间的合作（例如，Kari，1986；Fair & Ningeulook，1994；Mishler，1995；Ellanna & Balluta，1992）。人类学家对传统生态知识的浓厚兴趣与历史建筑师对景观认知日益增长的兴趣有着相似之处。显著的学科差异在于方法论方面，即人类学家使用面对面访谈和参与者观察的方法了解民族志景观，而景观设计师在解释文化资源的价值之前先研究景观的特征特别是人造结构。

国家公园管理局对民族志景观的研究仍处于起步阶段，但其进展比其他政府机构要快。对景观不同的当代文化观和价值观的认识，正逐步渗透到美国联邦土地管理系统的各个层次。森林管理局及鱼类和野生动物管理局都将景观多样性理所当然地视为它们采用的生态系统方法。因此，这些机构更倾向于了解民族志景观的文化背景，并逐步从独立物种或独立地点转移到生物群和景观群。森林管理局对过去人类在改变景观方面的作用特别感兴趣，特别是过去土著通过故意放火来控制景观的做法（Maccieary，1994）。鱼类和野生动物管理局也承认人类是生态系统变化的积极参与者。美国内政部土地管理局和矿产管理局为了保护风景价值，已经制定了管理视觉景观的计划。内政部机构和农业部林业局在制定决策的时候，都努力将传统知识与使用西方科学方法收集的数据结合起来（Burwell，2001）。

传统知识通常与特定的地方或地点联系在一起。一个重要的政策启示是管理者必须把他们需要寻找的、广泛的、放诸四海而皆准的管理方法（为了效率、执行或人员培训目的）与共同管理和使用当地知识的目标相协调。虽然国家公园管理局的许多人员认为景观保护最好由土地使用者承担，但国家公园管理局和其他联邦机构也有一个国家和国际选区。管理机构承受的政治压力可能会阻止它们全心全意地以当地知识为指导。

结　论

美国政府确认和保护文化景观的政策主要受历史保护法的推动，尤其是1966年的《国家历史保护法》。国家公园管理局在执行这些政策时认为景观是一种特殊类型的文化景观，融合了自然和文化元素。这些政策对当代传统上有联系的民族很重要。保护印第安人进入圣地的《美国印第安人宗教自由法》和第30007号行政命令以及提供了记录传统文化遗产指南的第38号国家登记公告（National Register Bulletin 38）（1994），也影响了民族志景观的管理，只不过影响程度不深。

国家公园管理局的文化景观计划和民族志学家必须与只考虑不同遗址而不把民族志景观作为一个整体的利益机构做斗争。政府机构被要求不断提供可测量的研究结果，这种压力也直接导致了管理者仅列出遗址而不描述它们之间的相互联系。景观应被视为一个过程或一项正在进行的工作，而不仅仅是建筑物或树木，这一目标是促进机构和项目合作的原因。

到目前为止，政府资助的阿拉斯加民族志或文化景观工作对民族志景观几乎没有明确的参考价值。然而，这一地区的民族志学和文化景观工作在很大程度上阐释了阿拉斯加土著对景观的眷恋。在州和联邦土地管理制度中，管理层的审议和决定将西方的监管视野强加于土著土地使用制度。政府机构对传统生态知识的日益依赖和对共同管理制度的日益支持，使资源管理者更加了解土著的世界观并与之合作。

致　谢

感谢珍妮特·科恩（Janet Cohen）、托妮娅·伍兹·霍顿、伊戈尔·克鲁普尼克（Igor Krupnik）以及詹姆斯·梅森（James Mason）对本文初稿提出的颇有帮助的建议。感谢卡里·戈特修斯（Cari Goettcheus）和米基·克雷斯皮（Miki Crespi）提供的他们两人合写的关于国家公园管理局应用民族志和文化景观项目之间合作的早期论文。

注释

1. 凯蒂·约翰，阿拉斯加州门塔斯塔（Mentasta）村的一名阿特纳阿萨巴斯卡老人，是"约翰诉阿拉斯加州"一案的原告之一。她和她的共同原告提起诉讼，要求维护在她家的土地上捕鱼以维持生计的权利。
2. 其他包括快速的民族志评估程序、民族志概述和评估、传统使用、文化归属、民族志历史、民族志口述和生活史。
3. 《阿拉斯加土著索赔解决法案》的目标是剥夺阿拉斯加土著的土地所有权。阿拉斯加州石油储备的发现及联邦政府对州土地选择的冻结，使尽快解决土著土地要求问题变得更加紧迫（Case, 1984: 14）。

4. 根据《阿拉斯加土著索赔解决法案》关于未保留土地的某些规定,《阿拉斯加国家利益和土地保护法》使美国内政部能够从公共利益的角度对土地进行撤回和分类（Case,1984:298）。

5. 该计划为《阿拉斯加土著索赔解决法案》的一部分,该部分授权内政部撤回位于公共土地上的未保留和未分配的土著墓地和历史遗迹,并将其转交给区域公司。

6. 阿拉斯加鱼类和猎物部网站（http://www.state.ak.us/local/akpages/fishgame/subsistence/geninfo/publictns/subabs.htm）列出了技术报告列表和报告摘要。

7. 根据《阿拉斯加国家利益和土地保护法》,国家公园管理局管理其土地上的生存用地,其管理方法与阿拉斯加其他联邦土地管理机构的方法略有不同。在某些阿拉斯加公园,如冰川湾国家公园,不存在生存用地。《阿拉斯加国家利益和土地保护法》为每个公园建立了一个由当地农村居民组成的生存资源委员会,允许开展自给活动。它向公园管理者提出建议,并与国家公园管理局合作,为公园制订全面的生存管理计划。根据国家公园管理局的规定,如果一个人居住在公园指定的居民社区或持有个人生存资格许可证,则他有资格从公园内获取生存资源。

8. 对于国家公园来说,这种目标是非强制性的。

9. 民族志资源是"被传统使用者赋予文化意义的生存和仪式场所、建筑、物体和城乡景观"（NPS,1997:160）。

参考文献

Attla, Catherine

1990　*K'etetaalkkaanee: The One Who Paddled Among the People and Animals.* Eliza Jones, translator. Fairbanks: Yukon-Koyukuk School District and Alaska Native Language Center.

Arnberger, Robert

2001　Living Cultures, Living Parks in Alaska. Paper prepared for the World Wilderness Conference in South Africa, October 2001. Anchorage: National Park Service, Alaska Regional Office.

Brown, William E.

1991　*A History of the Denali-Mount McKinley Region, Alaska: Historic Resource Study of Denali National Park and Preserve.* Vol. 1—Historical Narratives. Santa Fe: National Park Service, Southwest Regional Office.

Burch, Ernest S., Jr.

1981　*The Traditional Eskimo Hunters of Point Hope, Alaska 1800 – 1875.* Barrow: North Slope Borough.

1994　*The Cultural and Natural Heritage of Northwest Alaska.* Volume V—The Iñupiaq Nations of Northwest Alaska. Anchorage: National Park Service, Alaska Regional Office and Kotzebue: NANA Museum of the Arctic.

1999   *International Affairs of the Iñupiaq Nations of Northwest Alaska.* Anchorage: National Park Service, Alaska Regional Office.

Burwell, Michael

2001   *Minerals Management Service, Alaska OCS Region — Traditional Knowledge,* http: // www. mms. gov/ alaska/native/tradknow/tk_ mms2. htm. Updated 6/ 5/01.

Case, David S.

1984   *Alaska Natives and American Laws.* Fairbanks: University of Alaska Press.

Catton, Theodore

1997   *Inhabited Wilderness: Indians, Eskimos, and National Parks in Alaska.* Albuquerque: University of New Mexico Press.

Crespi, Muriel (Miki), and Cari Goettcheus

2000   Ethnography and Cultural Landscapes: the case for collaboration. Paper prepared for the 2000 Annual Meeting of the Society for Applied Anthropology, Merida, Mexico.

De Laguna, Frederica

1972   Under Mount St. Elias: The History and Culture of the Yakutat Tlingit. *Smithsonian Contributions to Anthropology* 7. Washington, DC: Smithsonian institution Press.

1995   *Tales from the Dena: Indian Stories from the Tanana, Koyukuk, and Yukon Rivers.* Seattle: University of Washington Press.

Ellanna, Linda J., and Andrew Balluta

1992   *Nuvendaltin Quht'ana: The People of Nondalton.* Washington, DC: Smithsonian Institution Press.

Evans, Michael J., and Alexa Roberts

1999   *Ethnographic landscapes.* Paper presented at the 59th annual meeting of the Society for Applied Anthropology, Tucson, Arizona, April 1999.

Fair, Susan W.

1996   Tales and Places, Toponyms and Heroes. In *Ublasaun: First Light-Iñupiaq Hunters and Herders in the Early Twentieth Century, Northern Seward Peninsula, Alaska.* J. Schaaf, ed. , pp. 110 – 25. Anchorage: National Park Service, Alaska Regional Office.

Fair, Susan W., and Edgar N. Ningeulook

1994   *Qamani: Up the Coast in My Mind, in My Heart.* Manuscript on file Alaska Regional Office, National Park Service, Anchorage.

Fowler, Catherine S., Molly Dufort, Mary Rusco, and the Historic Preservation Committee, Timbisha Shoshone Tribe

1995   *Residence Without Reservation: Ethnographic Overview and Traditional Land Use Study,*

Timbisha Shoshone, *Death Valley National Park*, *California*. Death Valley, CA: National Park Service.

Gilbert, Cathy, Paul White, and Anne Worthington

2001　*Kennecott Mill Town Cultural Landscape Report*. Wrangell-St. Elias National Park and Preserve: National Park Service, Alaska Region.

Goldschmidt, Walter R, and Theodore H. Haas

1998　*Haa Aaní, Our Land: Tlingit and Haida Land Rights and Use*. Seattle: University of Washington Press.

Gudgel-Holmes, Dianne, ed.

1991　*Native Place Names of the Kantishna Drainage, Alaska: Kantishna Oral History Project*. Denali National Park and Preserve: National Park Service, Alaska Regional Office.

1997　*Kantishna Oral History Project, Phase II, Part 1: Interviews with Native Elders*. Denali National Park and Preserve: National Park Service, Alaska Office.

Hardesty, Donald L.

2000　Ethnographic Landscapes: Transforming Nature into Culture. In *Preserving Cultural Landscapes in America*, A. Alanen and R. Melnick, eds. , pp. 169 – 85. Baltimore: Johns Hopkins University Press.

Howett, Catherine

2000　Integrity as a value in cultural landscape preservation. In *Preserving Cultural Landscapes in America*, A. Alanen and R. Melnick, eds. , pp. 186 – 207. Baltimore: Johns Hopkins University Press.

Jorgenson, Joseph G.

1995　Ethnicity, Not Culture? Obfuscating Social Science in the Exxon Valdez Oil Spill Case. *American Indian Culture and Research Journal* 19 (4): 1 – 124.

Kari, James, ed.

1986　*Tatl'ahwt'aenn Nenn': The Headwaters People's Country*. Fairbanks: Alaska Native Language Center.

Kari, James

1999　Draft Final Report of *Native Place Names Mapping in Denali National Park*. Denali National Park and Preserve: National Park Service and Fairbanks: University of Alaska, Polar Regions Department.

2000　Some Implications of Three Athabascan Ethnographic Narratives of Nick Kolyaha (of Iliamna), Jane Tansy (of Cantwell), and Jim McKinley (of Copper Center). Presentation at NPS Cultural Resources meeting, Anchorage, Alaska, November 2000.

Kari, James, and Fall, James

1987　*Shem Pete's Alaska: The Territory of the Upper Cook Inlet Dena'ina*. Fairbanks: Alaska

Native Language Center.

Kawagley, Oscar

1995   *A Yupiaq World View: A Pathway to Ecology and Spirit.* New York: Waveland Press.

King, Thomas F.

1997   *Cultural Resource Laws and Practice: An Introductory Guide.* Walnut Creek, CA: AltaMira Press.

MacCleary, Doug

1994   Understanding the role the human dimension has played in shaping America's forest and grassland landscapes: Is there an archaeologist in the house? *Eco-watch Discussion Site*, 22/10/94, http://www.fs.fed.us/eco/eco-watch/ew940210.htm.

Melnick, Robert Z.

2000   Considering nature and culture in historic landscape preservation. In *Preserving Cultural Landscapes in America*, A. Alanen and R. Melnick, eds. , pp. 22 – 43. Baltimore: Johns Hopkins University Press.

Mishler, Craig, ed.

1994   *Neerihiinjik—We Traveled from Place to Place.* Fairbanks: Alaska Native Language Center.

Morseth, Michele

1998   *Puyulek Pu'irtuq! The People of the Volcanoes: Aniakchak National Monument and Preserve Ethnographic Overview and Assessment.* Anchorage: National Park Service.

National Park Service

1993   *National Register Bulletin 38: Guidelines for Evaluating and Documenting Traditional Cultural Properties.* Patricia L. Parker and Thomas F. King, eds. Washington, DC: National Park Service.

1997   *National Register Bulletin 15: How to Apply the National Register Criteria for Evaluation.* Washington, DC: National Park Service.

1998   *Director's Order NPS – 28: Cultural Resource Management Guideline.* Release No. 5 (Final).

2001   *2001 Management Policies.*

National Park Service, Alaska Regional Office

1999a   *Chilkoot Trail, Klondike Gold Rush National Historical Park: CLI Coordinator Review Report.* On file in the Cultural Landscapes Inventory.

1999b   *Dyea Historic Townsite, Klondike Gold Rush National Historical Park: CLI Coordinator Review Report.* On file in the Cultural Landscapes Inventory.

Nelson, Richard K.

1969   *Hunters of the Northern Ice.* Chicago: University of Chicago Press.

1983   *Make Prayers to the Raven: A Koyukon View of the Northern Forest.* Chicago: University of Chicago Press.

Pratt, Kenneth

2002   Director, ANCSA 14 (h) 1 Office, Bureau of Indian Affairs, Anchorage. Personal communication, May 31 and August 6.

Rostad, Michael

1988   *Time to Dance: Life of an Alaska Native.* Anchorage: A. T. Publishing.

Sauer, Carl O.

1963   (1925) The morphology of landscape. In *Land and Life: A Selection from the Writings of Carl Ortwin Sauer*, John Leighly, ed., pp. 315 – 50. Berkeley, CA: University of California Press.

Schaaf, Jeanne, ed.

1996   *Ublasaun: First Light: Iñupiaq Hunters and Herders in the Early Twentieth Century, Northern Seward Peninsula, Alaska.* Anchorage: National Park Service, Alaska System Support Office.

Sellars, Richard West

1997   *Preserving Nature in the National Parks: A History.* New Haven: Yale University Press.

Simon, James J. K., and Craig Gerlach

1991   *Reindeer Herding Subsistence and Alaska Land Use in the Bering Land Bridge National Preserve, Northern Seward Peninsula, Alaska.* Anchorage: National Park Service.

Stoffle, R., and M. Evans

1990   Holistic Conservation and Cultural Triage: American Indian Perspectives on Cultural Resources. *Human Organization* 49: 91 – 9.

Thompson, Chad

1990   *K'etetaalk'kaanee, The One Who Paddled Among the People and Animals: An Analytical Companion Volume.* Fairbanks: Yukon Koyukuk School District and Alaska Native Language Center.

Tilley, Christopher

1994   *A Phenomenology of Landscape: Places, Paths, and Monuments.* Oxford/Providence: Berg Publishers.

（李燕飞　译）

撰写民族志史

——历史保护、文化景观和传统文化遗产

托妮娅·伍兹·霍顿（Tonia Woods Horton）

在 2001 年 7 月发布的一份报告中，国家公园咨询委员会（National Park Advisory Board）表达了其对国家公园"积极承认本土文化与公园之间的联系，并确保公开所有美国遗产经验"的关切，并提出了以下建议：

> 国家公园管理局应该帮助保护祖先和土著与公园之间不可替代的联系。……公园应该成为表达和恢复一个地方沧桑古老感的庇护所。应努力将这些人与公园和其他具有特殊意义的地区联系起来，以突出和强调他们的生活文化（National Park Service，2001：3，8）

为了强调这一观点，这份报告坚称，"美国的国家公园早在成为公园之前就已经成为人类的情感之地。它们是先祖的家园（homelands）"（National Park Service，2001：3，8，添加了重点）。在没有特别提到

美国土著的情况下，这种看似常识性的观察实际上对公园历史的撰写和解释方式提出了一个巨大的挑战。它还强调了遗产确认过程中出现的问题的根源——文化视差，即公园作为家园还是无人居住区存在知识上的差异性，国家公园管理局（National Park Service，NPS）的制度框架是"从外部"赋予和解释其历史意义。尽管"家园"一词的使用在政策修辞上是一个巨大的进步，但对遗产建设和随后的政策实施以及对这些"避难所"的管理的影响却不太确定。

从布罗代尔式（Braudelian perspective）的"长时段"（long view）来看，这一简短的陈述是一个尝试性的序曲，它将过去的偶然性和临时性视为许多物质性和象征性层次的叠加，来说明人类与现在的公园景观的互动。如果把撰写历史看作对过去的解释，那么历史撰写就变成了对某个地点另类见解的谋篇撰文，或者说变成了一个中间地带，内部的观点缓和了外部的观点，顺利跨越了不确定地带。将这一不完善或者说是主观的历史模型置于景观中更具挑战性：在动态进化的环境中，不可能存在历史或生态的停滞。景观最基本的特征是其组成部分永远处于不断的变化之中。

公园必须包括"与我们的公园和文化景观有着长期和深入联系的人"，这种历史性要求实际上意味着对遗产保护优先事项的重新排序。由于美国的土地是用来居住并被人塑造的，所以应该解释居住经历和其与土地之间的文化联系，而不是从参观者、"发现者"或科学家的视角对土地进行诠释。意识形态范式的无形痕迹否定、歪曲或忽视了美国土著历史的复杂性。这不仅掩盖了他们的景观存在，而且也掩盖了他们的文化遗迹。如果说"历史是地点这一概念的本质"，那么将历史转化为遗产的过程就永远铭刻着对地点的文化保护（Glassie，1982：664）。

从这个有利的角度来撰写历史和建构遗产，在很多层面都将是一项倾注心思的艰巨任务。它必然需要汇合各种社会和环境历史、各种故事、各种信仰和实践，就如一个千变万化的万花筒中的马赛克拼图，所有这些都依赖个人和社区在公园景观中的经验。因此，在景观脉络中撰写历史的方法应该是深奥的民族志学方法；它是被铭刻的文化和被适应的自然，缺失任何一方都是不完整的。而且，与其他机构相比，国家公园管理局更倾向于把"先祖的家园"这种理解和解释看作记录和保护民族志景观的构成部分，而民族志景观则被定义为与历史文化群体相关的具有遗产价值的独特资源环境。[1]

通过考察国家公园管理局有关历史保护和文化景观（特别是对民族志景观）的惯常研究方法，本文借助国家公园管理局的国家历史遗迹名录（National Register of Historic Places），详细了解了记录和保存景观的复杂过程。这种探索之所以重要，是因为它首次阐明了其所应用的历史范式的缺陷，这种范式不仅应用于文化群体，如美国土著，而且应用于作为一种完整的遗产类型的文化景观。本文最后反思了景观恢复作为一种语言和批判性实践是如何改变遗产生成的。同时，本文也暗示了一种全面的修订，这种修订不仅为美洲土著遗址历史的撰写带来了希望，而且也有利于在更大的背景下把国家公园统一复杂地解释为遗产景观。

艰难的契合：国家历史遗迹名录和新兴文化景观方法论

安妮·惠斯顿·斯本（Anne Whiston Spirn, 1998：16, 22）以令人信服的论据将人与土地之间的深刻关系表述为积极的过程。在这个过程中，把景观"解读"或"解说"为把人与地方固有地联系起来的景观。最重要的是，斯本把景观描述成一个进化过程，一个随着时间发展、丢失、恢复、重塑或遗忘的过程，这与文化生存有着内在联系："景观语言揭示了地点和生活在那里的人之间的动态联系。"学习阅读景观就是"重新学习维持那个地方生活的语言"。因此，人与地点之间的对话是亲密而富有启迪性的；相反，"景观语言流利性的流失会限制我们把景观颂扬为伙伴"（Sprin，1998：16，22）。

基于这个定义，景观本质上就是人和地点之间在多个领域——土地的巧妙塑造、资源的积极使用和管理、创世故事的嵌入以及持久遗产的形式——的对话。景观是合成的、综合的、无所不包的进化过程，具有令人难以置信的规模。但是，景观的概念能否被制度化为一种以延续土地保护传统和确保文化保护为主导的观察和解读土地和遗址的方式呢？作为文化知识的典范，它如何将遗址的静态历史转变为既传承过去又预示未来的充满活力的遗产呢？

作为遗产管理者，国家公园管理局的首要职责是把公园内的景观加以理解并且解读为需要保护其宝贵资源的复杂的历史和生态实体。当然，说起来很容易，做起来其实很难。国家公园管理局作为一个机构，其复杂的历史是造成这种状况的部分原因。国家公园管理局的遗产意识在一系列负责资源保护的部门之间分裂开来，而这些部门遵循的"自然"和"文化"的资源保护路线一直是有问题的错误路线。这些部门的主要负责人代表了文化资源管理部门的各个分支，包括考古学、历史学、民族志学、历史建筑和文化景观。与各个分支组成的混合体相分离的是各种不同的解释，这是弥平文献记载的历史和作为遗产宝库的遗址之间鸿沟的一个关键因素。此外，将自然资源管理划分成自身遗产和保护模式增加了对景观价值的区分，但也失去了它们的文化渊源。[2]

大家普遍认识到公园是由景观构成的，而景观是一种资源类型，梳理盘存和保护景观是国家公园管理局的使命，所以文化景观范式自1981年开始声势逐渐壮大。事实证明，这一认识不仅是公园在定义上的一个重大转变，而且也是思想和行为上的一个改变。在实施文化景观计划之前，国家公园管理局的文化资源研究和管理政策是沿着学科路线进行的。这些学科包括历史学、历史建筑学和考古学。在这一过程中，历史景观的易辨认性及其在嵌入性资源（如建筑和考古遗址）定性方面的关键作用往往被忽略。一些景观特征，如土地利用、地形和植被，一般会被注意到，但不被视为历史景观的基本决定因素。考古遗迹和历史遗迹、战场和遗址不是被关注的焦点，而是被视为用来保存和解释与美国民族主义中心主题相关的物理遗迹的静态舞台。

用来确认应受保护的历史资源的意识形态框架来自以博物馆为主导的美国物质文化理论，这种理论主要体现在1935年的《历史遗址法》（Historic Sites Act，1935）中，这部法律是进行全国性历史保护的原始动力。这项关键性的立法结束了国家公园管理局多年来的积极游说和谈判。特别是在霍勒斯·奥尔布赖特（Horace Albright）及后来的新历史部门负责人凡尔纳·查特拉因（Verne Chatelain）的领导下，新立法不再仅仅关注20世纪早期的公共土地遗产保护，不再仅仅聚焦于土著的考古遗址，如卡萨格兰德（Casa Grande）和梅萨维德（Mesa Verde）以及根据《古迹法》（Antiquities Act）和战争部（Department of War）授权指定的战场地点。[3]

《历史遗址法》的语言聚焦于"历史遗址、建筑和物体"，通过类似于室外博物馆这种有形的保护来展示美国历史的主题。它还建立了一种普查方法来确认值得保护的历史遗产，这是一个既具管理性又具规约性的过程，最重要的是它是由联邦标准定义的。随着考古遗址和战场的整合，奥尔布赖特的愿望是国家公园管理局将"在很大程度上进入历史公园领域"，并且国家公园管理局可以作为历史保护的主导力量"进入商业领域"，这一愿望将把该机构发展为国家遗产机构提上了议程。[4] 30多年后，根据《国家历史保护法》（National Historic Preservation Act，1966）的规定，建立了国家历史遗迹名录。这一名录在宽泛的美国历史主题基础上，用严谨的人工类型学构建历史遗迹，进一步使国家保护规划制度化。[5]

国家历史遗迹名录延续了最初的《历史遗址法》注重指导全国"遗址、建筑物和物品"调查的风格，强调通过识别、记录和保存离散资源（即"历史财产"）这一方法，将国家历史解释为人为现象。联邦政府、国家历史遗迹名录这类最广泛意义上的遗产建设的核心继续代表着美国历史保护中主要的历史范式，极大地影响着"文化"资源的定义，也决定着哪些资源可以作为遗址被纳入或排除在历史学、诠释和公园管理之外。

国家历史遗迹名录的主要特征及它在文化联系方面表现遗迹独特特征的能力，在很大程度上取决于其主题、背景的固定模板与可辨认的历史文物（主要是有形的）之间的匹配程度。国家历史遗迹名录就像是一次"全国历史遗产普查"，是从"物品"到"地区"这样的历史遗产资源历史价值的主要仲裁者。在国家历史遗迹名录中，被视为"遗产类型"资源的历史"重要性"和物质"完整性"等概念取决于由各种层次的审查构成的评估程序，这些审查反过来也反映了必须处理的关键关系，以便使遗产有资格进入名录。首先，受审查的遗产必须被指定为某种遗产类型，可以是物品、建筑、楼房、地点或是区域。遗产类型直接与规定的主题背景相联系，由于遗产与历史事件、人物、风格之间有关联或其具备可能产生有意义的研究、信息及其他被称为"评估标准"的因素的能力，遗产具有了历史重要性（National Register, 1997）。

那么，在国家历史遗迹名录系统内，构建一个遗址或地区的历史依赖于把三维世界有意编纂成历史，即将物理环境模式化为预想的形式类别；坚持历史事件和个人的类型学层次；最重要的是，通过赋予遗产价值来决定其未来。由于其具有普查的功能，国家历史遗迹名录需要划定严明的界限并做出严格的解释，这与其说是规则，不如说是一种特例。国家历史遗迹名录避免了以特定景观历史为特征的独特进化过程，主要关注物质遗迹、人为遗迹，这一限制在许多方面掩盖了景观作为遗产资源（尤其是在家园和文化记忆的情况下）的真正效力。

在考虑文化景观时，不连续的主题、有界限的遗址以及规定好开始和结束日期的重要时期都预示着一些不可避免的后果。在文化景观框架出现前的几十年里，国家公园管理局的历史保护专业人员面临通过国家历史遗迹名录公式般的缜密性来定义历史资源，提炼各种离散的实体及文物的历史特征和价值以支持某个主题化的国家历史的困境。这种方法虽然有助于识别历史结构的元素，却使更大的背景及文化景观无法识别。这些历史资源不仅存在于自然环境中，而且随着时间的推移被自然环境塑造、定位、建构和影响，但是与自然环境缺乏相互联系。自然问题特别是生态关系问题，在国家历史遗迹名录的静态历史观中构成一个几乎无法克服的障碍（Cook, 1995）。

国家公园管理局文化景观项目的设立回应了国家保护政策和法律在公园资源环境总体性方面存在的不足。基于卡尔·苏尔（Carl Sauer）的文化景观话语遗产，并结合 J. B. 杰克逊（J. B. Jackson）等

景观历史学家的本地视角，国家公园管理局现将文化景观定义为
"一个包括文化和自然资源以及生活在其中的野生动物或家畜且与历
史事件、活动、个人相联系或具有其他文化或美学价值的地理区域"
（Birnbaum，1994：1）。文化景观被确认并记录为公园规划和管理不
可或缺的资源。根据联邦法律和国家公园管理局的管理政策，它们的
重要性完全体现在下面的声明中，如下：

> 所有的文化景观，无论其类型或重要性如何，都将作为文化
> 资源进行管理。文化景观管理侧重于保护景观的物理属性和生物
> 系统，并将这些属性归于其历史意义。研究、规划和管理是项目
> 的框架（National Park Service，1998：97）。

文化景观在制度上被定义为资源类别的真正弊端是它要受到国家历史
遗迹名录标准的制约，而且这种标准显然是不可撤销的行政决定。[6]

　　文化景观被识别、记录、分析和评估的过程，简单说来就是其历
史是如何被撰写成景观的，对解释和管理文化景观产生了广泛的影
响。[7]按照规定的路径方法，国家公园管理局的景观历史更加关注景观
自然过程的跨学科描述、景观构成形式以及景观随着时间的推移发生
的进化，包括对现存状况的详细记录。最后，它们会根据景观特征进
行分析和评估，这些景观特征主要是有形的元素，其规模大到界定河
流走廊的自然系统和特征，小到石阶等小规模的遗址特征。[8]根据国
家历史遗迹名录的类型描述，"文化传统"与"民族志信息"和二者
被简化的可定义特征之间存在明显的脱节。事实上，这些都妨碍了将
景观解释为文化（National Park Service，1998：53）。

　　在各种历史情况下，无论记录过程具有怎样的灵活性和适应性，

对记录过程的分析和评估都基于一个共同的主题：以景观当前"状况"下"贡献性"或"非贡献性"资源的易辨认性为基础确定的"重要时期"的变化和中断程度。根据国家历史遗迹名录，一处特定景观的历史本质上就是一个线性年表，其中一个重要时期被确定为测量所有景观变化的基准。这种对景观的重要时期和现状之间变化程度和水平的评估，最终决定了景观的"完整性"或通过现存的自然资源反映历史价值的能力，从而决定了其进入国家历史遗迹名录的可能性。这反过来也引出了一个特别重要的观点，即根据可能符合或可能不完全符合任何特定景观含义的解释来阐述遗产价值。

尽管文化景观范式对国家历史遗迹名录中的美国历史模板提出了哲学疑问，但这种方法论的人为基础仍然存在，让人想到一个悬而未决的问题：在几乎预先确定好的普查结构中，确定国家意义有多重要？在许多方面，这一制度化过程创造了自己的另一种景观历史，这种景观历史体现了一种人为的、外部驱动的类型学。

将国家公园的文化景观工作与国家历史遗迹名录的严格方法联系起来，对于将景观理解为遗产，特别是对于那些与美国土著历史上有着深刻联系的景观来说，具有显而易见的意义。这也是在确认某些国家历史遗迹名录时是否应该包括美国土著历史上的某些主题（考古学、欧美定居地的联系和战场）的一种脆弱的妥协。国家历史遗迹名录没有提供一个撰写框架，在这个框架内，美国土著历史不仅要被积极地撰写，而且应当成为对相关民族的家园、怀念之地和遭遇之地的纪念，而且这些地方的景观被民族志学构建为文化场所即遗产。这种烦琐的联系创造并代表了一个地方的历史，以适应现实存在的模板，这个模板在理解非欧美文化及其景观的过程中（世界观）是不平等且不完整的。尽管所有文化景观都将作为文化资源进行管理，但无论其重要性如何，文化景观项目与国家历史遗迹名录之间的项目关系严重影响了国家公园管理局对景观的看法。这是一种艰难的契合，主要是因为国家历史遗迹名录的标准与作为进化过程的景观流动的复杂性并存。

尽管仍有公约的限制，但确认国家公园的文化景观使国家历史遗迹名录的范围扩大。虽然在名录形式方面文化景观逐渐被接受，但多维资源（如景观）中固有的模糊性对历史和地方的类型学构建提出了重大挑战。尽管如此，但变化在缓慢发生。[9]例如，景观特征被纳入国家历史遗迹名录术语，尽管仍处于外围边缘地带，但终究开始在土地利用和空间布局的规模等方面对文化景观作为文物的集合进行语境化。在其他方面，循环、植被和地形等要素和传统的考古遗址、房屋和建筑等相关物质特征一起描述和记录自然景观的突出特点。显然，在由文化景观塑造的遗产构建中，新的定义——比如把景观定义为文化过程——可以发挥更大的作用。但是，这种定义由于在本质上存在模糊性、主观性和偶然性，所以明显地威胁到作为遗产机构的国家历史遗迹名录的意识形态结构。

在解释的自由度和重要性层次方面，困难也随之而来。这种自由度和重要性会使一些特征具有完整性，而另一些特征，比如文化传统和民族志特征等，会继续对当代景观产生影响，但是这些特征并不具备完整性。地形和自然系统等特征只能在景观历史的不同时期，特别是在无法获得航空照片等图像证据的情况下，在一定程度上予以记录。然而，这些特征变化的频率和规模与一组建筑或与土地使用相关的文化传统有很大不同。那么，在一个意义重大的时期及之后，当若干组存在巨大差异的变量起作用时，如何衡量这些特征的完整性标准呢？国家历史遗迹名录对"物品"、"地点"或"地区"等财产类型的描述并不反映基本的景观过程，对这些过程在小块地域、边缘、走廊和嵌合体等生态环境中进行定义更为恰当（Dramstad et al.，1996：14－16）。在处理文化形成、身份和归属的过程以及它们如何在遗产和纪念方面塑造景观等方面更是如此，这些问题不能简单地简化为几个带项目符号的段落。

换言之，在考虑文化景观内在的特定地点的特性时，国家历史遗迹名录的历史价值结构中可能具有重要意义的东西其实并不那么重要。国家历史遗迹名录中遗产价值的编码在保护历史遗产方面发挥着重要作用，但作为撰写历史的一种方法，其内部语义和句法并不能呈现出多样的丰富性和解读的机会，而是任何文化上不那么独特的景观解读都可提供的一种素养。用神话或者线性术语在缅怀之地回忆历史、重塑具有独特文化足迹的景观，都会依赖讲述故事的人和讲述故事的方式。战场和领土遗迹成为各种文化解释的核心：征服或失败，生存或灭绝，维持或损失。所有的一切都是遗产。

例如，如果将景观定义为反映人类起源不同程度变化的生态系统万花筒，那么因为这个万花筒会呈现出不同规模和具有不同词汇的语境，对地方的历史感知就会被严重改变。景观的内在形态是一个可以潜在辨别的历史常数，但是就它如何影响历史进程这一问题，到目前为止还有待解释。例如，利用环境历史作为遗址历史形成的媒介，从根本上改变了历史和文化事件的景观故事。在这种情况下，战场变成了生态区，开阔地、林地、树篱以及灌溉沟渠的内部构成都深深影响着战场上的战略和成果。在其他地方，荒野是狩猎场、采摘浆果的地方、神圣的治疗场所，反映了一千多年的占领状态和生态知识的积累。

在考虑以文化景观方法论处理国家公园内地方民族志（如本案例中的美国土著民族）在历史方面的潜力时，这种认识尤其突出。

霍顿（Horton，2004）探讨的冰川湾国家公园（Glacier Bay National Park）案例反映了欧美世界观的脆弱性，欧美世界观是把景观界定并解释为普遍认同的遗产。冰川湾的景观历史阐明了传统知识的持续存在、联系以及将这些土地用作家园和具有文化意义遗址的做法，这是对目前将公园解读为荒野的挑战。

正如许多景观历史研究都与国家历史遗迹名录有关一样，由于这些广袤景观的规模和分散的居住模式，将普遍感知到的东部思维模式（例如，以设计为导向）转变为阿拉斯加和美国西部思维方式存在很多问题。而普遍存在的一种偏见使这一过程变得更为复杂，人们普遍对于承认文化景观抱有偏见，在这些景观中，物质文化遗迹几乎无法识读，如果可以识读的话，按照自然规律来说，也是人为类型学主导的不利后果。这种差异尤其反映在大多数以游牧或非农耕为主的美国土著文化中，主要与阿拉斯加土著有关。他们的景观历史是在大型生存区内游牧的历史，因此不需要建立永久性定居点，因此也不会留下欧美景观那样的典型文化痕迹。这种差异还削弱了传统遗址的重要性和遗址之间的相互联系，传统遗址被认为是文化维护和生存不可或缺的一部分，如整个领土景观中的圣地和神话场所等。

但是地图不是领土，或者至少不是温德尔·贝里（Wendell Berry）所说的"脚下的领土"（Ryden，1993：208）。通过用来定义、分析和评估某种离散特征的通用模板对景观历史进行了专门阐述，不过这种阐述要比目前支持者承认的传统记录更具潜力。现在急需的是对迄今人们还没注意到的景观维度进行背景解读，以揭示模式化的复杂性及具体遗址的构成。这些都将指导我们把景观视为遗产库，而不是集合了艺术品的有缺陷的静态的历史。

正如我们所看到的，部分问题在本质上是很明确的。文化景观的最大缺陷在于机构授权去阐释和保护"资源",在这种情况下,"资源"是指在规模和构成上与那些由建筑和考古衍生的"遗址、建筑和物品"有很大不同的环境。把"四种一般类型的文化景观"描绘成"不相互排斥的历史遗迹、历史设计景观、历史文化景观和民族志景观"(Birnbaum,1994:1)时,按照外部范畴来界定景观的根本困难显而易见。一种文化景观是被视为历史遗址、历史文化景观还是民族志景观,取决于景观环境是如何从有形或无形的资源发展而来的。在许多方面,最没有歧义的文化景观类型是历史设计景观,因为在历史设计景观中,设计意图和对官方计划的执行无须过多与一段时期、风格、设计大师和工匠挂钩。相比之下,历史遗迹和文化景观的解释范围更广,比如长期开拓历史中的多个重要时期。

在这一系列景观定义中,"民族志景观"的概念要复杂得多。民族志景观被定义为"包含多种被相关民族称为遗产资源的自然和文化资源的景观",这类景观也在国家公园管理局民族志项目的管辖范围之内。这两个项目之间的主要区别在于是根据国家历史遗迹名录标准,还是根据更纯粹的本质上与特定文化、实践和价值资源认定等有关的民族志景观概念来确定历史意义。此外,不管其重要性如何,所有文化景观被要求作为文化资源进行管理,这是在文化景观项目内部很少争论的一个复杂问题。例如,如果不能在阿拉斯加将一些景观认定和记录为民族志景观,那么许多国家公园的文化景观就会被忽视,历史记录的失语状态会进一步加剧。

事实上,当把"民族志"和"文化"应用于更全面和不断发展的景观概念而不是用于呆板的制度定义时,很难界定"民族志"和"文化"之间的区别(Spirn,1998:16;Corner,1999:5)。不管其语义如何,将民族志景观作为一个独特的研究领域纳入其中,对于文化景观项目和整个公园来说都是至关重要的。这预示着把传统价值观及其与某地特定社区的联系认定为民族志景观模式。就国家公园尤其是西南部和阿拉斯加地区的许多国家公园而言，民族志景观最常见于美国土著，但民族志景观的范围并不局限于土著群体。[10]关键的问题是，民族志景观定义是否"自下而上"地把景观清晰地描述为遗产。美国土著历史上对现有的国家公园土地的参与，说明了将这些景观理解为文化场所的迫切性，尤其是在对这些景观作为"祖先的家园"进行考量的时候（National Park Service，2001：8）。

即使具有进入国家历史遗迹名录的古文物背景且对撰写遗址历史有影响，将公园界定为文化景观来进行记录和管理仍然是遗产保护任务的核心，尽管此种界定不尽完美。由于文化景观范式代表了一个不断变化的资源基础，所以难以量化。因此，要把景观作为遗产来对待就取决于景观是如何被视为人与环境之间的对话过程的，而且其内在话语要通过不受外部限制的故事加以揭示。景观史的包容性和跨学科性越强，讲述和保留下来的文化故事就会被渲染得越复杂和越丰富。然而，在试图阐释弹性景观范式中遗产资源的规模和复杂性时，历史的混乱性清晰可见。

传统文化遗产：民族志景观史的前景

如果国家历史遗迹名录的遗产类型和评估重要性的标准被证明与文化景观保护不相匹配，那么在考量民族志景观尤其是与美国土著有关的景观时，这种类型学的错配就更为明显。国家公园管理局对文化景观目标和有关民族志景观的民族志学项目目标的区分不仅取决于对这些景观的识别及其历史的构建和重要意义，还取决于它们的保护方式。虽然进入国家历史遗迹名录的资格对这两个项目来说都是一个棘手的问题，但有一个方面是明确的，那就是它为某些民族志景观在类型学上确认为"传统文化遗产"提供了一定的依据，即在法律上保护其免受负面影响。[11]

为了增加历史遗产类型的多样性，国家历史遗迹名录确定了传统文化遗产的认定原则，即文化联系中的任何一个类别应该"植根于社区历史，并对维持社区的连续性具有重要性"（Parker，1993：1）。其目的是把重要性的定义扩大，将"传统文化意义"纳入其中，从而为把民族志景观确认为受保护的遗产资源奠定基础。根据国家历史遗迹名录的定义，"传统"并非旨在唤起人们的回忆，而是指一个特定的当代文化的知识体系：

> 在这种情况下，传统指的是通过口述或实践的形式在一个现存群体中世代相传的信仰、习俗和实践。那么，历史遗产的传统文化意义源自该遗产对一个群体根深蒂固的信仰、习俗和实践所起的作用（National Register，1994：1）。

因此，决定遗产价值的核心因素即对重要意义的断言就从外部驱动范式（如主题和背景的构式）转变为以社区为基础的范式，为从事历史保护的专业人士认识历史的另一种版本和结构以及认识遗产的重要性提供了初步指导。例如，将口述历史作为证据、传统时间和事件年表的概念以及从传统社会的角度对遗址价值进行鉴定，都代表着与标准的国家历史遗迹名录程序截然不同的方法。

或许国家历史遗迹名录对待传统文化遗产的方法和对待其他历史遗产的方法最显著的区别在于重新表述与时间相关的历史意义概念。

传统文化遗产的重要性取决于它与维护传统知识的社区的联系。换言之，这种知识是保存独特身份（即遗产）不可或缺的一部分。在遗产中，故事、歌曲、宗谱以及场所把过去、现在和未来紧密地联系在一起，其中场所是最重要的形式。

与当代文化保持连续性和联系的条件是必不可少的。这种条件表面上允许从社区共识或从合并过去和现在范畴的主位角度去识别、记录、分析和评估遗产。其实过去从来不是真正的过去，而是现在的一部分。虽然有些人将这种差异描述为线性和周期性时间概念之间的差异，但更可能的情况是，传统社区更倾向于将当前视为一系列层次而不是随时间推移的一系列事件的延展，在这些层次中，原始时间和日常的、司空见惯的现实是不可区分的，这种倾向就违背了大卫·罗文塔尔（David Lowenthal，1988）将过去描述为"外国"的做法。根据杰克逊的类比，根本就没有所谓的"重要的黄金时代"或者资源必须存在的线性年表（Jackson，1980：100 - 101）。相反，今天的资源和过去任何时候的资源一样都是完整的。在传统文化遗产中，过去和现在至少在理论上都认为遗产是一个积极的建设过程。传统文化遗产的维护和保存，保证了基本知识的存在。如果没有它们，社区的历史就将匮乏，文化将面临生存危机。

虽然这代表着在扩大文化场所保护范围方面取得的重大进步，但在许多方面，它也带来了很多无法解决的问题。和景观与国家历史遗迹名录的遗产类型、背景、标准以及重要性评估之间的不稳定匹配相类似，建立传统文化遗产的论据也是复杂的，受术语限制，且不能充分表达所涉及的遗产的价值。[12] 以民族志景观中的遗址概念为例来说明这个问题。首先，遗址必须被定义为一种物质"遗产"。对于许多传统文化来说，重要遗址的定义应该是对当今世界的意义的衡量，完全不同于单纯的物质描述。遗址的历史不能仅用地貌学、自然系统、土地利用模式或者仅仅用被发现、探索和定居的日期来描述，换句话说，从传统的角度来看，通过景观看待历史的意义是一种与过去截然不同的模式；它对权威、时间和空间的定义与国家历史遗迹名录对国家遗产的过时的定义格格不入（Griffiths，1996：1 - 2）。

就传统文化遗产而言，"传统历史"尤其合适，这意味着"一个民族或其他社区成员用自己的术语讲述自己的历史"，这种讲述不仅具有关联性——事实上是当代社区的主张，而且具有历史合法性。然而，传统历史的影响需要对历史价值观以及最终被充分探索的遗产构成进行全面的修订，或者至少是对它们进行重组：

> 传统历史包括生物、行为、（分析意义上的）神话或传奇事件、口述的传统等。传统历史的有效性检验不是从真实性上看事件的描述是否准确，而是重构后在文化上是否仍具有效性和准确性。不管一个社会是从真实意义上还是从象征意义上接受神话和传奇元素，只要重构在文化上是有效的（也就是说，符合适当的文化标准），那么它必须被认为是对过去的有效重构，不管它是否包含任何真正意义上不可能发生或过于神奇的生命或事件。（Downer et al.，1994：42 - 43）

重构就会混合一些令人兴奋的物质或非物质元素，这种混合开始完全改变国家历史遗迹名录中整齐划一的世界。把一个地方的历史撰写为景观总是涉及文化重构。然而，对于民族志景观或传统文化遗产来说，普遍接受的定义范畴变得令人生疑。为了对文化场所进行独特的解读，应该由谁来确定"完整性"或文化场所拥有的物质和非物质资源以及相关价值呢？到底谁有权力用真实的声音来撰写这段历史，在争夺某一特定景观所有权的群体中构建这一遗产？如上所述，传统历史依赖于完全不同的历史编纂，依赖于既有物质世界又有精神世界起源的重要的遗址谱系。

例如，什么构成"遗产"？它的边界是如何划分的？通常情况下，在讲故事的时候挥一下手比在地图上画一条线更能说明传统地方的文化界限。主流景观历史更依赖于基于调查和契约的财产所有权法律概念，这被视为一种客观、可量化的衡量标准。这并不是说传统世界观中不存在遗产概念。事实上，公认的领土权利是资源获得区域和大型贸易网络运作的关键，也是美国土著部落数百年战争的根源。然而，人们试图确定作为传统文化遗产的民族志景观的起点和终点的尝试却引起了强烈的争论，同时也产生了不同的解释。

"完整性"这一概念是如何应用于传统的遗址知识呢？自然资源和文化资源的发源地——地貌、流域、走廊、栖息地和生态系统与一个民族的文化演变的相互联系——在许多方面是了解和体验家园这一文化方式核心的精华。这要求保存更多在景观中展现的故事、语言和习俗，而不仅仅是那些反映特定历史时期并在适当程度上得到承认的资源。

最终，信息、保密和知识产权问题成为识别传统文化遗产的首要问题。例如，如果遗址被认为是圣地，就要进行公开的记录。信息的获取和发布，即使是为了保护社区遗产中的传统价值，也常常与国家历史遗迹名录系统公开的指定行为相抵触。

还存在大量其他问题。在民族志景观案例中，人和遗址之间不断进化的对话如何被记录在诸如传统文化遗产提名这样的模板中呢？这个过程是否展示了"相关人员"定义的遗址自身的特征，以确保

"遗产资源"的适当定义？国家历史遗迹名录和国家公园管理局管理政策的标准是否具有足够的灵活性来应对从相关民族的角度产生的另一种复杂的历史构想和意义？能不能达成共识把公园理解为协商地带，其中一处特定文化景观的层次可以被整合，而不是处于相互排斥的并列状态？

作为遗产的景观

当然，加拿大公园的民族志景观记录和纪念工作是国际上最令人印象深刻的工作范例之一（Buggey，1999）。加拿大公园模式在国家公园管理局和国家历史遗迹名录中的潜在应用将推动解决美国土著出现的新问题，也对从民族志角度撰写其景观历史具有重要的意义。

布吉从跨学科的角度解决了土著的世界观和景观价值的复杂问题（Buggey，1999）。她的里程碑式的研究不是学术实践，而是遗产话语的务实进步。作为一个研究典范，这项研究结合了国际上正在进行的通过重申自然和文化遗址的重要意义来确认土著历史和遗产的各种尝试。换言之，对于文化联系和文化鉴定的过程来说，被确认为具有自然意义的遗址也很重要，而不是仅仅受制于作为主要决定因素的静态物质遗存。

布吉建议将"土著文化景观"指定为一种构思土著遗产的方式，这种遗产的特定文化价值被严格地记录、评估和保护，同时对整个加拿大历史也有所贡献：

土著文化景观是一个土著群体（或若干群体）因其与该土地长期复杂的关系而备受重视的遗址。它表达了土著与自然和精神环境的统一，体现了他们在精神、遗址、土地利用和生态方面的传统知识。该种联系的物质遗迹可能很重要，但通常很少或几乎不存在（Buggey，1999：35）。

语言与国家历史遗迹名录对传统文化遗产的认定和国家公园管理局对民族志景观的定义有些相似，但无论是否有物质遗迹作为关键基体，其基本论点都代表了从景观角度对遗产进行构建的重大改变。它通过强调被指定的文化身份的非物质基础对保护话语进行重组。土著文化景观的理念是建立在归属感融合的基础上的，无论是为了纪念历史事件还是为了唤起对家园的回忆，抑或其作为公园的保护地位如何，都是与特定环境长期联系的结果。土著文化景观的概念将作为遗产的历史重新语境化。它扩展了历史构建、文化真实性以及在景观中的物理位置的参数，描绘了一种非常独特的有关时间、形成和信仰的地理学。

这种重新表述中隐含着这样一个过程，即根据土著历史来评价景观的历史意义，这包括"全部或部分地说明或用符号表现一种文化传统、一种生活方式或加拿大发展中的重要思想"，包括它们在制图上决定的"边界"以及自然和文化遗产价值的相关特征。也许对以景观为基础的遗产来说，最引人注目的改变是断言"完整性"概念对于理解土著文化遗产的意义通常是不必要的，因此一般不适用，但是"完整性"被认为是一个遗址是否有资格进入以自然资源为基础的美国国家历史遗迹名录的关键（Buggey，1999：38）。这种对完整性的解构产生的影响是巨大的。

要发展"土著文化景观"概念，并将其与其他和欧美历史相关的纪念性景观区分开来，就不能低估这种模式的独特性和适用性。虽然从表面上看，这一过程似乎是官方定义的重新组合，但实际上加拿大土著文化景观新指南的含义完全偏离了以美国保护模式为基础的将历史作为国家公园遗产进行建设的方式。简单地说，加拿大公园提出的土著文化景观概念为国家公园管理局提供了一种新模式，这种模式将对传统文化遗产产生更为复杂的历史敏感性。在目前的描述中，传统文化遗产仍然要与国家历史遗迹名录的整体性框架相一致，而整体的重要性主要依赖于以类别区分确认的物证。具体来说，根据加拿大公园管理局的定义，无论是在公园中还是作为纪念地，确定这些土著景观历史意义的能力都代表着思维上的一个重大飞跃，因为它承认另一种历史的合法性，也承认景观范式将历史表述为遗产的能力，这也意味着需要拓展保存授权以保存这一独特的遗产。

加拿大公园提议的遗产领域重组、在国家公园管理局国家历史遗迹名录获得传统文化遗产提名以及在国家登记处完成注册都绝非易事。对于某个民族来说，景观具有历史意义，是家园概念的本质，把景观理解为某个民族构建的语篇和谋篇布局有着无限的前景。它也是一个文化项目，旨在通过将土著的价值观纳入联邦保护范围的方式来保护遗产知识。首先，通过命名"土著文化景观"来纪念历史的这一提议消除了在不明确和不确定的文化群体之间相当模糊的概念应用，而这一模糊的概念应用是由国家公园管理局文化景观版本"民族志景观"引起的。"土著文化景观"的命名具体侧重于第一民族（美国土著）的遗产、文化知识的回归以及土著对特定景观（如家园或纪念场所）的世界观的确认。对美国土著文化景观独特性的重视将深刻影响这种遗产的记录、保存和将其解释为机构任务组成部分的方式。这在建立新的公园来纪念美国土著历史［如瓦希塔和沙溪战场（Washita and Sand Creek Battlefields）］，以及纪念在梅萨维德和小巨角（Little Bighorn）等地对长期存在的排斥意识形态进行重述时显得尤其重要。此外，具有讽刺意味的是，围绕资源利用展开的激烈的法律战也越来越需要历史证据来揭示与美国土著的各种联系和他们丰富的遗产，因为土著传统生态知识可能是支持其保护公园自然资源的法律论据的基石。如果最近发表的关于冰川湾国家公园船只配额的环境影响声明有所指的话，那就是国家公园"令人愉悦的场地"与重要资源的管理之间存在利益冲突的争议远未得到解决（National Park Service，2003）。

其次，美国土著文化景观传统历史的撰写把口述传统、故事和相关群体的信仰作为考察景观重要性的标准。这种方法依赖于对传统景观知识形式的熟悉程度，依赖于在不考虑公园边界或可见的文化联系痕迹的情况下对文化地理及其隐含价值的重建。从这个角度来看，景观历史的真实性可能会影响底层的最基础的公园规划和管理决策。例如，对生态过程完整性的新理解〔比如，将以前不受限制的自然资源区作为资源采集的文化场所，如邓达斯湾（Dundas Bay）的特林吉特浆果农场〕，在更大的景观背景下重新定义个别的考古遗产，在文化协会明确指定为传统居住地和使用的地方修订荒野名称，将历史"遗产"和"边界"的定义转化为相互渗透、相互作用区域的矩阵并最终实现这种转变，如部落和宗族领土。对美国土著历史的纪念为景观增添了明显的丰富性和深度，以最具争议和冲突的形式建立了一个能够增强遗址感的体验领域。

最后，转换国家公园管理局现有的民族志景观定义和国家历史遗迹名录范例需要将历史保护的人为模式修改为一个能够把遗产更为流畅地构建为文化差异的模式。这类似于将博物馆重新定位为活跃的"保留遗址"而不仅仅是展示文化的收藏中心；放弃以物品为基础的历史景观监管意味着可以把公园理解为重要的证明场地（Griffiths，1996：219 - 236）。这一转变与"21 世纪公园"中的政策声明产生共鸣，体现了文化保护的必要性，即最真实意义上的恢复，用环境与人、自然和文化的连贯历史重新叙述这个地方。

注释

1. 国家公园管理局将民族志景观定义为"包含各种自然和文化资源的景观，相关人员将这些自然和文化资源定义为遗产资源，如现在的定居点、宗教圣地和巨大的地质构造等。小型植物群落、动物、生存和仪式场地通常是民族志景观的组成部分"（Birnbaum，1994：2）。同样，国家公园管理局民族志学项目将民族志景观定义为"当代文化群体认为有意义的相互关联地区的相对邻接区域"，这是因为民族志景观传统上与这些地区的地域或地方历史、文化身份、信仰和行为相联系。当今社会因素如一个民族的阶级、种族和性别，可能导致赋予一个景观及其组成部分不同的意义（Evans & Roberts，1999：7）。

2. 例子包括"荒野""荒野规划""栖息地恢复"等概念。这些范例通常坚持用科学原理作为证据来证明管理方法的有效性，不允许将其自身的历史性作为随时可能发生变化的自然理论（Griffiths，1996；Nelson，1998；Reich，2001）。

3. 在新政的几年里，《文物法》的使用在鼎盛时期之后逐渐减少，但其作为指定遗产区的一种方法至今仍在发挥作用。2000 年，比尔·克林顿总统援引《文物法》在科罗拉多州西南部创建了峡谷古代国家历史遗迹（Canyons of the Ancients National Monument）。该峡谷占地 164000 英亩，是美国考古遗址密度最高的地方，参见 http：//www. co. blm/gov/canm/html。

4. 1933 年，一批主要与内战有关的战场遗迹管理权从战争部转移到内政部。

5. "国家历史遗迹名录是美国历史、建筑、考古、工程和文化中具有重要意义的地区、地点、建筑、工事和物体的联邦政府官方名单。这有助于了解这个国家的历史和文化基础。国家历史遗迹名录包括：国家公园系统的所有史前和历史单位；国家历史地标，即内政部认可的具有国家意义的财产；由州历史保护官员、联邦机构及其他机构提名的在联邦、州或地方史前和历史上具有重要意义的遗产；已被国家公园管理局同意列出的遗产"（National Register，1991：i；Murtagh，1997；Tomlan，1997）。

6. 有关文化景观与国家历史遗迹名录关系的国家公园管理局政策，以及这些景观的登记标准和标准的执行情况，参见第 28 号主任令（Director's Order 28）。文化景观项目和民族志项目都在记录民族志景观，但是两个项目之间存在的行政利益冲突，在讨论其各自的作用和责任时并没有得到充分的重视（National Park Service，1998：87 - 91，160 - 170）。

7. 国家公园管理局进行文化景观研究的两个基本途径是文化景观目录（Cultural Landscape Inventory，CLI）和文化景观报告（Cultural Landscape Reports，CLR）。两者都在不同程度上发展了景观历史。文化景观目录和文化景观报告之间的基本区别在于由于目录可以被记录，所以它可以被用作确认和评估文化景观的标准。文化景观报告使用了许多相同的数据和过程，是对资源退化、损失、威胁或对景观结构的拟议更改等方面的保护行为设计的一个管理档案。

8. 国家公园管理局文化景观历史特有的景观特征包括空间结构、土地利用、文化传统、族群分布、传播、地形、植被、房屋与结构、视野与远景、已有的水景、小规模特征和考古遗址（Page，1998：53）。

9. 关于国家历史遗迹名录对有资格注册登记景观的界定的回应，可参见 National Register，1984，1987，1992a，1992b，1992c。

10. "民族志景观"一词通常指的是地域性的文化景观，包括与非裔美国人文化相关的遗址、洛杉矶和旧金山的城市华人聚居区以及中西部和东海岸波多黎各贫民区的 19 世纪欧洲移民农庄（Alanen & Melnick，2000；Hardesty，2000）。

11. 根据《国家历史保护法》第 106 节关于传统文化遗产的规定，"联邦机构、州历史保护办公室和其他根据环境和历史保护法开展活动的机构负责在计划中识别、记录和评估传统文化遗产"（Parker，1993：3）。

12. 与国家历史遗迹名录的名称一致，传统文化遗产中的指南不承认景观是一种遗产类型，更不用说民族志景观了。事实上，"景观"一词并没有出现在整个文件中（Parker，1993：1 - 22）。

参考文献

Alanen，Arnold，and Robert Melnick，eds.

2000　*Preserving Cultural Landscapes in America*. Baltimore：Johns Hopkins University Press.

Birnbaum，Charles

1994　*Protecting Cultural Landscapes：Planning，Treatment and Management of Historic Landscapes*. Preservation Brief 36. Washington，DC：National Park Service.

Buggey，Susan

1999　*An Approach to Aboriginal Cultural Landscapes*. Ottawa：Historic Sites and Monuments Board of Canada，Parks Canada.

Cook, Robert

1995　*Is Landscape Preservation an Oxymoron?* Paper delivered at the National Park Service conference, Balancing Natural and Cultural Issues in the Preservation of Historic Landscapes. http: // www. icls. harvard. edu/ecology/cook2. html.

Corner, James, ed.

1995　*Recovering Landscape: Essays in Contemporary Landscape Architecture.* New York: Princeton University Press.

Downer, Alan, Alexandra Roberts, Harris Francis, and Klara B. Kelley

1994　Traditional History and Alternative Conceptions of the Past. In *Conserving Culture: A New Discourse on Heritage.* Mary Hufford, ed. , pp. 39 – 55. Urbana: University of Illinois Press.

Dramstad, Wenche, James D. Olson, and Richard T. T. Forman

1996　*Landscape Ecology Principles in Landscape Architecture and Land-Use Planning.* Washington, DC: Island Press.

Evans, Michael, and Alexa Roberts

1999　Ethnographic Landscapes. Unpublished paper delivered at the 59th Annual Meeting of the Society for Applied Anthropology. Tucson, Arizona.

Glassie, Henry

1982　*Passing the Time in Ballymenone: Culture and History of an Ulster Community.* Philadelphia: University of Pennsylvania Press, 1982.

Griffiths, Tom

1996　*Hunters and Collectors: The Antiquarian Imagination in Australia.* New York: Cambridge University Press.

Hardesty, Donald L.

2000　Ethnographic Landscapes. Transforming Nature into Culture. In *Preserving Cultural Landscapes in America.* A. R. Alanen and R. Z. Melnick, eds. , pp. 169 – 185. Baltimore and London: John Hopkins University Press.

Hosmer, Charles

1981　*Preservation Comes of Age.* Charlottesville: University Press of Virginia.

Jackson, J. B.

1980　*The Necessity for Ruins, and Other Topics.* Amherst: University of Massachusetts Press.

Lowenthal, David

1988　*The Past is a Foreign Country.* Cambridge, UK: Cambridge University Press.

Murtagh, William

1997　*Keeping Time: The History and Theory of Preservation in America.* New York: John Wiley & Sons, Preservation Press.

National Park Service

1998   *Director's Order 28: Cultural Resource Management Guidelines*. Washington, DC: National Park Service.

2001   Rethinking the National Parks for the 21st Century. National Park System Advisory Board. http://www.nps.gov/policy/report.htm.

2003   *Glacier Bay National Park and Preserve Environmental Impact Study*. Anchorage: National Park Service.

National Register

1984   Guidelines for Evaluating and Documenting Rural Historic Landscapes. *National Register Bulletin* 30. Washington, DC: National Park Service.

1987   How to Evaluate and Nominate Designed Historic Landscapes. *National Register Bulletin* 18. Washington, DC: National Park Service.

1991   How to Complete the National Register Registration Form. *National Register Bulletin* 16A. Washington, DC: National Park Service.

1992a   Guidelines for Identifying, Evaluating, and Registering America's Historic Battlefields. *National Register Bulletin* 40. Washington, DC: National Park Service.

1992b   Guidelines for Evaluating and Registering Cemeteries and Burial Places. *National Register Bulletin* 41. Washington, DC: National Park Service.

1992c   Guidelines for Identifying, Evaluating, and Registering Historic Mining Properties *National Register Bulletin* 42. Washington, DC: National Park Service.

1994   Guidelines for Evaluating and Documenting Traditional Cultural Properties. *National Register Bulletin* 38. Washington, DC: National Park Service.

1997   How to Apply the National Register Criteria for Evaluation. *National Register Bulletin* 15. Washington, DC: National Park Service.

Nelson, Michael P.

1998   An Amalgamation of Wilderness Preservation Arguments. In *The Great New Wilderness Debate*. J. Baird Callicott and Michael P. Nelson, eds. pp. 154 – 98. Athens: University of Georgia Press.

Page, Robert

1998   *A Guide to Cultural Landscape Reports: Contents, Process, Technique*. Washington, DC: National Park Service.

Parker, Patricia

1993   Traditional Cultural Properties: What You Do and How We Think. *Cultural Resource Management* 16. Washington, DC: National Park Service.

Reich, Justin

2001   Re-Creating the Wilderness. *Environmental History* 6 (1): 95 – 117.

Ryden, **Kent C. Ryden**

1993　*Mapping the Invisible Landscapes：Folklore，Writing，and the Sense of Place.* Iowa City：University of Iowa Press.

Spirn, **Anne Whiston**

1998　*The Language of Landscape.* Cambridge：MIT Press.

Tomlan, **Michael A.**, **ed**.

1997　*Preservation of What，For Whom? A Critical Look at Significance.* Ithaca：National Council for Preservation Education.

（李燕飞　译）

挪威的萨米文化遗产管理

——法律景观

英格耶德·霍兰德（Ingegerd Holand）

　　像许多甚至可能大多数国家一样，挪威在过去的 10 ~ 15 年中也从未尝试实施一种既保护物体又保护环境的文化遗产管理制度。管理制度涉及的不是某个值得保护的文化景观，而是整个景观。景观保护的理论标准与其他国家采用的标准如出一辙。由于本书其他撰稿人对这些内容进行了详细说明，因此本文将重点介绍这些原则是如何被纳入挪威文化遗产立法的，以及这在多大程度上改变了人们的做法，特别是在萨米（Sámi）文化遗产方面。

　　1990 年以来，萨米人被公认为挪威境内的土著居民。今天，挪威等其他地方的萨米人人数因出版物不同而有所差异。阿塞斯（Aarseth）等人（1990）设想有 3 万 ~ 4 万名萨米人生活在挪威，17000 人生活在瑞典，大约 5700 人生活在芬兰，2000 多人生活在俄罗斯西北部。大多数挪威萨米人生活在芬马克（Finnmark）（25000 人）和特罗姆斯（Troms）（12000 人）这两个最北部的郡，但在更远的南部，在诺尔兰（Nordland）、北特伦德拉格和南特伦德拉格

（Nord-and Sør-Trøndelag），甚至在南部的海德马克（Hedmark），也或多或少有明显的萨米人聚居区。从历史上看，这些地方可能被视为更为连续的萨米人聚居地和人口集中区，这些聚居地和人口要么已融入挪威主体文化，要么留下来占据了以农业为主的挪威人不感兴趣的领地。

从语言上讲，萨米人讲乌戈尔语（Finno-Ugric）或这种语言的多种变体之一。这些语言变体通常被称为方言，但事实上最南端和最东北端的方言差异很大，说话者彼此之间不理解，因此这些方言应该划归为不同的语言。这也可能表明很久以前这些方言就分化了。

挪威文化遗产管理系统

组织架构

从组织上讲，目前挪威文化遗产管理制度是基于一个由国家、区域和地方政府组成的三级行政体系。国家一级的行政机构由环境部组成，负责制定和发布有关遗产保护和管理的国家政策和指导方针，并提供法律支持。

挪威文化遗产管理部的部分目标如下：

——文化古迹、环境和景观的独特性和多样性（需加以保护），确保收集、保护和传播有关它们的信息；

——保护文化古迹和文化环境，使之作为体验历史连续性、文化历史和建筑多样性，在日常生活中得到承认和找到归属的资源和基础，以保持可持续发展。

文化遗产理事会（Directorate for Cultural Heritage）是民政部门的执行机构，负责这些政策的实际实施。因此，根据相关法律，理事会负责管理所有受保护的考古和建筑遗迹、遗址，其中包括部分宝贵的文化遗迹和遗址。这项工作包括：

——挪威议会和环境部制定的目标的实际执行情况；

——就有关文化遗产管理和保护事项向文化部及文化遗产管理系统的其他组织、公众和行业提供咨询意见；

——确保文化遗产贯穿所有规划；

——与整个社会的利益一样，确保文化遗产在各个层面的利益；

——为当代和子孙后代保留有代表性的遗迹和遗址；

——有助于提高公众对文化遗产价值的认识。

区域一级行政机构由处理遗迹的郡遗产官员组成，而萨米议会内的环境部和文化遗产部负责萨米遗迹。该部门有四个分支机构，涵盖了萨米人聚居区。区域一级行政机构主要负责监督和控制各类发展活动与各种文化遗产法原则之间的日常协调。

地方一级行政机构由市镇组成，市镇主要负责规划和组织，以保证遵守《文化遗产法》（Cultural Heritage Act）的原则。还可以根据其他法律特别是《规划和建筑法》（Planning and Building Act）实施保护令。

挪威文化遗产立法：历史概述

在集中讨论目前的立法之前，对挪威文化遗迹立法历史的简要概述将有助于将现有的《文化遗产法》纳入背景之中。挪威最早的保护文化遗迹的法律是1897年颁布的《教堂和教堂庭院法》（Church and Churchyard Act）。1903～1904年，发现并挖掘了奥塞贝格（Oseberg）海盗船，挪威政府不得不与土地所有者协商达成一项协议，以便于国家购买和保护这项重要的考古发现。这凸显了一个问题，即在某人土地上的现有文化遗存的私人所有权。1905年，瑞典和挪威之间的政治联盟结束，挪威重新获得国家独立，通过了第一部《古迹法》（Ancient Monuments Act）。该法为宗教改革（1537年）之前的文化遗迹提供自动法律保护，主要是为了保护坟墓。然而，该法主要关注的不是遗迹本身，而是它们包含的物品。事实上，挖掘人们感兴趣的坟墓很有必要，这样的挖掘工作不应该被阻止。

《古迹法》适用于中世纪的公有建筑，但不适用于私有建筑和改革后的建筑。因此，1920年颁布了《建筑物登记法》（Listed Buildings Act），为拥有100年以上历史甚至更年轻的建筑物和建筑部件的登记（确认）提供了法律依据。20世纪20年代，约有1200栋建筑被迅速列入名单，它们仍然是挪威登记的建筑的核心组成部分。

1951年，这两部法律被纳入新修订的《古迹法》。该法为所有1537年之前的遗迹和建筑物提供自动法律保护，并有权指定遗迹、历史古迹、古老的道路、桥梁和其他技术遗迹，不论其历史有多久。此外，它还引入了"毁容"（disfiguring）（即对遗迹有负面视觉影响的开发）的概念，并赋予当局在任何遗迹周围规划土地的权利，以保护其在景观中的视觉效果。

1963年，拥有超过100年历史的船只作为挪威国家财产被列入新修订的《古迹法》。1965年，挪威通过了新的规划法，简化了纳入公共规划中的保护区的程序，以保护有价值的建筑环境。

这些早期的法律都没有解决萨米遗迹区别于挪威遗迹的问题。然而，随着 20 世纪 50~60 年代政治局势的变化，人们对少数民族的权利和义务有了更强的认知和接受。在此期间挪威签署的国际公约中，对挪威文化遗产立法产生影响的是《联合国民事权利和政治权利公约》（UN Covenant on Civil and Political Rights）（1966）第 27 条：

> 有些国家存在一些就民族、宗教、语言而言的少数群体，这些少数群体不应被剥夺……享受自己的文化、传播和实践自己的宗教或使用自己的语言的权利。

1988 年挪威通过宪法第 110A 号修正案将其纳入立法程序：

> 挪威政府有责任确保有利条件，使萨米人能够维持和发展其语言、文化和社会结构。

20 世纪 60 年代末，挪威开始修订《古代历史遗迹和建筑法》（Ancient Monuments and Buildings Act），并于 1970 年与 1971 年分别由古代历史遗迹和建筑委员会重新审议了一项新修订的法律。然而，直到 1978 年《文化遗产法》才出台。随之而来的是挪威对萨米文化遗迹的第一次具体法律保护。该法已多次修订，如在 2001 年 1 月 1 日推出了一个新版本，但基本条款没有改变。

自 1978 年以来，挪威还批准了几个国际公约，特别是与承认少数民族和土著人民有关的条约，从而接受了这些条约中关于保护少数民族文化的基本原则。这些国际条约中最重要的是：

——1990 年 6 月 20 日挪威批准的 1989 年国际劳工组织关于独立国家土著和部落民族的第 169 号条约第 2 条：

政府有责任发展……促进这些民族充分实现社会、经济和文化权利的措施，尊重他们的社会和文化身份、风俗习惯和传统及制度。

——1992 年在巴西召开的环境与发展国际会议第 21 项议程第 26 章第 3 节提出的目标：

（a）通过以下措施来增强土著人民及其社区的力量，其措施包括：（ⅱ）承认土著人民及其社区的土地应受保护，不受环境不健全或有关土著人民认为在社会和文化上不适当的活动的影响。

——挪威于 1993 年 7 月 9 日批准的《生物多样性公约》（Convention on Biological Diversity）（1992）第 8 条第 j 项：

根据本国法律，尊重、保护和维护土著社区和当地社区的知识、创新和实践，这些社区体现了与生物多样性的保护和可持续利用相关的传统生活方式，并在此类知识、创新、实践持有人的批准和参与下促进它们更广泛的应用，并鼓励公平分享这些知识、创新和实践带来的利益。

——挪威于 1998 年 6 月 18 日批准的《欧洲委员会保护少数民族框架公约》（1995）第 5.1 条：

缔约方承诺促进少数民族维持和发展其文化，并保护他们身份的基本要素，即宗教、语言、传统和文化遗产。

挪威文化遗产立法：现行法律框架

今天，挪威主要有三组法律和法规约束那些管理挪威文化遗产的地方、区域和国家机构。每一组都包含一系列涵盖特定领域的不同法律，主要包括：

——文化遗产管理专门法，包括 1978 年的《文化遗产法》及后来的修正案。

——对文化遗产管理具有重要意义的规划立法，包括《规划和建筑法》（1985）及后来的修正案。

——规范国家机构行为和公众权利的立法，包括《公共机构（或行政）法》［The Public Agency（or Administration Act）］（1967/83）和《信息自由法》（The Freedom of Information Act）（1970/89）。

前两组包含一些法规和更为具体的法律，这些法规和法律在这里还没有被纳入。然而，《文化遗产法》是最重要的一项立法，它规定了挪威文化遗产立法的基本目标和方法。《规划和建筑法》是通过积极使用地方一级的规划条例来实现这些目标的主要工具，而最后一组则规定了开展工作的正式规则及公众获取任何相关信息的权利。

除国家立法外，为保护文化遗产，挪威还签署了一些国际公约和建议书：

——1992 年《保护考古遗产欧洲公约》（修订版），其中规定：

欧洲委员会成员国承认，由于越来越多的重大规划方案、自然风险、秘密或随意挖掘以及公众意识不足，提供古代历史证据的欧洲考古遗产受到严重威胁并面临恶化。

——2000 年的《欧洲景观公约》（The European Landscape Convention）规定：

欧洲委员会成员国认识到，景观有助于当地文化的形成，是欧洲自然和文化遗产的基本组成部分，同时有助于增加人类福祉和巩固欧洲的地位。

1978 年《文化遗产法》及其规定

现行《文化遗产法》背后的主要原则是管辖权和年龄的概念，也就是说该法适用于挪威领土内某一时期的遗迹。一般的时间节点是公元 1537 年，即新教改革那一年，也标志着挪威中世纪的结束。

同样的规定也适用于萨米遗迹。然而，由于与占多数的挪威文化相比，萨米人的文化更脆弱，人们也认为萨米文化经历了一系列不同的变化，这个时间点是在 100 多年前即 1880 年划定的，而不是 1537 年。然而，这一区别也需要在法律中引入第三条原则，即种族概念，因为只有 1537～1880 年萨米人才自动受到法律保护。换言之，从这一时期起，所有这些历史遗迹只有在民族性上被界定为萨米遗迹才能自动受到法案的保护。

《文化遗产法》第 1 条申明了该法的目的：

无论是作为文化遗产及其地位的一部分，还是作为整个环境和资源管理的组成部分，考古和建筑古迹、遗址以及各种各样的文化环境和细节都应该受到保护……把这些资源作为科学来源材料、作为当代和后代的经验，以及自我意识和怡情的活动来保护是国家的责任。

遗迹和遗址被定义为人类在自然环境中活动的痕迹，包括与历史事件、信仰或传统有关的地方。"这意味着在符合时代标准的情况下，人类活动的物质遗迹、自然特征和拥有相关口头或书面传统的地方都会自动受到法律保护。信仰和传统通常是宗教或神话性质的，这意味着萨米人的圣地和风景等都会受到此法案的保护。"

得到自动法律保护意味着"任何人不得……采取任何可能损害、破坏、挖掘、移动、更改、覆盖、隐藏或以任何其他方式破坏自动受法律保护的遗迹或遗址的措施，或采取造成这种风险发生的措施"（第3条）。

因此，在规划任何公共或大型私人开发项目时，"负责该项目的人员或管理机构有义务了解该项目是否会以第3条所述的方式影响自动受到法律保护的遗迹或遗址"（第9条）。这意味着将该规划提交给相关机构，即萨米议会内负责萨米遗迹的环境和文化遗产部和负责挪威遗迹的郡遗产管理局。如果当局发现该规划会影响受法律保护的古迹或遗址，而开发商仍决定继续实施计划，那么开发商必须向文化遗产理事会申请，由文化遗产理事会决定是否以及（如果是）采取何种措施(第8条)，如遗迹是否可以通过挖掘来移除、挖掘的范围有多大。挖掘工作必须由五个获得授权的考古博物馆中的一个或一个专门研究某些类型的中世纪遗迹机构进行。

"在第8条、第9条所述的项目中，调查自动受法律保护的遗迹、遗址或实施特殊保护措施所涉及的各级费用应由项目发起人承担"（第 10 条），即"用户或污染者付费"原则。只有小型私人项目的调查费用由当局全部或部分承担。

上述规定可自动保护被单独或被少量发现的某些遗迹。换句话说，它们主要以对象为中心。此外，该法允许通过两种不同程序中的一种来指定更大的区域。自 1978 年以来，《文化遗产法》第 19 条赋予环境部保护环境或遗址周围区域的权力……只要这种保护对环境中遗迹的效果或与之相关的科学利益是有必要的。

《文化遗产法》第 20 条允许"国王通过保护文化环境保护其文化历史的价值"。文化环境被定义为"由遗迹或遗址构成的更大实体或环境中的任何区域"，因此类似于美国国家公园管理局使用的"文化景观"（Evans et al.，2001：53）。自 1992 年以来，该法仅包含规划此类景观的规定（Miljøverndepartementet，1992a & 1992 b）。

在实践中，引用这两个条款的结果似乎大致相同，因为它们赋予当局"禁止或以其他方式管制保护区内可能违反保护目的的任何活动或交通"的权力。同样的道理也适用于划分土地或出租土地用于此类活动。然而，基本的法律原则以及法律程序却大相径庭。第 19 条之后的保护实际上是基于物品的存在，这些物品已经受到法律其他条文的保护，其周围环境也免受干扰因素的影响（Finne & Hotme，2001：168）。这是一种保护令，环境部可以相对容易地对拥有考古遗迹的区域或建筑环境实施保护令。适用于该区域内物体的限制级别要么来自《文化遗产法》，对于那些自动受到《文化遗产法》其他条文保护的物体，或由其他实体理事会规定（Finne & Hotme，2001：172）。

另外，第 20 条"文化环境"的保护并不依赖于该区域内已被保护的物体，尽管这些物体可能存在，但为了保护被视为符合保护条件的具有整体影响和价值的景观，可以引入这些物体（Finne & Hotme，2001：173）。这意味着它的价值必须被彻底记录下来并被解释，而调度是缓慢和复杂的，包括与土地所有者、地方当局和国家机构的彻底协商，并最终让国王（即挪威政府）确认保护令。该程序意味着，根据第 20 条的规定，保护通常只提供给被认为具有国家重要性的景观。迄今为止，挪威只有四处景观以这种方式得到保护。[1] 施加限制的目的是保护这些景观的整体质量，使其第一个得到保护。

对这两种类型的保护，都是根据现有的法律法规指定行政部门。行政部门的作用是维持安排顺序所带来的限制，处理该地区未来的维护和推介事务，以及该地区内任何发展或变化的申请。这一权力机构要么是郡遗产管理局（针对挪威遗迹），要么是萨米议会（针对萨米遗迹）。

虽然这是《文化遗产法》中仅有的两个保护文化景观的程序，但挪威还有其他法律为景观提供保护。《规划和建筑法》为地方市政机构提供了保护当地有价值的环境的方法（Verdifulle kulturlandskap：114），而《自然保护法》也允许保护有价值的文化景观，即使《生物多样性公约》中的"价值"主要是指"生物价值"（Verdifulle kulturlandskap：116）。然而，由于文化景观是指通过人类的介入发展起来的景观，因此它们也可能包含文化遗产机构通常处理的物质文化遗迹。例如，20 世纪 90 年代初进行的一项研究（Direktorate for Natur-Forvaltning，1994），根据生物/植物学以及文化历史标准确定了芬马克郡 12 处"宝贵的文化景观"，其中一处景观是内伊登（Neiden）的斯考特拜恩（Skoltebyen）。2000 年，根据遗址的宗教和文化历史重要性，按照第 20 条的保护顺序进行了安排。[2]

然而，总的来说，地方市政机构不愿意对任何规模的地区实施保护令，而基于《自然保护法》的（对国家公园）的保护有时会遭到强烈反对，因为它甚至对当地人的传统利用加以限制，以保护该地区的动植物。在萨米地区，这种限制可能会更强，但在这些地区，以传统方式使用自然资源被视为维护萨米人文化和经济的基础，正如最近挪威北部的几个案例所示。

这使挪威于 2000 年 10 月 20 日签署的《欧洲景观公约》在萨米地区未来的景观保护工作中更加重要，该公约是由文化遗产理事会和自然保护理事会共同起草的。2001 年 12 月 1 日提交给两个理事会（Direktoratet for Naturforvaltning and Riksantikvaren，2001）的初步战略文件，标志着挪威开始参与在斯堪的纳维亚半岛实施《欧洲景观公约》的四年期项目。在报告中，两个理事会承认"需要根据文化和社会感知来理解景观的不同的文化重要性"，其中一项任务是必须"有助于更好地理解当地多民族景观感知和重要性"。这应该"根据土著和少数民族的贡献和参与。……以及其他国家的经验"，通过制定与执行程序和承诺来完成。承认在挪威和整个斯堪的纳维亚半岛需要一种多文化的景观保护方法，在实施的早期阶段，应该确保将这些方面纳入未来挪威和斯堪的纳维亚半岛的战略。

民族志景观

美国国家公园管理局使用的术语"民族志景观"（Evans et al.，2001：53）至今还不是挪威法律或管理中的常用语。然而，萨米议会在挪威文化遗产管理体系中发挥作用的实践工作中，它可能被视为一个理论概念。挪威郡政府为了确定发展是否会影响受保护的文化遗迹，根据《文化遗产法》第 9 条进行了考古调查。与此不同的是，萨米议会及其前身萨米文化遗产委员会（Sámi Cultural Heritage

Council）一直坚持在规划区域建立广泛的萨米遗产环境、与遗产或区域相关的萨米传统、萨米人参与的历史。这意味着不仅要对该地区进行传统的、直观的调查，还要采访当地人并记录口头传统和"隐形"知识。通过这种方式，许多景观可能被当地的非土著或使用者（如迁徙的驯鹿牧民等）定义为"民族志景观"。目前还不清楚这些不同的叙述是如何正在（或应该）被纳入萨米人以及其他文化遗迹和景观管理的，特别是当不同的用户群体甚至不同的民族在同一景观上构建了相互矛盾的叙述时。尽管与挪威政府在地区和中央一级进行了合作，但保护萨米遗产的任务仍由萨米议会正式安排。然而，目前在试图构建关于某个区域的官方叙述时，在区域层面可能有一种或大或小的排他性倾向。这一点从法律的措辞中就能看出来，法律要求对文化遗存进行种族层面的定义，随后在两个不同层级的政府之间划分责任。这不可避免地导致某种两极分化。在这种情况下，任何一种多元文化的叙述都会走向失败。

当涉及泄露传统知识时，许多萨米社区倾向于将这些知识对那些被视为外来者的人保密，这可能也包括中央遗产机构以及挪威地区的遗产机构。之所以选择保密，要么是因为传统上来看知识是神圣的，只有少数人可以获得；要么是因为担心泄露遗迹的后果（Husby，2001：179）。尽管这种观点应该得到尊重，但它在保护萨米遗产方面造成了自身的问题，因为尽管理论上为所有萨米遗迹提供自动法律保护的历史超过100年，但在实践中，法律可能需要人们知道遗迹，以便成功起诉任何违反这一保护法的行为。通过目前由文化遗产理事会最终确定的工作，国家登记具有考古和建筑意义的遗迹以及受保护的地区和景观，挪威遗迹很快将为人所知。本次登记将包含来自多个较小数据库的信息，但对信息的访问将根据提问者的状态进行分级。

然而，一处遗迹被记录在册实际上就是其被"公之于众"。由于上述原因，萨米议会迄今依然选择不将自己的遗迹登记在册。

对萨米遗产的特别保护

在挪威，法律景观可以被视为文化遗迹管理的基础，法律条款构成自然景观管理的基础。景观中，管辖权和年龄的概念通常是客观可证、无可争议的。然而，作为萨米遗产标准的附加种族规定仍然引入了一个认知和主观概念，法律难以以适当的方式处理这一概念。因此，这一困难被转移到维护法律的人身上，并为谈判创造了良好的基础，挪威政府和萨米议会以完全不同的方式看待法律景观时，二者也会产生冲突。

在许多方面，这种情况反映了斯堪的纳维亚半岛北部地理景观被不同的民族发现和描述的方式。挪威人倾向于将其视为仅包含地质、植物和动物特征的原生态和未受影响的景观，这些特征可以用科学术语精确地描述。然而，对于生活在那里的萨米人来说，同样的景观在一个非常不同的层面上发挥着作用，是他们生活和工作的经济、文化和神话框架。将对同一景观的两种对立的看法转化为一个易于应用的法律框架是很困难的，除非在维护法律原则的过程中实行独断。本文试图描述其中的一些困难。

挪威《文化遗产法》和萨米遗迹

挪威《文化遗产法》经常被描述为特别有利于保护萨米遗迹，因为对这些遗迹的自动法律保护有 100 年的时间限制，而挪威其他遗迹必须有 400~500 年的历史才能得到同样的保护。从 1970 年起，为受保护的萨米遗迹规定 100 年期限的原因被包含在最初的委员会建议中，这些建议或多或少地在新的法律中保持不变。委员会建议将某些萨米文化遗迹，如祭祀遗址、狩猎驯鹿的大型陷阱系统、墓地等，描述为现代萨米文化中的"非功能性"元素，与大多数挪威文化中的古代元素相同。不同之处在于这些元素在大不相同的时期变得不起作用，正如建议所说："在萨米地区，人民信仰基督教、建造基督教墓地和结束狩猎社会的过程都是非常缓慢的。"换言之，在中世纪甚至更早的挪威地区，被抛弃的文化元素在萨米地区存在了很长一段时间，因此为了保护类似的遗迹，有必要划出"100 年前"这样的界线，而不是 1537 年。

20 世纪 80 年代后期，政府出版物对这些原因进行扩展（Miljøvernedepartmentet，1987，1988），将萨米遗迹描述为：

——代表不同于斯堪的纳维亚考古学和社会人类学的文化和改变；

——一个仍然存在的传统的一部分，但可能不会持续太久；

——有特殊需要的人的身份标记；

——广泛分布但适度；

——由于需要萨米文化知识去辨认萨米遗迹，而且由于这些遗迹大多处于恶劣的环境中，所以容易被忽视或遭到破坏。

因此，萨米文化遗迹管理的主要目标是"定位和保护"萨米文化遗迹。由于我们对受到合法保护的萨米遗迹所在地、数量和所处状态的了解尚不完全，因此此目标仍然有效，却是不完整的。

然而，虽然意图可能是好的，但将萨米概念引入法律框架会产生两个后果：

　　——一方面，1537 年到现在回溯一百年之间（1650 年除外）的任何遗迹必须被定义为萨米遗迹，以便受到法案的保护。

　　——另一方面，1537 年之前的遗迹都会自动受到保护，与种族无关。

这意味着只有 1537 年以后的遗迹需要有民族标签——"萨米"才能得到法律保护，而且它或多或少不经意地导致了"萨米"概念仅用于 1537 年以后的遗迹。因此，问题在于如何将遗迹定义为萨米遗迹，以及如何处理当前萨米地区未被定义为萨米遗迹的遗迹。

什么是萨米遗迹？

1978 年《文化遗产法》出台后，法律制定者似乎没有意识到对萨米遗迹进行定义的迫切性，因为无论是法律还是与之相关的文件都没有严肃或严格地定义萨米遗迹，这一点不同于法律涵盖的其他遗迹。因此，在《文化遗产法》实施后的许多年里，对萨米遗迹的定义或多或少地被限于驯鹿放牧的萨米人留下的遗迹。总的来说，这些遗迹形成于 1537 年之后，位于没有被挪威人或其他非萨米人占领的地区，它们的形式明显不同于挪威遗迹，挪威考古学家或历史学家对此并不是特别感兴趣。

然而，很容易看出，这种对萨米遗迹的狭隘定义最终留下了向各方扩展的余地。只要"萨米"定义中包括沿海和内陆地区萨米农民，就会包括长期被几个民族——挪威人、萨米人和奎文人（主要是 18 世纪及以后的芬兰移民）占领的领土。然而，法律对待这些群体的遗迹非常不同，因此必须贴上民族标签才能确定一处房屋遗址是属于挪威遗迹（因此，只有当房屋遗址是 1537 年以前的才予以保护）、萨米遗迹（因此，当房屋遗址的历史超过 100 年才予以保护）还是奎文（Qven）遗迹（不受法律保护）。

《文化遗产法》出台十年后，关于萨米文化遗迹管理的讨论主要集中在行政问题上，即未来如何建立专门的萨米文化遗迹管理系统（Marstrander，1987）；系统内工作人员需要什么样的教育和文化背景（Fjellheim，1991；Rauset，1990）。当然，这两个主题都很重要，但就像法律本身一样，这个讨论似乎已经假定存在一个关于构成萨米遗迹的普遍共识。比如，马斯特兰德将"古代遗迹"定义为"受法律保护的固定遗迹"且包括萨米遗迹。他接着将萨米遗迹定义为"萨米人生活方式留下的物质遗迹"（Marstrander，1987：4）。

然而，到目前为止，这些困难应该是在试图以具有政治意义的方式定义萨米人的基础上被确认的。随着 1989 年萨米议会的成立以及随后的选举，必须编制正式的选举登记册，赋予萨米人选举权。这意味着确认萨米人的身份。根据《萨米法案》（Sámi Act）（1987），公认的萨米人定义（Helander，1999）如下：

　　——萨米语是他们的母语，或者他们的父母或祖父母的母语是萨米语；

　　——认为自己是萨米人；

　　——完全按照萨米社会的规则生活；

　　——被萨米代表机构认可为萨米人；

　　——父母一方满足上述条件。

因此，对萨米人的官方法律定义尤其强调萨米语的使用。然而，这是一个问题，因为当今可能有一半的挪威萨米人不再说萨米语。因此，《萨米法案》必须承认这一历史发展，将对萨米语的使用扩展到父母甚至祖父母。今天，接近一万名萨米人登记注册，有权选举萨米议会，但任何有关萨米人的出版物都会告诉你，挪威至少有 35000 名萨米人（Aarseth et al. , 1990; Hætta, 1996），更可能是 40000 ~ 45000 人（Helander, 1999），或者可能多达 60000 人甚至 100000 人（Lorenz, 1981）。这些数字之间的差异，可能也说明难以对一些民族进行定义，无论这种定义他们自己给出的（主观）还是强加给他们的（客观）。

来自特罗姆斯郡北部的克文南根市（Kvænangen）[3] 的一个例子显示了自认的民族身份与使用上述标准带来的未实现潜力之间的差距。在 1891 年的人口普查中，克文南根市有 1016 人（占总人口的 57.4%）认定自己是萨米人。近一百年后的 1970 年，根据《萨米法案》中使用的语言标准进行的理论计算结果显示，895 人（42.9%）仍然符合自称萨米人的正式标准（Bjørklund, 1985: 403，表 44），但在人口普查中只有 24 人（占 1.2%）符合标准。

现在，克文南根市属于萨米议会第七选区，此外还有特罗姆斯郡的五个城市。2003 年 1 月 1 日，这六个城市的人口总数为 16759 人（Statistisk Sentralbyrá, 2004），但 2001 年仅有 741 人（4.5%）被登记在选举名单之列（1989 年有 442 人），而实际投票的只有 492 人（Norut NIBR Finnmark, 2004）。很难说这些数字能说明人们普遍不愿意基于民族，或者更具体地说，基于目前萨米议会选举名单中使用的民族基础即语言标准进行登记。

其他研究人员也尝试给出"萨米人"的其他定义。洛伦兹说，萨米人最简单的定义是"亲生父母是萨米人的人"（Lorenz，1981：15）。但这只会将该定义推迟，并带来针对纯正萨米人的不愉快的问题。如果你母亲是萨米人，而父亲只是半个萨米人呢？或者，也许一项学术研究将你的父母归类为萨米人，但有人认为萨米身份是一种耻辱，他们的生活变得困难时，他们选择成为挪威人，不认为自己是萨米人，又怎么办呢？这会让你成为什么人呢？语言标准也是如此。你母亲的母语是萨米语，但现在认为自己是挪威人的话，能基于母亲的语言能力使你成为萨米人后裔吗？[4]

瑞典人的做法是人们也可以选择职业作为一个标准，只有那些仍然以驯鹿放牧为生计的传统萨米人才有资格成为萨米人。这意味着瑞典的 17000 名萨米人中只有 2700 名可以被正式归类为萨米人（Aarseth et al.，1990：14）。驯鹿放牧业也是一个被普遍认为对挪威萨米人文化的生存至关重要的行业。然而，这就提出了一个问题，即现代挪威的萨米人有何特点。1987 年，只有 2151 人（约占挪威萨米人的 10% 或更低）主要受雇于驯鹿行业（Aarseth et al.，1990：187），尽管该行业仅限于萨米人。没有关于其他挪威萨米人生计的统计数据，但研究表明，受雇于农业、渔业等其他基础产业的萨米人比例要高于挪威人，而从事服务业的人数则很少。许多不从事驯鹿放牧的萨米人，他们数百年甚至数千年来都依靠捕鱼来维持生计，后来又成为小规模农民，现在很难将自己定义为萨米人，因为驯鹿放牧通常被视作萨米人最有力的象征。反过来，这也可能导致一种狭隘的观点，即史前部分被定义为萨米人的或原始萨米人的。

萨米议会在萨米文化遗迹计划（1998~2001）中将萨米遗迹定义如下：

——一个现存的或有记录的萨米传统与它们相关；

——当地萨米人的知识将它们与萨米文化背景联系起来；

——研究结果表明，它们记录了萨米人的历史和史前史。

遗迹也可以被定义为与萨米人的史前史有关，也就是说，它们被视为促使形成历史上已知的萨米人文化特征的那些过程的物质表现。这意味着追溯到史前的遗迹必须被视为萨米人和非萨米人的背景。当史前的遗迹被认定是萨米文化景观时，萨米议会很自然地将它们视为与该景观相关的萨米文化遗迹的一部分。因此，萨米议会认为其在萨米文化遗迹管理中的部分作用是提升了关于某些地区萨米历史的长期观点。然而，他们认识到，由于遗迹和景观对当今生活在这些地区的不同文化背景的人们具有不同的意义，这对文化遗迹管理系统提出了挑战。

在最近一项关于挪威文化遗迹管理及其法律基础的综合工作中，夏奇（Schanche）（2001）表达了萨米议会的观点，对萨米遗迹定义如下：

——具有现存的或记录下来的萨米传统的遗迹，它们可以是物理痕迹，也可以是没有受到任何可观察到的人类影响的地方；

——根据一般科学共识，被定义为萨米历史和史前史的一部分的遗迹。

同时，她承认定义随着时间的推移而改变，且变得越来越不合理。然而，对于夏奇来说，定义很自然地包括：

——属于史前萨米文化起源的遗迹；

——不是萨米人活动的结果，而是萨米人传统所依附的遗迹。

在同一项研究中，代表挪威政府立场的格瑞柏和霍尔姆提出了一个微妙的不同的观点，强调萨米遗迹必须同时具有民族和文化历史基础，即萨米遗迹必须在当前的萨米背景或环境内，以便在法律上获得认可（Guribye & Holme，2001：55）。

几个例子可以更清楚地说明这种民族分类所涉及的实践困难。

一个例子涉及现存的历史超过 100 年的萨米建筑，如上所述，这些建筑或多或少默认为受到 1978 年《文化遗产法》第 4 条保护。解读了对《文化遗产法》的最初建议后，我们怀疑是否对拥有 100 年以上历史的萨米建筑进行了自动法律保护。如前所述，这些建议涉及"非功能"要素，但当涉及建筑物时，《文化遗产法》也涵盖了功能性房屋和建筑，但是在修理、改造、实现现代化等方面通常存在严重的限制。这就需要将建筑物定义为萨米建筑。但定义的标准是什么呢？是否需要用萨米技术建造房屋，由萨米人构建，由萨米人使用或在萨米人区域被发现呢？挪威萨米地区的官方建筑呢？如学校和教堂，在这方面，它们应该被视为挪威建筑还是萨米建筑？这些问题在萨米议会发起的一个为期三年的项目中被研究，得到了理事会的财政支持。尽管项目的最终报告（Sjølie，2003）列出了一系列可用于确定建筑物种类的标准，但也留下了一些尚未解决的问题，尤其是与在萨米地区建立挪威中央机构有关的问题，如教堂、学校等。

也可以说，同样的混乱适用于挪威北部最近的建筑景观。二战期间，整个挪威都被德国军队占领。然而，1944 年德国人承认了在北方的失败并开始向南撤退。撤退伴随着所谓的"焦土"战术，这意味着芬马克郡和特罗姆斯郡北部的大量建筑被烧毁，而人口被强行转移到国内其他地区。这场灾难发生在萨米人居住的主要地区，意味着战前芬马克郡和特罗姆斯郡的萨米文化几乎没有在战争中幸存下来。战后，挪威当局重建了这些地区，主要是由集中聘用的建筑师开发的标准化住房。如今，正是这种战后建筑在挪威人、萨米人和奎文人定居点的芬马克郡和特罗姆斯郡北部的大片土地上独树一帜。因此，四十年后问题就会出现，是不是在萨米地区这些标准住房应自动受到法律保护，而在挪威人和奎文人定居点就不行。即使是萨米地区的德国防御工事遗迹也可能最终成为受保护的"萨米遗迹"，因为它们代表着历史的一部分，而这一部分历史曾经改变了北方的萨米文化。

另一个例子是基督教堂墓地中的萨米人墓地。尽管《文化遗产法》似乎为100多年的所有萨米人墓地提供了自动法律保护，但格瑞柏和霍尔姆认为，这种保护仅适用于根据文化历史将整个教堂墓地归属萨米人的情况（Guribye & Golme，2001：55）。换言之，奥斯陆（Oslo）教堂墓地中的萨米人墓穴将不受保护。多年来，许多萨米人被埋葬在挪威的教堂墓地中，而如果同一个人被埋葬在芬马克郡的考特凯诺（Kautokeino）教堂墓地，那么该墓地将作为整个萨米环境的一部分受到法律保护。为此，理事会还开展了另一个项目，以确定哪些墓地应被定义为萨米遗迹，以便于这些墓地如果超过一百年就能够受到法律保护。到目前为止，该项目已经在芬马克郡和特罗姆斯郡北部进行了调查，在1900年前后的官方人口普查中，至少25%的人口仍然称自己为萨米人（Svestad & Barlindhaug，2003；Holand，即将出版）。研究人员找到了许多17世纪、18世纪和19世纪古老和废弃的教堂墓地，这些墓地都值得保存，因为它们主要代表在各自地区引入的基督教埋葬仪式。然而，只有那些被认定为萨米人的墓地最终才能获得《文化遗产法》提供的自动法律保护。

目前法律中最困难的一个方面，甚至在将来也一定是困难的一个方面，是将1537年以前的遗迹认定为考古遗迹。这项任务被默认为挪威地区和中央遗迹管理局的责任。这意味着，即使这些考古遗迹位于萨米地区，它们也都由挪威郡的文物官员和理事会中的考古行政官员处理。

在世界上尤其欧洲人到达比较晚的地方，不能假设这里的史前遗迹代表他们的历史。澳大利亚和新世界都是很好的例子。然而，挪威不同，因为至少两个公认的民族（萨米人和挪威人）声称拥有同一地理区域的史前史。萨米历史学家赫塔（Hætta，1996：14）明确指出，萨米人从未移民到斯堪的纳维亚半岛的北部，而是该地区石器时代人类的后裔，至少在2000年前即成为"萨米人"（也可见Hætta，1980）。毫无疑问，他认为这至少使斯堪的纳维亚北部萨米人的早期历史得以延续，因为该地区石器时代和青铜器时代的居民是2000多年前被定义为萨米人的直接亲属。阿塞斯等（Aarseth et al.，1990：20）同意这一观点，萨米议会在萨米人的网站介绍（http：//www. samediggi. no）中声明：

> 萨米人是第一批大约在11000年前到达斯堪的纳维亚半岛北部的民族。我们不知道他们是不是萨米人，但我们假定萨米文化是在人与文化的互动中从这第一批居民中产生和发展起来的，并且延续到今天。由于萨米人是这一地区居住时间最长的人，挪威批准了第169号国际劳工组织公约，承认萨米人是挪威的土著，但瑞典、芬兰和俄罗斯尚未批准该公约。

然而，这一观点在挪威史前史总论中通常没有明确地表达出来。下面提到的两部著作都是上一代的经典著作，一部由卑尔根大学（University of Bergen）的安德斯·哈根（Anders Hagen）教授（1967/1977）撰写，另一部由挪威南部两位著名考古学家——本特·马格纳斯（Bente Magnus）和比约恩·迈尔（Bjørn Myhre）教授（1986）撰写。这两种说法都应被视为挪威史前常见的典型例子，而不是相关作者特有的例子。

在叙述中，马格纳斯和迈尔指出了挪威史前的两个因素，这似乎对萨米人史前的解释也有影响：

——挪威有两种截然不同的文化模式，至少可以追溯到青铜器时代早期，也可以追溯到新石器时代后期，一种是挪威沿海的农业文化，可能向北延伸到特罗姆斯郡，与欧洲大陆相联系；另一种是斯堪的纳维亚内陆和挪威最北部沿海地区的捕鱼文化，其与东方文化也有联系。

——后一地区居民的定居方式和生活方式的连续性，似乎或多或少与萨米人的现代定居地区相符合。

马格纳斯和迈尔把芬马克郡东部历史上已知的萨米人追溯到基督时代（前罗马铁器时代）之前的最后几个世纪，挪威北部其他地区的萨米人至少可以追溯到迁徙时期（公元400年至550年或公元600年）（Magnus & Myhre, 1986：235，316）。他们甚至指出，上述文化边界可能指向已经进入青铜器时代的南至挪威南部海德马克郡的原始萨米人（Magnus & Myhre，202，319）。这与挪威萨米人定居点的现代范围一致。

能更好地体现萨米地区定居点和生存模式连续性的例子是挪威东北部的莫滕斯内斯（Mortensnes）遗址，马格纳斯和迈尔与哈根都描述了这一点（1986：234-236；Hagen，1967/1977：115）。从中石器时代到现代，这里有大量的房屋遗址和坟墓（K. Schanche，1988；A. Schanche，n，d.）。墓穴是典型的萨米人墓穴，即位于石堆中，其中一些可以追溯到2000多年前，在该地区也有房屋遗址和宗教遗址，通常被认为是萨米遗址。此外，该遗址位于一个至今仍被视为萨米人的自治市，100年前该市人口中萨米人占84%。

马格纳斯、迈尔和哈根并不否认，至少在过去的2000年甚至更长时间里，莫滕斯内斯遗址的大部分遗迹必须被标记为萨米遗迹。他们似乎也接受萨米人一般是在任何特定地区的石器时代和青铜器时代作为一个族群出现的。尽管挪威的许多地方有着悠久的萨米人历史，但在过去2000年之后，马格纳斯、迈尔和哈根仍然不愿意确定萨米人甚至是原始萨米人的史前史，即为史前遗迹贴上这一特殊的民族标签，从而将萨米人纳入他们对挪威史前史的描述中。相反，这两种说法在萨米语的记录中单独成页。这一方法通常为挪威其他大多数出版物和学者所采用，旨在将萨米人定义为不同的、边缘民族，而不是挪威一般历史发展的一部分。另外，人们认为这种观点与当前萨米人建构萨米人历史的政治愿望相一致，萨米人的历史与周围挪威人社会的历史是分离的、不同的。

将萨米人确定为挪威石器时代某些地区居民的直系后代，显然会使石器时代众多的定居地和历史遗迹成为萨米人史前史的一部分，这种情况与很多这样的历史遗迹被视为挪威史前史的一部分一样。在挪威民族、人口单一的地区，无须考虑石器时代遗址和石刻是否与这些地区的现有人口存在潜在的种族差异。然而，在处理目前萨米人或多民族地区的同一类遗物时，虽然在过去它们可能没有代表不同的族群，但人们也对它们代表的历史有着截然不同的看法：挪威人？萨米人？或者仅仅是最终产生了这两个民族的族群。

其中一个例子是芬兰马克郡西部的阿尔塔岩画世界遗产遗址（World Heritage Site of Alta Rock Cavings）（Helskog，1988；参考图26、27）。挪威特罗姆瑟大学（University of Tromsø）的克努特·赫尔斯科格（Knut Helskog）教授是研究阿尔塔岩画的知名专家，他讨论了所涉及的民族认同问题（Helskog，1988：110）。与提到的作者观点一致，他承认史前居民和挪威最北部被首先承认的萨米人之间定居和生存模式的矛盾，并且至少在2000年前，萨米人已成为一个民族群体。他认为，这也是阿尔塔岩画时代的结束，因为岩画可以被仪式鼓上许多相同主题的描绘取代，这些主题与后来萨米人的背景相似。然而，他更愿意称这些石刻为萨米人史前史的一部分。

特罗姆瑟大学的比约纳·奥尔森（Bjørnar Olsen）教授曾在芬马克郡进行萨米考古发掘工作，也对将民族标签应用于该郡的史前史持谨慎态度。在关于芬马克史前史的著作中（Olsen，1994：139），他表示：

似乎在这一千年（即公元前最后一个千年）里不仅有种族凝聚，而且在这个时期形成了许多典型的萨米人的正式特征。

另一种处理萨米人史前史这一有争议概念的方法是将问题重新定义，"萨米人"成为一个特殊群体的民族标签；另外，"挪威人"只是指"挪威目前边界内的人"，没有种族的含义。因此，在证明是萨米人之前，所有人都可以标记为挪威人。这一论点经常用于文化遗产管理，因为这避免了多民族历史的本质困难。

考古学与民族

从考古学上定义民族的问题不只局限于挪威，也不局限于大多数人与挪威人和萨米人等土著人民之间的关系。正如琼斯（Jones）所指出的，这也是一个理论问题，是考古学历史的一部分，特别是它与当时政治学的关系（Jones，1996，1997）。

在研究中，琼斯提出了"什么是民族""民族应该如何定义"，同时指出，即使在科学研究中，对"民族"也大多没有任何形式的定义（Jones，1997：56）。她引用了一项研究，调查了65项社会学和人类学的民族研究，但发现只有13项对关键主题下了定义。

人类学研究中最常见的方法是用"客观主义"或"主观主义"来界定民族。客观主义者将民族视为"具有不明显界限的社会和文化实体，其特征是相对孤立和缺乏互动"，而主观主义者则将民族视为"自然构建的分类，用于说明社会互动和行为"（Jones，1997：57）。换言之，客观主义者根据分析者对社会文化差异的感知（局外人的观点）来界定民族，而主观主义者则将民族视为被研究者的主观自我分类（局内人的观点）。尽管琼斯得出的结论不止于此，但这也可以被理解为一种略显矛盾的观点，即研究人员通常是客观的，而他们的研究对象却不是客观的。

然而，主观主义者的观点自20世纪60年代以来开始盛行，这种观点在很大程度上基于巴思（Barth）的著作《民族和边界》（*Ethnic Groups and Boundaries*，1969）中提出的民族理论模型。这一观点也渗透到关于土著群体的法律和政策中，如琼斯提到的对澳大利亚土著群体的定义（Jones，1997：60）。然而，如果自我定义成为压倒一切的标准，主观主义者的定义就并不是一个没有问题的定义，如何区分族裔群体和其他自我定义群体的问题就是例证。

正是这种关于民族定义的紧张关系，加上过去和现在对萨米人的客观法律定义的需要，产生了与挪威《文化遗产法》有关的问题。更为复杂的问题是，在萨米人的案例中，有时研究人员持激进观点，他们以历史为基础，将物体和人标记为萨米来源，而人们则不认同这个标签。这不仅显示了民族标签中出现的一些困难，而且也显示了琼斯所说的"群体边界和个体识别的流动性和情境性"（Jones，1997：64）。

为了进一步探索与其他族群关系不同的民族概念和认知，琼斯描述了另外两个标签——"原生需要"（primordial imperative）和"工具性民族"（instrumental ethnicities），这两个标签在上一代的民族研究中出现过。"原生需要"是一种社会的，或者更确切地说，是一种心理生物学的方法，它认为民族是建立在"出生赠品"——"血液"、语言、宗教、领土和文化——基础上的。这些"赠品"形成了无意识的原始依附，带有一种"超越了特定情境利益和社会环境所产生的联盟和关系"的强制力（Jones，1997：65）。换言之，个体诞生于一系列关系中，主要是亲属关系和价值观，这些关系将定义人的自我认同。这种方法被批评为将民族特性浪漫化和神秘化，并将民族特性描述为"非自愿和强制性的"（Jones，1997：69），从而使人们将其定义为"一种抽象的自然现象"，而忽略了"特定民族的历史和社会基础"（Jones，1997：70）。这种在20世纪50年代后期发展起来的方法，也引发了早期民族主义的一些不良的回应，即基于血统和出身的民族认同思想（Jones，1997：71）。

因此，在学术术语上更容易接受的是"工具性民族"的概念，琼斯认为（Jones，1996：67，1997：75），"工具性民族"概念在 20世纪 70 年代和 80 年代的辩论中占据了辩论的主导地位，并将民族视为"群体认同的动态和情境形式"（Jones，1997：72）。然而，工具主义者的认知也有困难。一种是倾向于还原主义（Jones，1997：76），由此观察到的民族行为顺序被解释为其原因。因此，民族成为"利益集团组织中文化的调用和政治化的形式"（Jones，1997：77）。这很容易导致"忽视民族的文化和心理维度"。它还假定"人类行为本质上是理性的，并指向最大化自我利益"（Jones，1997：79）。而且，正如上文所述，主观主义者很难区分民族和其他利益集体。

在某种程度上，人们可以说，在挪威（以及瑞典和芬兰），为了选举的目的而对萨米人进行定义是基于一种原生需要的思维方式，使用亲属关系的概念和继承的文化特征（如语言）作为法律定义。然而，大多数萨米问题研究者更倾向于将民族视为"他们和我们"状况的一个函数，利用巴思的民族理论模型和历史发展来解释其产生和背景。然而，令人怀疑的是，因为人们认为其是负面的，所以任何人都会给它贴上理性和自私自利的标签。

这导致了许多不同的方法和定义，既有积极的方面，也有消极的方面，因此很难认同。琼斯（Jones，1996：67－68，1997：84）根据布迪厄（Bourdieu）的理论（1977）和他的"习惯"概念或指导个人自我认同的观点和实践，提出了另一种对民族的定义，即"民族是文化归属的身份群体"，是建立在真实或假定的共同文化和共同血统的基础之上的（Jones，1997：84）。这一定义试图吸收其他定义中积极的方面，同时将民族描述为一个社会过程，在这个社会过程中，为适应不断变化的历史和社会环境，"民族类别不断复制和转化"。

虽然这一定义有助于在理论学术中讨论民族，但遗憾的是，它并不能解决许多法律纠纷。民族边界的流动性和渗透性反映在多个民族的各个方面，抑或在多个民族之间移动，而民族的情境性导致未能及时地投射出现代民族标签。当然，这同样适用于"挪威人"和"萨米人"，但对后者的影响更大，因为挪威人也等同于一个国家及其边界。尽管萨米人将斯堪的纳维亚半岛的某些部分称为萨米人的土地，但这没有法律定义，萨米人生活在挪威、瑞典、芬兰和俄罗斯四个国家。因此，就目前而言，只要讨论偏离政治上提倡的萨米人的核心，即拥有驯鹿的萨米人，萨米人作为受法律保护的文化主体的定义将继续成为一个解释和谈判的主题。因此，可以说，法律讨论是萨米人持续发展和谈判的一部分，在发展和谈判中，物体、符号和意见在时间和空间中波动并改变忠诚度。这是一种动态的看待分歧的方式，却不容易被纳入法律实施的任务中。

正如琼斯所承认的，这也有损一些少数民族对土地和文化遗产的主张（Jones，1997：142）。例如，通过第 169 号国际劳工组织公约，挪威萨米人被视为一个土著群体。与许多其他少数民族一样，萨米人可以选择在今天普遍接受的萨米文化和遥远的过去之间建立一种无可争议的连续性，这暗示着数百年甚至数千年来萨米人的文化几乎没有变化。更具讽刺意味的是，萨米人可能被迫或选择接受一个与民族主义密切相关的民族概念。在这个特定的框架内，如琼斯所说，"群体被描绘为整齐划一的整体，具有线性和连续的历史，而这些历史反过来又被用于对政治自治和领土主张的合法化"（Jones，1996：62）。另一种选择是将萨米人理解和接受为一个在不同时间和地点以不同形式呈现的过程，其中一些可能与现代萨米人的概念无关。然而，后一种选择可能模糊了萨米人和其他民族在过去和现在的区别，以致很难将考古遗迹或文化景观作为萨米人历史的一部分。

目前，各方似乎更容易接受挪威的多元历史而不是萨米人的历史。后者通常必须表现出线性的发展和强大的连续性，并与现代萨米人的文化或至少部分萨米人的文化保持一致才能被接受为萨米人。因此，尽管学术话语强调民族的流动性和情境性，但实践仍然倾向于一个僵化的一维定义，尤其是作为萨米文化遗产法律保护的基础。目前，这两种方法是根据具体情况进行协商的，但在不太遥远的将来，必须采取某种综合的行动，并将其纳入法律和实践。

受保护的萨米文化景观

上述讨论在应用于芬马克郡的三个受保护文化用地——阿尔塔市的耶默鲁伏特/杰布马卢克塔（Hjemmeluft Jiebmaluokta）、内瑟比（Nesseby）的莫滕森内斯和南瓦朗格尔（Sør-Varanger）的内伊登时不仅仅具有理论意义。耶默鲁伏特和莫滕森内斯通过《文化遗产法》第 19 条得到保护，内伊登通过第 20 条受到保护。在这三个遗址中，只有莫滕森内斯和内伊登被正式定义为萨米文化景观。总之，从纯粹的考古学到纯粹的萨米人，他们对民族分类的困难提出了不同的观点。

阿尔塔市的耶默鲁伏特 该遗址包含世界文化遗产阿尔塔岩画，其周围的市政机构目前主要是挪威人的市政机构。它被正式归类为纯粹的考古，其管理部门是芬马克的挪威县遗产管理局。然而，在历史层面，至少从中世纪开始，也许时间更长，阿尔塔地区通常被视为沿海萨米人地区，因此人们应该将该地区石器时代和青铜器时代制作岩画的人类归为原始萨米人。然而，由于这些遗迹都是史前遗迹，因此该遗址被正式命名为"考古遗址"，不属于任何民族。

内瑟比市的莫滕森内斯 该遗址包含大量的定居点遗迹、坟墓和其他宗教遗迹，这些遗迹可从中石器时代追溯到19世纪。人们仍然认为内瑟比市是主要的萨米人城市。保护区内近2000年来的几乎所有遗迹和一些更古老的遗迹一样，都被公认为萨米遗迹。但在考虑该地区中石器时代和新石器时代的遗迹时出现了困难。莫滕森内斯遗址于1988年得到保护时，根据《文化遗产法》规定特罗姆瑟大学博物馆被指定为行政管理机构。然而，后来对《文化遗产法》的修改意味着这一权力分属负责考古遗迹的挪威郡遗产管理局和负责萨米遗迹的萨米议会。换言之，完全由于法律条文的规定，遗址获得了双重民族身份。由于这在管理方面被认为是不可行的，理事会根据对遗址及其位置的总体评估，将唯一权力移交给萨米议会。这一决定遭到挪威考古学家的反对，因为人们认为这一决定将萨米人划属该地区的史前遗迹。

南瓦朗格尔市内伊登的斯考特拜恩 该遗址包括东萨米人聚居区，而现在的城市周边混居着挪威人、萨米人和奎文人（芬兰人）。东萨米人经常把自己看作萨米人的一支，而在16世纪已经转而信仰俄罗斯东正教。该遗址最初是他们的季节性定居点之一，但直到19世纪挪威、芬兰和俄罗斯划定边界，东萨米人才停止在这三个国家之间自由迁移，被迫在其中一个国家定居。内伊登的萨米人选择在他们过去的夏季定居地斯考特拜恩定居。该遗址包括一座16世纪的俄罗斯东正教教堂、一些东萨米人的坟墓和后几个世纪的定居点，以及现代建筑和商业，而后者隶属于东萨米人的后代。

2000年，该遗址合法化，由于该地区没有已知的挪威人的遗迹或考古遗迹，萨米议会成为唯一的管理机构。具有讽刺意味的是，这遭到一些东萨米人的异议，他们认为由其他萨米人控制的萨米议会是另一个"殖民大国"。

结　论

因此，这三个遗址证实了挪威现行文化遗产立法在界定遗迹方面面临许多固有的困难，以萨米人为代表的各种遗迹和文化景观更是如此。这些困难都是历史性的，从某种意义上说，它们反映了一个经过一百多年发展的文化遗产管理系统。这一制度反过来反映了一种历史观。20世纪，这种历史观倾向于将萨米人视为挪威领土上的移民，尤其是在该国南部地区；而且这种历史观只将"萨米人"等同于今天的驯鹿牧民。现代研究表明，至少萨米人在某些地区的历史与挪威人在其他地区的历史一样悠久，但萨米人有多种适应策略，现代形式的驯鹿放牧是其中之一，但不是唯一。

一方面，为了确定文化的法律地位，人们有义务以伦理的方式确定文化，这一义务使人们对萨米人的历史有了更多的认识和更大的接受度，同时也导致了争论的两极化以及对什么是萨米人的整体看法。在这一对立的景观中，人们的看法往往非黑即白，而宣传图片的灰度往往会引起争论双方的愤怒。在现代社会，很多人每天都在处理多重身份问题，这似乎令人惊讶，但这不是可以通过遗产立法解决的。然而，目前由于法律知识、观念和愿望都会发生变化，萨米议会和挪威政府遗产法执法人员仍需就法律的边界与后果进行谈判。

注释

1. 本文仅代表作者本人观点。
2. 其中包括一座中世纪修道院和挪威西南部［罗加兰郡（Rogaland）乌茨坦因（Utstein）］一个岛上的农场、挪威西部［霍达兰郡（Hordaland）的哈夫拉图内特（Havråtunet）］的传统多户农场、挪威东北部（芬马克郡内伊登的斯考特拜恩）东萨米人聚居地和挪威东南部［布斯克吕郡（Buskerud）］古老的银矿［康斯堡银矿（Kongsberg Silver Mines）］景观。还有一些案件正在调查中，但在萨米地区没有。
3. 作者出生于克文南根的南斯特罗门（Sørstraumen），具有沿海萨米人的背景。
4. 示例选自作者自己的家庭。作者属于第一代，挪威语是第一语言，也是唯一的语言。

参考文献

Aarseth, Bjørn, Einar Niemi, S. Aikio, W. Brenna, and Elina Helander

1990 *Samene, en hàndbok*（The Sámi: an introduction）. Kautokeino and Karasjok. Sámi Instituhtta and Davvi Girji O. S.

Barth, Fredrik, ed.

1969 *Ethnic Groups and Boundaries*. Boston: Little and Brown.

Bjørklund, Ivar

1985 *Fjordfolketi Kvænangen. fra samisk samfunn til* norsk utkant 1550 – 1980（*The Qfjrd people of Kvænangen: from Sámi society to Norwegian periphery*）. Oslo: Universitetsforlaget.

Bourdieu, Pierre

1977 Outline of a Theory of Practice. *Cambridge Studies in Social Anthropology* 16. Cambridge.

Direktoratet for Naturforvaltning

1994 *Verdifulle kulturlandskap i Norge. Mer enn bare landskap !*（Valuable cultural landsapes in Norway. More than just landscape）. Part 4. Trondheim: Direktoratet for Naturforvaltning.

Direktoratet for Naturforvaltning and Riksantikvaren

2001 *Strategi for arbeid med landskap DN/RA, 1. 12. 2001*（Strategy for working with landscapes DN/RA, 1. 12. 2001）. Preliminary report. Trondheim and Oslo: Direktoratet for naturforvalt-ning and Riksantikvaren.

Espeland, Else, and Kàre Sveen

1989 Museums in Norway. Special edition of *Museumsnytt*.

Evans, Michael J., Alexa Roberts, and Peggy Nelson

2001　Ethnographic Landscapes. *Cultural Resource Management* 24 (5): 53 – 6.

Finne, Marie and Jørn Holme

2001　Fredning ved enkeltvedtak (Listing by individual resolution). In *Kulturminnevern: Lov, forvaltning, håndhevelse*, J. Holme, ed., Vol. II, pp. 140 – 79 . *Økokrims skriftserie* 12. Oslo: Økokrim.

Fjellheim, Sverre

1991　*Kulturell kompetanse og områdetilhørighet: Metoder, prinsipper og prosesser i samisk kultur-minnevernarbeid* (Cultural knowledge and area attachment: methods, principles, and processes in Sámi cultural heritage management). Snåsa: Saemien Sijte.

Guribye, Ragnhild and Jørn Holme

2001　Automatisk Fredete Kulturminner (Automatically Protected Cultural Remains). In *Kulturminnevern: Lov, forvaltning, håndhevelse*, J. Holme, ed., vol. 11, pp. 32-101. *Økokrims skriftserie* 12. Oslo: Økokrim.

Hagen, Anders

1967　*Norges Oldtid* (Norway's Prehistory). Oslo: J. W. Cappelens Forlag AS. (Revised, 1977).

Helander, Elina

1999　*The Sami of Norway*. http. //odin. dep. no, Ministry of Foreign Affairs.

Helskog, Knut

1988　*Helleristningene i Alta: Spor etter ritualer og dagligliv i Finnmarks forhistorie* (The rock art of Alta: traces of ritual and daily life in Finnmark's prehistory). Tromsø and Alta.

Holand, Ingegerd

n. d.　*Automatisk fredete samiske kirkegårder* (Automatically Protected Sámi Churchyards). In press.

Holme, Jørn, ed.

2001　Kulturminnevern: Lov, forvaltning, håndhevelse (Cultural heritage management: law, administration, implementation). Vol. I - II . *Økokrims skriftserie* 12. Oslo: Økokrim.

Husby, Ivar

2001　Anmeldelse og etterforskning av kulturminne-kriminalitet (Investigation and prosecution of cultural heritage crimes). In *Kulturminnevetn: Lov, forvaltning, håndhevelse*, J. Holme, ed., Vol. I, pp. 167 – 195. *Økokrims skriftserie* 12. Oslo: Økokrim.

Hætta, Odd Mathis

1980　*Same Tema II : Fra steinalder til sàmisk jernalder* (Sámi Issues II : from the Stone Age to the Sámi Iron Age). Alta: Skoledirektøren/Hágskolen i Finnmark.

1996　*The Sami: An Indigenous People of the Arctic.* Translated by O. P. Gurholt. Karasjok: Davvi Girji o. s.

Jones, Sian

1996   Discourses of Identity in the In terpretation of the Past. In *Cultural Identity and Archaeology*, P. Craves-Brown, S. Jones, and C. Gamble, eds. , London and New York: Routledge.

1997   *The Archaeology of Ethnicity: Constructing Identities in the Past and Present* London and New York: Routledge.

Lorenz, Einhart

1981   *Samefolket i historien* (The Sámi in history). Oslo: Pax Forlag AS.

Magnus, Bente, and Bjørn Myhre

1986   Forhistorien: Fra jegergrupper til høvding-samfunn (Prehistory: from hunting groups to chieftain societies). In *Norges Historie*, K. Mykland, ed. , Vol. I. Oslo: J. W. Cappelens Forlag AS.

Marstrander, Lyder, ed.

1987   *Fornminnevern og samisk kulturminnevern i samfunnsplanleggingen: Organisering og arbeids-oppgaver* (The preservation of prehistoric and Sámi cultural remains in planning processes: Organization and Tasks). Utredning fra arbeidsgruppe engasjert av Riksantikvaren og med mandat fra Miljøverndepartementet gitt i brev av 4. juli 1985. Oslo: Riksantikvaren.

Miljøverndepartementet (Royal Ministry of the Environment)

1987   *St meld nr. 39 (1986 – 87): bygnings-og fornminnevernet* (White paper on the protection of buildings and ancient monuments). Oslo: Miljøverndepartementet.

1988   *Innst. S. nr. 135 (1987 – 88): Innstilling fra kommunal-og miljøvernkomiteen om bygnings-og* fornminnevernet (Recommendation from the municipal and environmental committee on buildings and ancient monuments protection). Oslo: Miljøverndepartementet.

1992a   *Ot. prp. nr. 51 (1991 – 92): Om lov om endringer i lov av 9. juni 1978 nr. 50om kulturminner* (Government bill on changes to the Act of 9 June 1978 No. 50 on cultural heritage) . Oslo: Miljøverndepartementet.

1992b   *Innst O. nr. 73 (1991 – 92): Innstilling fra kommunal-og miljøvernkomiteen om lov om endringer i lov av 9. juni 1978 nr. 50 om kulturminner* (Recommendation from the municipal and environmental committee on changes to the Act of 9 June 1978 No. 50 on cultural heritage). Ot. prp. nr. 51. Oslo: Miljøverndepartementet.

2000   *Cultural Heritage Act of 9 June 1978 No. 50 concerning Cultural Heritage.* Last amended 3 March 2000 No. 14. Oslo: Miljøverndepartementet.

Norut NIBR Finnmark

2004   Statistikk om Finnmark: Sametingsvalget 2001 (Statistics for Finnmark: Sámi Parliamentary Elections 2001). http: //www. fifo. no/finnstat/same_valg_tabl. htm.

Olsen, Bjørnar

1994   *Bosetning og samfunn i Finnmarks forhistorie* (Settlement and society in Finnmark's prehistory). Oslo: Universitetsforlaget.

Rauset, Solbjørg, ed.

1990   *Samisk kulturminnevernforskning: Rapport fra seminar i Cuovdageaidnu/Kautokeino* 22 – 24 *november* 1989 (Research on Sámi cultural heritage management: Report from the seminar in Guovdageaidnu/Kautokeino, November 22 – 24, 1989). Oslo: Norges allmenviten-skapelige forskningsråd.

Samisk kulturminneråd

1999   *Samisk kulturminneplan, 1998 – 2001* (Plan for Sámi Cultural Heritage, 1998 – 2001). Varangerbotn and Karasjok: Samisk kulturminneråd and Sametinget.

Schanche, Audhild

n. d.   *Ceavccageadgi/Mortensnes: Bn kulturhistnrisk vandring gjennom* 10000 *år.* (Ceavccageadghi/ Mortensnes: A cultural-historic walk through 10000 Years). Varangerbotn: Varanger Samiske Museum/ Várjjat Sámi Musea.

2001   Samiske kulturminner (Sámi cultural remains). In *Kulturminnevern: Lov, forvaltning, håndhevelse*, J. Holme, ed. , Vol. I, pp. 56 – 61. Økokrims skriftserie nr. 12. Oslo: Økokrim.

Schanche, Kjersti

1988   Mortensnes, en boplass i Varanger: en studie av samfunn og materiell kultur gjennom 10000 år (Mortensnes, a settlement in Varanger: A study of society and material cultural through 10000 years). Unpubl. mag. art. thesis in archaeology. Tromsø: University of Tromsø.

Sjølie, Randi

2003   *Vern og forvaltning av samiske byggverk: utkast til hovedrapport 2003* (Protection and administration of Sámi buildings: draft for the main report, 2003). Varangerbotn: Sametinget.

Statistisk Sentralbyrå

2004   Folkemengde 1. januar 2003 (Census, January 1, 2003). http: //www. ssb. no/ emner/02/01 /10/folkber/ tab – 2003 – 12 – 18 – 01. html.

Svestad, Asgeir and Barlindhaug, Stine

2003   *Samiske kirkegårder: Registering av automatisk freda samiske kirkegårder i Nord Troms og Finnmark* (Sámi churchyards: A survey of automatically protected Sámi churchyards in Northern Troms and Finnmark) . NIKU Rapport 4. Oslo and Tromsø: NIKU.

（朱坤玲 译）

俄罗斯北部民族志景观保护的概念和实践

帕维尔·M. 舒尔金 (Pavel M. Shul'gin)

在俄罗斯社会意识和当代科学话语中，历史文化遗产保护占有重要地位。20 世纪 90 年代，提出和确立了全新的概念。俄罗斯出台了新的法律法规，采取了许多实际政策来保护其丰富的文化遗产。这些举措在诸多方面与俄罗斯自 1985 年特别是 1991 年之后经历的重大政治和社会变革有关。变革赋予民众更大的自由去表达不同的社会观点，同时促使国家摆脱自我封闭的意识形态，快速走向国际合作。

近期公众的态度及其在科学研究中的反映

1970 ~ 1990 年，苏联文化和自然遗产保护状况急剧恶化。这与苏联日益增长的意识形态压力有关，苏联政府自上而下积极推动文化和社会生活的统一。苏联政府大力推动各民族文化的统一，将不同民族融合为一个新的、具有相似民族认同感的社会群体，称为"苏联人民"（如 Bromlei, 1981: 329 - 55）。在这种意识形态环境中，工业发展和整体经济是国家发展的根本因素，处于绝对的优先地位，文化处于次要地位。

工业是国家关注的中心，为了发展经济，有些发展项目不惜摧毁土著民族的家园和文化。例如，一些重大工程将苏联北方的河水引到南方来建造巨大的水库（灌溉西伯利亚北部和西部广袤的农田和森林）。这些水库被认为是南方工农业发展所必需的。在苏联，特别是在东部和北部地区，有一种常见现象，即在汉特人（Khanty）、涅涅茨人（Nenets）和其他土著民族的广阔居住地上勘探油气田。国营企业占领了传统的民族区域，却没有给当地居民足够的补偿，或为其提供充足的条件开始新生活。

1985～1986 年苏联的经济和政治改革带来的社会变化无法回避这些问题。20 世纪 80 年代末，民族意识问题和土著民族及其他少数民族的权利和文化保护问题自然变得极为紧迫。将文化和民族统一作为国家发展的主要目标的想法遭到否定，取而代之的是保护和复兴俄罗斯联邦丰富的民族文化。与此同时，出现了新的重要任务：界定和记录多样的俄罗斯民族和历史遗产。民众对领土、民族起源、宗教传统和家族根源的认识不断加深，兴趣空前高涨。曾有很长一段时间，苏联的官方宣传并不重视遗产，有时甚至公开压制。

同时，苏联国内开始了一场声势浩大、广受欢迎的环保运动。20世纪 80 年代下半叶，许多基层环保组织成立，它们主张居民有权生活在清洁的环境中，选民对现有制造或计划建设项目的风险具有知情权（Litovka，1989）。

20 世纪 80 年代，苏联最具权威的历史学家德米特里·S. 利哈乔夫（Dmitrii S. Likhachev）院士提出了"文化生态学"的概念，这一概念在民众和学术圈里传播很广，也是当时主要的概念之一。德米特里·利哈乔夫提出的这一概念，把当时的两个主要问题联系在一起。

第一个问题是在当时的苏联和俄罗斯的改革中，社会意识和历史根源的连续性，第二个问题是自然和社会之间的相互影响和精神上的相互联系。利哈乔夫认为，文化保护的关键在于不仅要保护历史遗产、文化传统和对公众进行文化教育，还要保护自然，因为自然是民族存在的基础。他认为，如果保护自然环境是为了人类的生存，那么保护文化环境则是为了保护人类的道德和精神生活。

俄罗斯历史遗产研究新趋势

1985～1991年改革期间，文化遗产保护和记录的文化政策和研究中出现了新的概念，主要体现为以下三个基本的转变。

从个体向多元转变

由对文化和自然遗迹的单独研究和保护转向对历史遗产的整体和多元保护。

以前保护对象是单个遗迹，现在是历史和文化遗产的整体性保护。现在，保护对象包含遗迹本身及其所在的环境和历史遗产的传承人（或群体）。这是20世纪90年代俄罗斯科学和社会文化实践最重要的改变，影响了接下来几年许多其他的变化。特别是以往以单个遗迹文化为保护对象，现在着力于保护一个地区整体上的文化景观面貌及其所在的历史环境。

许多新的保护项目正在规划中，有些已经开始实施。这些项目确定历史遗产的整体区域不仅包括历史和文化遗迹，还有其他重要的相关因素。这些因素包括但又不局限于民间文化、传统、民族工艺及其交易、历史城市环境、农业发展、定居体系、民族文化环境、自然环境和传统的自然管理（谋生活动）。它们不仅是重要历史遗迹或现象的背景或条件，还是民族遗产直接且重要的组成部分，可以构成某个国家或地区文化的独特性。

历史文化遗迹的界定和记录实践，已初步呈现出保护遗产完整性和多样化的趋势。全国各地加强了古迹清查工作，在现有的文化或历史古迹中又增加了许多新的内容，不仅包括著名的考古、建筑和历史遗迹、纪念性的艺术，还有一些以前从未被仔细考虑的对象。根据新的遗产定义，新增的历史遗迹还包括遗迹中的公共建筑、工业建筑、整个的历史建筑群及其他对象和结构。

20 世纪 90 年代初，新的历史文化遗迹被确定后即在政府登记注册，相应的保护工作也得以加强。[1]

在很多俄罗斯历史小城，受保护遗迹的数量实际上增加了一个数量级（Istoricheskii gorod，1997）。这种增加在历史文化遗迹的系列出版物（始于 1997 年）即俄罗斯版的"国家古迹名录"中也有所反映（*Svod Pamiatnikov*，1997、1998 – 2001）。

历史和文化环境

第二个转变是将遗产看作对人与自然互动过程中对历史经验的反映。

这种将文化或历史遗产视为一种系统现象的观点具有重要意义。根据这种观点，在保护单个的遗迹时，不会把它们彼此或把它们与所在环境割裂开来。在此种情况下，关注的对象不仅是单个的遗迹，还有多样化的整个历史和文化综合体，这有助于认识文化和自然遗产的完整性。同时，还考虑了遗迹本身的情况和它所在的环境（包括自然景观环境和遗迹与环境的统一）。事实上，每一个文化遗迹都与其周围环境有着千丝万缕的联系，形成了独特的生态位。

遗憾的是，在具体的文化和自然遗产保护项目中，这种新的综合性保护方法尚未得到充分应用。与过去一样，俄罗斯国家文化机构和环境保护机构之间仍然存在僵化的行政壁垒。特别是俄罗斯国家公园，作为文化、自然和民族传统保护的一种特殊形式，现在它们的功能却仅限于环境保护。20世纪80年代，人们对综合性保护方法抱有很大期望（Maksakovskii，1998），到目前为止其中大多数仍未应用。尽管如此，目前这方面的探索依然在继续。

区域保护原则

若主要的保护对象属于某一区域，那么通过区域方法来研究和保护遗产具有一定的重要性。

以往的实践证明，对单个历史和文化遗迹进行保护时，离不开其周边历史和自然环境。在保护自然体系、建筑群或民族群体等单个遗迹时，很有必要保护其所处的更广阔的空间和环境，更重要的是，这更有利于对遗迹的长期持续的保护。创建俄罗斯历史文化保护区和自然保护区，需要同时处理好历史、文化和自然遗迹的保护和管理工作。俄罗斯法律对这些保护区尚未有明确的界定。但是，保护区的创建已从理论探讨逐步进入实践阶段。现已创建了几个大型的博物馆保护区和许多国家公园。本质上，这些都是拥有一个自然文化空间的区域（Wiget & Balalaeva，2004）。

一个"历史文化区域"就是"一个完整的空间，这里的一些自然、历史和文化现象具有特殊价值和意义"。这样定义的基础是种族、经济、历史或地理因素客观地联系在一起，形成了遗迹和所在区域的本地复合体。具有纪念意义的事物、建筑遗迹以及考古遗迹的存在和组合构成区域的独特性。其他可能构成区域独特性的因素有民族传统、经济活动、民俗、民族礼仪文化、自然景观或传统的自然管理方式。[2] 从一个独立民族或整个俄罗斯的历史和文化来看，这些都具有特殊价值。

历史文化区域最好的体现是历史悠久的小城（有许多 16 ~ 18 世纪的遗址和建筑结构），包括小城的周边、古村落和自然景观，还有古老的庄园或俄罗斯东正教修道院建筑群，在这里自然、建筑和村落构成一个整体。有些地方还有伟大的历史战场遗址。民族志景观与少数民族居住地密切相关，俄罗斯北部的土著居民也属于此列。

在所有趋势中，历史文化遗产、自然环境和区域内的居民这三个遗产传承的载体呈现出明显的统一性。需要强调的是，如今遗产的保护和使用已是每个地区当代社会文化和经济发展的有机组成部分。

20 世纪 90 年代，在俄罗斯遗产保护的科学话语和实践中出现的这些新方法，使俄罗斯开创性地引入了"文化景观"的概念。与其关系密切的"民族志景观"的概念也出现了，两者经常被放在一起讨论。

俄罗斯遗产研究中的文化景观概念

现在，无论是在国际上还是在俄罗斯的科学话语中，对文化景观的理解都不甚明确。理解这一术语必须清楚区分三个方面的内容。

首先，文化景观是一个区域，有特定群体在此长期居住并具有特定的文化价值。此类常见人群是具有宗教传统的少数民族群体和

（或者）土著居民，如俄罗斯的旧教徒（Russian Old Believers）。

卡尔·苏尔创立的文化地理学学派中也用类似的方法来定义文化景观及其研究（Carl Sauer，1925/1963；1927）。他认为，文化景观是由当地居民和文化群体在长期定居及其他相关活动中打造的人为景观。在这个意义上，"文化景观"实际上等同于"民族志景观"。此外，苏尔的作品中实际上并没有提到"民族志景观"，他主要关注的是各种族群改造自然景观的因素和结果。同时，他也高度关注定居点的结构、土地使用特点和地方建筑（Salter，1971）。

在俄罗斯科学话语中，"文化景观是自然景观的一种变体"这一观点在 20 世纪逐渐发展起来。在以自然为中心的研究方法中，地理景观是自然现象，理想情况下是人类尚未触及或改变的自然现象（Isachenko，1965）。与之相对的是经过人类改变或改造的人为景观。在第二种方法中，文化景观被认为是良好的人为景观，是根据具体的规划由人类活动改造而成。这样的景观通常表现出高度的审美性和功能性（Mil'kov，1973；1978）。

近十年来，另一种观点在俄罗斯景观研究中被提出并得到更广泛的认可。此观点认为，文化景观是一套完整的、地域性的物质和现象的集合，是自然过程和人类活动相互作用的产物。在这个框架内，有一种观点认为，物质文化和精神文化作为人类活动的结果，是文化景观固有的一部分（Vedenin，1997）。

这种方法的基础是，在文化景观形成过程中，人类的智力和精神活动发挥了积极作用。这种方法明确承认了人类智力和精神对景观的作用。它强调：

　　精神和智力的价值，以信息的形式代代相传，它们不仅促成了文化景观的形成和发展，而且是其完整的组成部分，还受到景观其他物质部分的影响（Vedenin, 1997; Vedenin & Kuleshova, 2001）。

这一观点清楚地表明，文化景观并不局限于其景观价值，还强调文化现象的地域性差异（空间多样性）。因此，发生在传统经济和自然管理中的变化结果也属于文化景观构成部分。这些变化通常会影响当地居民特定的民族文化特征（如语言、宗教、日常、艺术文化等其他因素），以及不同形式的"无形"的文化遗产，如具有重大意义的历史事件和与其相关的文化记忆。通过这些因素的相互作用，文化景观积累并显示出一个民族或某一地区人民的智力和精神潜力。

正是在第三种方法的解读下，在俄罗斯文化资源保护与管理的新发展框架中，文化景观成了主要的理论概念。"文化景观"也注定成为实践活动和新兴的国家文化遗迹与历史文化区域记录和保护体系的基本术语。成立于 1992 年以德米特里·S. 利哈乔夫命名的俄罗斯文化和自然遗产研究所（Russian Research Institute for Cultural and Natural Heritage，RRICNH）在实践中也采取了类似的方法。

政府建立文化和自然遗产研究所有两个主要目的：

——在俄罗斯实施联合国教科文组织的文化和自然遗产保护公约的主要条款；

——（为不同的地区和地方社区）确认和制定文化与自然遗产保护和管理的区域方案。

该研究所试图在工作中解决与文化和自然遗产保护统一政策相关的方法和管理问题。它的研究工作是建设新博物馆、博物馆保护区和国家公园的根据。研究所已着手制定历史名城、乡村居民点和地区遗产的综合保护项目，还参与了众多现存传统文化的研究项目，组织了遗产调查和研究考察（Shul'gin & Shtele，1998；Vedenin，2000；Shul'gin，2002；Vedenin，2003）。

俄罗斯文化和自然遗产研究所基于俄罗斯各地区的文化景观分区进行研究，推动建立历史文化区域网络，作为制定和实施遗产保护项目的主要对象。其中一种区域就是"民族生态区"，通常是指少数民族聚居区、土著居民区或大民族的特定群体（分支）聚居区（Vedenin & Shul'gin，1992；Shul'gin，2000）。

20 世纪 80 年代末，"民族生态区"被引入俄罗斯科学话语中（Ler & Lebedev，1989；Bogoslovskaia，1990）。这一术语的引入得益于俄罗斯生物学家和民族志学者开创的先进的跨学科研究。跨学科研究的目的是保护少数民族的传统文化及其独特的自然环境。1989 ~ 1990 年，学者提出倡议，在滨海边疆区（Primorskii Krai）和楚科奇自治区（Chukchi Autonomous Area）建立保护区，以便继续维持土著居民的自然管理实践、传统的自给自足经济和生活方式。人类学学者伊戈尔·克鲁普尼克（Igor Krupnik）以俄罗斯北极地区和亚北极地区（Russian Arctic and Subarctic）海洋哺乳动物土著猎人和驯鹿牧人为例，提出了一个与之关系密切的术语——"民族生态系统"（ethno-ecosystem）（Krupnik，1989；1993）。根据克鲁普尼克（1989：24）的定义，民族生态系统包括稳定的民族定居点，这些定居点通过共同使用土地、共同劳动和特定的聚居地联系在一起。

莫斯科大学的自然和经济地理学家团队提出了另一种有影响力的综合方法来鉴定文化和民族志景观（Kaganskii & Rodoman，1995；Kalutskov et al.，1998；Turovskii，1998）。自 1993 年起，莫斯科大学每年举办"文化景观"研讨会。最近，莫斯科大学地理学院的自然地理和景观学系开设了一门"文化景观"研讨会的附属课程，称为《民族文化景观研究基础》（Kalutskov，2000）。几年来，通过该项目，对俄罗斯北部阿尔汉格尔斯克州（Arkhangelsk Province）皮涅加区（Pinega）俄罗斯人的民族志景观进行了实地调查（Kul'turnyi landshaft，1998）。

在莫斯科大学的研究方法中，民族生态区域主要是指北方土著居民居住或使用的地区。民族生态区域亦包括其他相对孤立的少数民族聚居区。这些区域拥有自己的传统文化、特殊的定居体系和殖民方式，以及传统的经济财产和圣地。在民族生态区域，相对较小的区域往往包含一个民族群体或一个少数民族的整个历史，它本身就是其现代聚居区的经济和文化基础。在这些地区，对当地人来说，许多自然景观，像河流、湖泊、山丘，甚至是单独的树木，都具有历史或神话色彩，是有生命的物体。

对特定的历史空间进行保护和识别，保护它免遭外部的突然干扰，是保护当地文化、传统经济形式、精神和宗教特色的保障。这种特殊区域可以得到特殊的对待和立法保护，不仅保护它的历史和自然遗产，而且保护居住于此的族群。对于这些地区，民族志景观的相关概念是直接适用的。

俄罗斯民族志景观的立法保护

20世纪90年代，虽然在俄罗斯的遗产研究中提出了一些新概念和新方法，但俄罗斯历史文化区域保护特别是民族志景观保护现状依然堪忧。历史文化遗产（和民族志景观）保护的一个重要障碍是缺乏适当的立法基础。俄罗斯的立法实践跟不上社会和经济变化的步伐。在有效处理经济监管、土地所有权和税收等方面的问题时，相应的立法相当匮乏，旨在保护文化遗产的新立法往往降到次要的地位。有些法律需要很长时间才能通过国家杜马（联邦议会）的审议和立法批准，有时长达6~8年。例如，一项关于历史文化古迹和文化的法案在国家杜马被讨论了六年多。该法案的内容几经变更和讨论，但都没有进入审议的最后阶段，更不用说投票表决了。这项法案直到2001年才获通过。一项关于传统自然管理的法案也遭遇了同样的情况，被讨论了七年，直到2001年5月才获通过。

然而，早在19世纪，俄罗斯在立法上就进行了与土著居民民族志景观保护直接相关的第一次尝试。这与1822年《俄罗斯帝国法》（Russian Imperial Law）中的《外国人管理条例》（Regulations for the Administration of Aliens）有关，外国人指的是所有非俄罗斯和非斯拉夫人。时任西伯利亚总督、知名改革家米哈伊尔·M.斯佩兰斯基（Mikhail M. Speranskii）在该条例的制定过程中发挥了主导作用（Polnoe sobranie，1830）。该条例保护了土著居民（特别是西伯利亚和俄罗斯北部土著居民）的传统聚居区、经济活动形式和地方自治。因此，近200年前的这项法律解决了土著居民可持续居住和环境保护的问题。

《外国人管理条例》开创性地运用了新方法，在俄罗斯政府和土著居民之间建立了关系，这一点已得到承认（Murashko，2000）。遗憾的是，这个在当时几近理想的法律，和俄罗斯许多其他优秀的法律一样夭折了。这项法律除了被地方当局滥用外，还被后来许多立法提案削弱。一个世纪后，即20世纪20年代，苏联的法律制度暗示许多条款与1822年《外国人管理条例》中的条款惊人地相似。

然而，20 世纪 30 年代中期，苏联制定了西伯利亚和俄罗斯北极地区工业发展的新政策。新政策体现了集权主义行政方式的原则，将经济利益置于文化和人类价值之上。对北方土著居民来说，30 年代中期及以后的时期是强制性的文化和社会同化时期。从 40 年代起，俄罗斯北部（同其他许多地方一样）土著居民大批地从原居住地迁出。数百个小型土著居民点被废弃，土著居民被强制迁移到更大的聚居区。土著居民迁移的原因一般是矿物资源开发、使用强制劳动力（声名狼藉的古拉格体系）、军事建设，以及核武器和其他武器试验。这些政策导致许多地区的传统管理受到干扰，文化景观退化，甚至出现人口减少的情况。

在这段时间，土著民族区域保护通过自然遗址保护来完成，通常是以自然保护区的形式。因此，苏联显然没有充分保护土著民族的文化和传统，但在 1930～1960 年自然区域保护（自然保护区）的一系列工作稳步推进，其中包括在俄罗斯北部地区建立了几个自然保护区。在实践中，这一系列工作完全可以按照国家的自然保护区法律规定，对土著民族的文化景观进行保护。这种情况一直延续到今天。

与苏联其他法律相比，1995 年通过的新联邦法律《自然保护区地位法》（On the Status of Protected Natural Areas）（Federal'nyi zakon，1995），在详细程度上有了很大的提高。该法中的某些条款和规定用于保护土著居民的文化景观和传统的管理实践，侧重于根据定义保护自然。因此，俄罗斯国家公园和自然公园可以在一定程度上保护土著民族的文化景观。根据法规，这些公园承担的众多任务中，包括"保护自然环境和自然物，修复受干扰的自然、历史和文化综合体和物体"。

俄罗斯的国家公园保护比自然公园保护更严格。国家公园属于联邦管理体制，通过联邦预算获得资金。它包括因独特的自然物而具有国家重要性的地区，同时这些地区也具有很高的历史和美学价值。自然公园由各成员邦或地方政府管理，并由地方预算提供财政支持。这种行政结构在一定程度上允许在管理和经济活动中保持特定的地方特色。俄罗斯的自然公园与国家公园一样，旨在保护具有较高生态和美学价值的自然景观。这些区域也用于娱乐、社会文化和其他用途。因此，自然公园在更大程度上允许甚至鼓励娱乐、旅游、文化和教育活动。

然而，联邦法律对国家公园和自然公园的规定，一般不涉及对土著居民的传统管理。相应地，在法律上也没有任何明确的方式，用于保护土著民族和少数民族群体的居住地。这些问题在俄罗斯立法中长期没有得到解决。直到 1996 年 6 月通过新的法律《俄罗斯联邦北部社会经济发展的政府管理原则》（On the Fundamentals of Government Regulation of the Socioeconomic Development in the North of the Russian Federation），"（土著居民的）传统管理实践"才在俄罗斯立法中得以确立（Glubokovskii，2000）。

因此，俄罗斯的文化（和民族志）景观保护迫切需要新立法，将保护民族区域和文化多样性与支持、复兴民族文化和土著经济相结合。1990 年，俄罗斯文化基金会（Russian Cultural Fund，RCF）和俄罗斯文化和自然遗产研究所先后提出了关于俄罗斯历史文化区域的新法律提案（Proekt statusa，1990）。2002 年，联邦法律《俄罗斯联邦民族文化遗产（历史文化遗迹）法》（On the Objects of Cultural Heritage/ Monuments of History and Culture of the Peoples of the Russian Federation）最终获得通过。这是迄今解决这一问题最认真的努力。

然而，这次尝试和其他类似的努力都未实现。到目前为止，俄罗斯还没有制定历史文化遗迹保护的后续法规和政策。相反，1976 年苏联时期的一项法律或多或少仍然适用，而该项法律无法解决俄罗斯国内新的政治和社会问题。

鉴于联邦层面的法律缺乏，一些共和国和州颁布了一些重要的法规，有些法规涉及历史文化区域，其中包括俄罗斯北部土著、少数民族和（或）当地族群的居住地。例如，卡累利阿共和国（Republic of Karelia）于 1992 年颁布的《独特历史和自然景观区域法》（On Unique Historical and Natural Landscape Territories）（Zakon Republiki Kareliia, 1994）、下诺夫哥罗德州（Nizhegorod Province）立法议会通过的《旧教徒历史和文化指定区域条例》（1995）以及许多地区性法规。这些法规承担着保护特定历史区域的责任，提倡采取措施保护区域内重要的民族志景观。

另一个例子是俄罗斯中部弗拉基米尔州（Vladimir Province）政府（截至 1999 年 4 月）颁布的一个条例，该条例规定建立一种特殊的保护区——历史 - 景观综合体。第一个历史 - 景观综合体位于涅尔利（Nerl）著名的代祷教堂周围。包括教堂在内的景观形成于 12 世纪，名为博戈柳博沃草甸（Bogolyubovo Meadow）。在某种程度上，这些法律是未来联邦行动的原型，联邦的作为是民族志景观保护所必需的。

在这类地方立法中，影响最深远的是最近西西伯利亚汉特 - 曼西自治区（Khanty-Mansi Autonomous Area）颁布的《传统（土著）生计管理区域法》［On Traditional（Native）Subsistence Management Areas］（Bogoslovskaia, 2000）。该法试图将俄罗斯联邦目前的行政划分制度（有三个级别，即州、地区和区）与土著居民区的区域自治及土地和资源管理结合起来。

20 世纪 90 年代，通过法律和其他地方立法文件，越来越多的人意识到俄罗斯的民族志景观作为特殊的遗产类别需要加以保护。这有助于创造条件，最终推动联邦层面类似法律的制定。

现行的文化和自然景观保护体系：结构与资源

显然，民族志景观保护立法条例缺失，而且俄罗斯政府机构在其管辖范围内也基本上没有直接考虑这些问题。在俄罗斯现有的法律实践中，自然保护立法是民族志景观能获得的最佳保护形式。1995 年，俄罗斯联邦法律《特别自然保护区地位法》（On the Status of Specially Protected Natural Areas）确定了七种保护区类型：自然遗迹、联邦自然保护区、国家公园、自然公园、森林公园和植物园，以及医疗养生地和度假村。其中，最重要的是联邦自然保护区、国家公园和自然公园。这些指定的保护区具有不同的法律地位和功能。

联邦自然保护区属于国家保护区系统，是俄罗斯保护政策引以为傲之处。首批保护区建于 1916 年，是"未受干扰的自然区域"范例。到 2000 年初，形成了包括 99 个由政府管理的联邦自然保护区的网络，总面积超过 3300 万公顷（8150 万英亩）。

这些保护区受到严格保护，严格限制进入。俄罗斯的联邦自然保护区中，有 22 个国际生物保护区并获得了相应的认证。在俄罗斯北部，包括欧洲部分和西伯利亚地区，有 30 多个联邦自然保护区（Gosudarstvennyi doklad，2000）。自然保护区成功保护了大片未受干扰（更确切地说，是受到轻度干扰）的自然区域。但在实践中，它们的功能和实践活动与民族志景观保护几乎没有关系。

在俄罗斯，与民族志景观保护关联最大的保护区有两种：国家公园和自然公园。

国家公园

国家公园受联邦政府保护，包括自然综合体和具有特殊生态、历史或美学价值的客体，可用于环境保护、教育、科学或文化，以及受管制的旅游业等活动。与自然保护区不同，俄罗斯的国家公园系统相对较新。第一批国家公园建于 1983 年，到 2000 年有 35 个。其中许多是根据 20 世纪 90 年代即后苏联时代的社会政策建立的。建立国家公园的目的是占有与政府拥有的自然保护区不同的生态位，并将自然保护和文化遗产保护结合起来。

如今，俄罗斯国家公园的总面积接近 700 万公顷，约占俄罗斯联邦总面积的 0.4%，约有 4000 人受雇于公园系统。在俄罗斯联邦北部欧洲部分建立了四个国家公园（Gosudarstvennyi doklad，2000）。到 2000 年，几乎所有（只有一个国家公园归莫斯科市政府管理）国家公园都归俄罗斯联邦林业局（Federal Forestry Service of Russia）管理。2000 年，俄罗斯联邦林业局不再作为一个单独的政府机构存在，现在是俄罗斯联邦自然资源部（Ministry of Natural Resources of the Russian Federation）的一个分支机构。因此，几乎所有具有联邦层面重要性的自然保护区集中由自然资源部管理。

许多俄罗斯国家公园，特别是建立于 20 世纪 90 年代的国家公园，包含明确的民族志成分，因此被视为历史或当今的民族志景观。一个很好的例子就是位于阿加布里亚特自治区（Aginsk-Buryat Autonomous Area）的阿兰凯公园（Alankhay Park）（贝加尔湖附近）。

它建于 1999 年，是最新建立的国家公园之一。该公园最具价值的是
阿兰凯山脉（Alankhay Mountain）及其山脊。公园内有丰富多样的动
植物、温泉和与该区地质历史有关的各种矿物质。此外，数百年来，
该地区一直是土著居民布里亚特人（Buryat）朝拜的地方。坐落于此
的阿兰凯佛教建筑群是世界第六大佛教圣地。

在俄罗斯，国家公园还不能实施民族志景观保护政策。国家公园
隶属于俄罗斯联邦林业局时，与文化政策相关的基本问题实际上没有
得到解决。许多旨在保护公园管辖下的文化和民族遗产的提案从未获
得通过。

自然公园

自然公园与国家公园的地位几乎相同，但是在娱乐、经济活动、
教育和文化项目方面，前者具有更大的可能性。通常，自然公园由州
或地方共和国政府下属的地方自然资源管理部门或者委员会管理。到
2000 年，全国只有 30 个这样的公园（多半位于俄罗斯北部），总面
积超过 1200 万公顷（2970 万英亩）。自然公园的总数似乎少得不合
情理，尤其是创建自然公园并不需要联邦政府同意，地方政府批准即
可（Gosudarstvennyi doklad，2000）。

俄罗斯的自然公园网络仍处于初步形成阶段。这些公园包括一些
小型的城市保护区（如莫斯科市内的一些自然公园），以及面积超过
100 万公顷（247 万英亩）的大型保护区域（主要位于西伯利亚和北
部）。有些自然公园与民族志景观几乎没有关系，其他的则与当地居
民的特定文化和民族志景观保护直接相关。后者包括汉特－曼西自治
区的努姆托湖（Numto Lake）自然公园和康达湖（Konda Lake）自然
公园。这些公园位于汉特和涅涅茨土著居民的核心家园地区。另一个

例子是楚科奇自治区的白令海峡自然公园，为了突出其文化和自然保护功能，甚至在公园名字中加入了"自然－民族"的字样。

显然，地方管理的自然公园最终可能成为民族志景观保护的主要组织形式之一，尤其是在俄罗斯广袤的北部。然而，目前自然公园隶属于地方环境保护机构，这仍然是其实现这些职能的障碍之一（Fedorova，本卷）。缺乏资金和训练有素的人员是一个长期问题，在许多地区，环境保护占主导地位，在这种状况下，文化遗产保护问题不能直接得到解决。

博物馆保护区

有助于俄罗斯民族志景观保护的另一种形式是博物馆保护区。博物馆保护区被正式列为文化机构，由俄罗斯联邦文化部（Ministry of Culture of the Russian Federation）管理。博物馆保护区与普通博物馆的不同之处在于指定的保护区域与其历史和纪念性遗产或特定地理位置关系密切。博物馆保护区包括历史战场、与著名公众人物和文化名人有关的纪念性乡村庄园，以及最杰出的建筑群或历史城市和居民点。

到 2000 年，俄罗斯有 88 个博物馆保护区，由联邦文化部直接管理或由俄联邦各州和共和国的地方文化机构和部门管理（参见俄罗斯主要博物馆保护区列表，Vergunov et al.，2000：170－174）。许多博物馆保护区很小，通常局限于历史或建筑遗迹、乡村庄园或公园综合体所占的区域。然而，其中有一些占地面积较大的博物馆保护区，如白海索洛韦茨基群岛（Solovetskii Archipelago）的索洛韦茨基博物馆保护区（Solovetskii Museum-Conservation Area）占地 10.6 万公顷（26.182 万英亩）。历史保护区内大片区域的存在，既证明了博物馆保护区的环境保护意义，也显示了博物馆保护区在其边界内保护传统民族志景观的能力。

目前，在 88 个博物馆保护区中，有 30 个在某种程度上侧重于文化或历史景观保护。对一些保护区来说，文化景观保护是其基本功能和主要目的。例如，著名的博罗季诺战役（Battle of Borodino）战场遗址[3]，该战役发生在 1812 年拿破仑入侵期间，战场在莫斯科郊外；米哈伊洛夫斯基博物馆保护区（Mikhailovskoe Museum-Conservation Area），包括俄罗斯著名诗人亚历山大·普希金（Alexander Pushkin）的家族庄园及其周边区域；雅斯纳亚·波良纳博物馆保护区（Yasnaya Polyana Museum-Conservation Area），曾是列夫·托尔斯泰（Leo Tolstoy）的家族庄园。最近一项提案主张建立库利科沃·波列博物馆保护区（Kulikovo Pole Museum-Conservation Area），这里是 1380 年一场战役的遗址，该提案的主要目的是保护历史景观（Muzei-zapovednik "Kulikovo pole"，1999）。

大多数博物馆保护区位于俄罗斯欧洲部分的中心地区，主要是保护某些历史事件和（或）知名人士的遗迹。只有包括索洛韦茨基和基日博物馆保护区（Solovetskii and Kizhi Museum-Conservation Areas）等在内的一些保护区关注民族志景观保护。索洛韦茨基和基日博物馆保护区位于俄罗斯欧洲部分北部，分布在阿尔汉格尔斯克州和卡累利阿共和国，是俄罗斯北部民族志景观保护政策的范例。然而，这两个地区没有土著和少数民族居民，也没有任何与土著文化遗产有关的客体。

简单回顾保护区的主要类型可以发现，在现行保护立法或现有组织机构下，无法解决俄罗斯民族志景观保护问题。在联邦和地方，环境保护机构和文化机构之间缺乏协调，使情况进一步恶化。通过新联邦立法可以实现根本性的突破，这类立法将侧重于文化和民族志景观保护和管理的具体问题。在制定和通过这类立法之前，对单独的民族志景观进行有效保护，最佳的场所将是自然公园。然而，这些景观必须在环境保护机构和文化遗产机构共同的政策支持和密切合作下管理（或共同管理），而不仅仅是处于自然保护管理（这是目前最常见的保护实践）之下。

俄罗斯北部的民族志景观保护项目

在保护项目的审查重点中，俄罗斯北部文化（民族志）景观保护的区域项目特别令人感兴趣。20 世纪 80 年代末 90 年代初，北部民族志景观保护区创建工作有了首次开创性的尝试。1989 年，俄罗斯远东滨海边疆区提出一项提案，主张在新的普通生态管理（保护）方案下建立自然保护区制度。该提案被认为是许多后续努力的关键步骤。

该提案由位于符拉迪沃斯托克的苏联科学院远东分院生物与土壤研究所（Biology and Soil Institute of the Far East Branch of the then-USSR Academy of Sciences）的一个自然科学家小组提出（Ler and Lebedev，1989）。在土著民族学家耶夫多基娅·A. 盖尔（Yevdokiia A. Gaer）的协助下，生态学家团队的领导者、环境专家 L. 伊瓦什琴科（L. Ivashchenko）提出了该提案。[4] 除了纯粹的环境保护建议外，该提案还敦促保护研究区域内的自然遗迹和宝贵的自然景观，关注土著居民的生活状态。

在俄罗斯的实践中，第一次确定了建立民族区域保护制度并为土著居民传统生计活动区域制定特别管理政策的目标（Ler and Lebedev，1989：33－35）。该提案还主张大力支持滨海边疆区的土著居民，保护他们传统居住区的环境，（除其他社会和经济措施外）恢复他们传统生计区的狩猎和渔业资源。为了实现这一目标，在该区域确定了四个主要的土著生计用途区，包括北部山地针叶林景观和一些沿海地区。整个保护区占地约 5 万平方公里（2 万平方英里），占滨海边疆区总面积的近 30%。

遗憾的是，这些建议没有得到执行，没有为土著居民建立优先生存区域，也没有根据原先的提议确定土著民族区域和划定保护区域的范围。20 世纪 90 年代，地方政府的环境保护计划对 1989 年提案中的一些想法进行了单独审议。

大约在同一年（1989 年或 1990 年），莫斯科谢维尔采夫生态研究所（Moscow-based Severtsev Institute of Ecology）的生物学家柳德米拉·S. 波格斯拉夫斯卡娅（Lyudmila S. Bogoslovskaia）提出了类似的提案。该提案主张在白令海峡地区为楚科奇土著居民建立一个特别指定的民族生态区域。这个位于楚科奇半岛（Chukchi Peninsula）的广袤的自然保护公园将被命名为白令公园（Beringia Park）。根据初步规划，该区域将被规划为国际生物圈保护区或国家公园，横跨白令海峡，一条边界在俄罗斯楚科奇自治区，另一条在美国阿拉斯加州（Bogoslovskaia，1990；International Park，1989）。

在白令海峡两岸建立公园的主要目的是保护一个毗邻的民族区域（包括陆地和近岸海域）和传统的资源管理系统，该系统以海洋哺乳动物狩猎和捕鱼为基础。这个提案强烈主张恢复传统的定居制度，重建楚科奇人和尤皮克人（Yupik，亚细亚因纽特人）几个废弃的营地和村庄。提案还主张恢复两国土著居民间的家庭和部族联系。他们的接触已经存在了几个世纪，直到 20 世纪 40 年代，由于苏联政府的"冷战"孤立主义政策而中断（1948～1988 年，他们一直未有联系）。

20 世纪 90 年代初，波格斯拉夫斯卡娅的提案是北方土著居民民族志景观保护最合理的提议之一。遗憾的是，由于缺乏适当的法律，该提案在这些年没有得到实施。

直到 1995 年新的联邦法律《自然保护区地位法》通过后，才在楚科奇自治区建立了白令自然 – 民族公园 （Beringia Nature-Ethnic Park）。然而，这个新公园是由地方政府而非联邦政府管辖，与此不同，美国白令海峡附近的区域则成为国家保护区，名为白令陆桥国家保护区 （Bering Land Bridge National Preserve）。自俄罗斯的白令自然 – 民族公园由楚科奇自治区的地方环保机构管理以来，1989 年最初提案中的建议在这里都没有得到实施。然而，公园发展过程中积累的一些经验，在后来俄罗斯其他地区的类似提案和新立法的拟定过程中得到利用。

20 世纪 90 年代中期，汉特 – 曼西自治区 （Khanty-Mansi Autonomous Area） 提出了几项保护土著民族区域的新提案。新提案的提出是该地区密集的石油和天然气勘探活动的副产品，油气勘探给当地自然环境和汉特 （Khanty） 及曼西土著居民的传统居住方式带来了真正的威胁。[5] 油气资源丰富的汉特 – 曼西自治区拥有俄罗斯大部分的能源，是全俄地方预算最多的五个地区之一。由于这种新的地方资金来源，自治区政府有能力采取大量的环境和文化保护措施。

20 世纪 90 年代，汉特 – 曼西自治区地方政府支持 （虽然是不情愿的） 的环境保护政策呈现出两个新趋势：一是逐步扩大自然保护区网络；二是创建属于土著居民的部族和聚居区土地所有制度 （Merkushina & Novikov，1998）。[6] 据估计，这些土著部落和聚居区总面积约占汉特 – 曼西自治区总面积的 30%。这些土地通常是优先用于生计和传统资源管理的区域。

这些土著居民用地的法律地位是不明确的。在撰写本文时，地方立法机构——地区杜马（Regional Duma）还没有通过任何关于土著土地所有权的法律。目前正在审议的与此相关的两个法律草案都已在立法上讨论了很长时间。在第一个草案中，土著土地只在土地法的范围内考虑。第二个草案由柳德米拉·波格斯拉夫斯卡娅领导的一个小组提出，目前该小组隶属于俄罗斯文化和自然遗产研究所（Russian Institute of Cultural and Natural Heritage）。该草案认为，部落和聚居区用地连同传统的自然资源是整体生态系统的一部分。这些土地也是土著居民社会、文化和经济的基础，土著居民承载着传统的生计经济和生活方式（Obsuzhdenie kontseptsii, 1999）。在这种观点下，汉特－曼西自治区的部落和聚居区是合法建立并经立法批准的土著民族志景观。

此外，1998 年，在汉特－曼西自治区建立了三个自然公园。其中，努姆托湖自然公园和康达湖自然公园位于汉特人和涅涅茨人的传统生计区。这两个自然公园与当地土著群体（聚居区）的民族志区域密切相关。然而，这两个公园的实际保护制度几乎完全建立在自然环境保护基础上，与土著居民的文化和社会政策没有多大关系。

最近的一项倡议主张在汉特－曼西自治区创建新型自然和文化保护区。讨论的区域位于大萨雷姆河（Bolshoy Salym River）流域。这项新倡议试图将环境保护政策与土著居民传统管理和文化遗产保护结合起来。新保护区的名字叫潘西（Punsi），取自附近一个湖泊和土著居民区的名字，在当地汉特人方言中，意为"鸭绒"。指定保护区域的面积约为 6500 平方公里（2600 平方英里）。

20 世纪 80 年代末，湿地生物学家提出在大萨雷姆河流域建立自然保护区。保护区域是萨雷姆河和尤甘河（Yugan River）河谷之间相对未受干扰的自然景观，为典型的北方针叶林地带。在过去的几十年里，由于石油、天然气工业毫无节制的发展，西西伯利亚大部分地区遭到不可挽回的破坏。20世纪80年代的这一提案，主张建立一个受保护的自然区域（作为自然保护区）来保护具有独特价值的、未受干扰的北方湿地生态系统。在最初的蓝图中，保护区的边界按照特定的河流流域划定。根据这种划分，保护区不仅包括大片湿地，还包括与之相连的河流和溪流，这也成为对独特的北方森林沼泽生态交错带进行综合保护的关键条件。

然而，最初该提案并不认为这一区域具有独特的民族志价值。湿地生物学家不太了解的是，在这一地区，汉特人的传统生计保持得非常好。有10个传统家庭营地和定居点仍在积极使用。当地汉特人家庭保存了几乎所有与其传统生活方式、生存技术和手艺相关的知识和技能（Salymskii krai，2000）。这个地区也是位于西西伯利亚最南端的驯鹿栖息地。萨雷姆河和尤甘河流域为恢复传统的土著经济活动和针叶林驯鹿放牧提供了肥沃的土壤。[7]

该地区还资救了许多毛皮动物和狩猎动物，包括驼鹿、河獭和黑貂，它们对传统的生活、生存方式至关重要。在这里，传统的汉特景观利用系统，通过各种各样的居住模式、生活和公共设施建筑得以完整地保存下来。这些建筑包括家庭住房、储藏室、狩猎小屋、捕鱼的小木屋和池塘、家养驯鹿的围栏、捕松鸡的陷阱和鱼塘等。每块家庭用地内都布满了小路，这些小路穿过坚实的山脊和沼泽，许多小路由木板支撑。[8]

讨论的保护区域也具有重大的考古价值。在那里已经确定了200多处历史遗迹，包括古老的定居点、废弃的古代遗址、土著的牧地和各个时代的圣地。北方森林区任何特定区域都拥有高度集中的历史遗迹和古迹。因此，萨雷姆河流域理所当然地成为汉特人历史的核心地区之一。该地区许多有文献记载的考古遗迹与现代汉特人的祖先（从青铜器时代到早期铁器时代）有关。这些古老的定居地和圣地往往是汉特人神话和传说的起源，其中许多与真实的历史事件有关。

因此，该地区拥有高度集中的独特的历史和文化遗迹、一群世代居于此处的独特的土著居民和一个由部落、家庭和定居点构成的高度发达的自然管理体系。这里的民族志景观在天然性和保存状态方面非常完好。得天独厚的自然环境和前所未有的丰富的社会文化资源，是该地区被列为自然和文化保护区的主要原因。根据俄罗斯的现行法律，考虑到当地的经济现实，对指定区域进行保护的最佳方式应该是由地方政府建立自然公园并对其进行资助和管理。

因此，与早期的提案不同，潘西自然公园（Punsi Nature Park）提案的主要目标是建立特定的自然-民族志综合体（民族志景观）（Bolota i liudi，2000；Shul'gin，2003：38）。通过保护该地区独特的自然资源和当地土著居民丰富的文化遗产来实现这一目标。公园内还鼓励其他活动，如科学研究、博物馆工作和受管制的旅游。

新自然公园有助于提高区域的总体教育潜力。在公园内可以开展一些特殊的教育课程和项目，作为中学和大学传统课程的补充。首先当然是生态教育、北方森林生态系统研究，以及当地汉特人传说研究。还可以在公园内为学生组织暑期教育营，开设的基本课程包括生态学、民族志学和野外考古学。通过与当地学校和访问学者合作，为自然公园培训护林员和工作人员。

有组织的旅游业也能成为未来公园活动的重要补充。新提案建议为少数研究人员和对独特的自然环境或汉特人的文化和语言感兴趣的人制定专门的旅游项目，而不是吸引大量游客来访。自然公园及其专业的工作人员能够满足这些特殊要求。考虑到潜在的访问者人数不多，可以使用当地汉特人的建筑或传统住宅的现代模型，为参与者提供服务。这种专业化的旅游方式可以成为自然公园重要的收入来源。

当然，利用丰富的潜在的教育和旅游资源将是未来公园活动的主要目标，这就需要保持萨雷姆河汉特人的民族特色。这需要支持甚至重新采用当地的自然资源管理形式，如北方森林驯鹿放牧、捕鱼、驼鹿和鸟类狩猎，以及当地植物、蘑菇和浆果的采集。传统的自然管理实践和工艺技术将成为该地区独特文化遗产的组成部分。在这种开创性的设计下，一个相关的好处就是新自然公园可以为当地居民提供一些就业机会、一种开发可行的经济方式，用以保存和销售蘑菇、浆果和鱼等当地产品。

在湿地与考古（Wetlands and Archaeology）国际研讨会上，未来公园的地位、结构及其他设想，首次以更普通的方式得到阐述（1988）。近十年后，俄罗斯文化和自然遗产研究所的专家团队与涅夫捷尤甘斯克（Nefteyugansk）、莫斯科、叶卡捷琳堡和圣彼得堡的研究人员，合作制定了更为详细的潘西自然－民族志地区（Punsi Natural and Ethnographic Area）提案（Bolota i liudi, 2000）。目前，汉特－曼西自治区地方政府正在为建立潘西自然公园准备一揽子立法文件。据推测，开发公园复杂的功能将是一个漫长的过程。最终，该公园不仅将成为当地关键的环保机构，而且是涅夫捷尤甘斯克地区高度工业化的、具有强烈人道主义倾向和重要社会功能的特殊组织。即将在西西伯利亚创建的潘西自然公园，作为自然和文化保护区，是俄罗斯各地对自然和民族志景观联合保护的少数尝试之一。这个项目可为其他地区类似的提案提供强大的推动力，也是俄罗斯土著居民文化保护的重要一步。与 20 世纪 80 年代甚至 90 年代初的努力不同，这个项目不再是少数环保主义者孤立的事业。汉特－曼西自治区和亚马尔－涅涅茨自治区（Yamal-Nenets Autonomous Area）正在积极努力筹建努姆托湖自然公园和康达湖自然公园。汉特－曼西自治区和亚马尔－涅涅茨地区最近都开展了新项目来记录和保护当地土著居民的圣地（Balalaeva，1999）。在彼得·V. 博拉尔斯基（Peter V. Bolarskii）的领导下，在俄罗斯北极海岸附近的瓦伊加奇岛（Vaygach Island）正在进行一项雄心勃勃的历史名胜和圣地的文献记录项目（Boiarskii，1998；2000）。

克诺泽斯克国家公园（Kenozersk National Park）的工作人员正在开展组织有序的工作，以恢复传统的北方景观。这个公园位于俄罗斯欧洲部分的阿尔汉格尔斯克州，离俄罗斯古城卡尔戈波尔（Kargopol）不远。恢复当地景观的相关项目，侧重于保护俄罗斯居民的传统土地使用和管理实践。经济主要是农业，传统上是种植业、牧业和渔业。克诺泽斯克国家公园的工作包括修复旧公路、住宅、农业和宗教建筑（木结构小教堂和十字架）。事实上，该公园的主要目标是恢复俄罗斯北部的民族志景观。这对当地的遗产规划来说是一个重大挑战，因为最近该地区人口急剧减少，农村定居点数量也相应减少。

近年来，历史最悠久的全俄自然保护协会（All-Russian Society for Protection of Nature）关注的焦点也在改变。该协会是非政府公众组织，由环保主义者和自然科学家组成，在俄罗斯颇具影响力。除了主张保护珍贵的自然区域和古迹外，该协会最近还倡议建立一个传统的自然管理区域网络。拟议的名单大约包括34个地区，它们都代表具体的民族生态区，即土著居民和俄罗斯长期定居者密集的自然聚居地。全俄自然保护协会提名的特殊保护区域位于西伯利亚、北部以及北高加索地区（Maksakovskii & Nikolaev，1997）。

结　论

作为俄罗斯丰富的文化遗产保护的关键部分，对民族志景观的界定和保护已在俄罗斯科学界讨论了十多年。然而，在独特的文化和自然遗产保护的可行性机制方面，俄罗斯的立法实践严重滞后于实际需求。直到最近，适当立法的严重缺失阻碍了良好的想法和最先进的地方项目的实施。近年来，俄罗斯自然保护区的一些新法律使有关民族志景观保护的部分建议得到实施。

在俄罗斯北部，在最近（1990 年后，甚至在 1995 年后）新自然公园和国家公园的创建过程中，正在积极地推行这种政策。许多有献身精神的俄罗斯遗产和环境学者，正在进行相应的充满热情的研究。所有这些努力促成了联邦和地方若干新立法提案的提出，这些提案最终将有助于保护俄罗斯联邦的民族志景观和自然环境。

致　谢

自 20 世纪 80 年代末以来，我参与了许多俄罗斯文化、历史和自然遗产的保护工作。长期的经验证明，如果没有许多社会和环境科学专家的密切合作，就不可能取得任何成功。本文正是这种持续合作的明确体现。特别感谢尤里·A. 维德宁（Iurii A. Vedenin）教授，作为长期探讨文化景观概念的合作伙伴，他做出了最有帮助的贡献。还要特别感谢柳德米拉·S. 波格斯拉夫斯卡娅在传统管理实践和当地立法问题方面提供的帮助。感谢 N. B. 马克萨科夫斯基（N. B. Maksakovskii）在自然遗产保护方面提出的很多参考意见。还要特别感谢伊戈尔·克鲁普尼克，他提出了本文的想法，并给出了许多有价值的意见。特别感谢 G. P. 维茨加洛夫（G. P. Vizgalov），他是创建潘西自然公园最积极的倡导者，并邀请我参与这个激动人心的项目。乔治尼·辛克（Georgene Sink）翻译了本文，伊戈尔·克鲁普尼克对译文与俄文原本进行了校对。

注释

1. 截至 1999 年，《俄罗斯联邦文化古迹保护名录》（*Register of Protected Cultural Monuments of the Russian Federation*）记载的文化古迹总数超过 86000 处。其中，历史古迹 24192 处，考古遗迹 14974 处，建筑和城市古迹 225000 处，纪念性艺术品 2357 件（Vergunov et al., 2000：163）。
2. 20 世纪 80 年代，遗产研究和保护的一个非常重要的新趋势是鉴别和复兴历史技术和传统的自然管理形式（Danilova and Sokolov, 1998）。一般来说，自然管理研究已开始应用于俄罗斯北部土著民族或其他少数民族的文化发展研究（Raiony prozhivaniia, 1991；Klokov, 1997；Zaitseva, 1997）。当然，根据目前的定义，这一文化遗产不能与历史和文化遗迹直接联系在一起。在许多情况下，它甚至没有物质形式，可以保存在博物馆里或直接由本地收藏。然而，这些民族遗产要素的社会文化作用无可争议。在俄罗斯的一些地区，特别是北部和东部，这些因素起着主导作用。
3. 这场血腥的战争在诸多艺术作品中被记录下来，包括列夫·托尔斯泰的《战争与和平》、彼得·I. 柴可夫斯基（Peter I. Tchaikovkii）的《一八一二序曲》，如今在万维网等许多网站上依然被讨论。
4. 同年，即 1989 年，盖尔在庞大的远东立法机构中当选为苏联最高苏维埃（联邦立法机构）代表。盖尔是土著民族政治活动家，也是阿穆尔河（Amur River）附近土著居民权利运动的杰出代表。
5. 新提案的拟订可能与 1992 年后设立的几个地方行政机构有着更密切的关系。地方预算和政策以税收为基础，使这些机构具有更高的独立性，使它们能够解决许多地区性问题。
6. 根据俄罗斯现行法律，土著居民"租赁"或"使用"这些土地。
7. 驯鹿放牧曾是北方森林地区的普遍做法，如今在西伯利亚其他大多数地区，驯鹿放牧实际上已成为失传的艺术。

8. 总体而言，萨雷姆河流域家庭土地使用系统与安德鲁·威格（Andrew Wiget）记录的附近尤甘河汉特人家庭的系统非常相似。

参考文献

Balalaeva, Olga E.

1999   Sviashchennye mesta khantov Srednei i Nizhnei Obi（Sacred sites of the Khanty of the Middle and Lower Ob River）. In *Ocherki istorii traditsionnogo zemlepol'zovaniia khantov* (*materialy k atlasu*)，A. Wiget, ed. , pp. 139 – 156. Ekaterinburg：Tezis Press.

Bogoslovskaia, Lyudmila S.

1990   Mezhdunarodnyi park v Beringii. Kommentarii spetsialista（Internatioanl park in the Beringia area：A specialist's commentary）. *Poliarnik* August：3.

Bogoslovskaia, Lyudmila S. , ed.

2000   *Problemy traditsionnogo prirodopol'zovaniia. Sever，Sibir'i Dal'nii Vostok Rossiiskoi 1 Federatsii*（Problems of traditional nature management：The North，Siberia，and Far East of the Russian Federation）. Moscow：Izdanie Gosudarstvennoi Dumy.

Boiarskii, Petr V. , ed.

2000   *Ostro Vaygach. Kul'turnoe i prirodnoe nasledie. Pamiatniki istorii i osvoeniia Arktiki 1* （Vaygach Island：Cultural and natural heritage—monuments of history and of the Arctic explorations）. Moscow：Institut Naslediia.

Bolota i liudi

2000   *Bolota i liudi：materialy mezhdunarodnogo seminara "Bolota i arkheologiia"*（Wetlands and people：Proceedings from the international seminar "Wetlands and Archaeology"）. Moscow：institut Naslediia.

Bromlei, Iulian V.

1981   *Sovremennye problemy ethnografii：ocherki teorii i istorii*（Current Issues in ethnography：Essays in theory and history）. Moscow：Nauka Publishers.

Danilova L. V. , and A. K. Sokolov, ed.

1998   *Traditsionnyi opyt prirodopol'zovaniia v Rosiii*（Traditioanl experience in nature management in Russia）. Moscow：Nauka Publishers.

Federal'nyi zakon

1995   *Federal'nyi zakon ot 14 – go marta 1995 no. 33 – F3 " Ob osobo okhraniaemykh prirodnykh territoriiakh"*（Federal law of March 14，1995，No. 33 – F3，"On the Status of Protected Natural Areas"）. *Sobranie zakonodatel'stva Rossiiskoi Federatssii* 12.

Glubokovskii, Mikhail K.

2000　Problemy traditisionnogo prirodopol'zovaniia v Rossii [Issues in traditional nature management in Russia]. In *Problemy traditsionnogo prirodopol'zovaniia. Sever, Sibir'i Dal'nii Vostok Rossiiskoi Federatsii*, L. S. Bogoslovskaia, ed., pp. 4 – 6. Moscow: Izdanie Gosudarstvennoi Dumy.

Gosudarstvennyi doklad

2000　*Gosudarstvennyi doklad "O sostoianil okruzhayushchei prirodnoi sredy Rossiiskoi Federatsii v 1999 godu"* (Government report " On the condition of the natural environment in the Russia Federatio in 1999 "). Moscow: State Center for Ecological Programs.

International Park Program

1989　*International Park Program "Beringian Heritage". Reconnaissance Study.* U. S. National Park Service. Denver: Denver Service Center.

Isachenko, Alexandr G.

1965　*Osnovy landshaftovedeniia i fiziko – geograficheskoe raionirovanie* (Basic study of landscapes and physico – geographical zoning). Moscow: Nauka.

Istoricheskii gorod

1997　*Istoricheskii gorod Yalutorovsk: materially k programme sokhraneniia i ispol'zovaniia istorikokul'turnogo naslediia goroda i ego okruzheniia* (The historical city of Yalutorovsk: Materials and program for preserving and utilizing the historical and cultural and natural heritage of the city and its surroundings). Pavel M. Shul'gin, ed. Moscow: Institut Naslediia.

Kaganskii, Vladimir L. , and Boris B. Rodoman

1995　*Landshaft i kul'tura (Landscape and culture). Nauki o kul'ture: itogi i perspectivy. Informatsionno – analiticheskii sbornik 3.* Moscow: Russian State Library.

Kalutskov, Vladimir N.

2000　*Osnovy kul'turnogo landshaftovedeniia* (Fundamentals of cultural landscape studies). Moscow: Moscow State University.

Kalutskov, Vladimir N. , Tatiana M. Krasovskaia, V. V. Valebnyi, A. A. Ivanova, Vladimir L. Kaganskii, and Iuri. G. Simonov

1998　*Kul'turnyi landshaft: voprosy teorii i metodologii* (The cultural landscape: theoretical and methodological issues). Moscow and Smolensk: Smolensk State University.

Klokov, Konstantin B.

1997　Traditsionnoe prirodopol'zovanie narodov Severa: kontseptsiia sokhraneniia i razvitiia (Traditional nature management system of northern peoples: concept for preservation and development). *Etnogeograficheskie i etnoekologicheskie issledovaniia* 5. St. Petersburg: St. Petersburg State University, Institute of Geography.

Krupnik, Igor I.

1989　*Arkticheskaia etnoekologiia. Modeli traditsionnogo prirodopol'zovaniia morskikh okhotnikov i olenevodov Severnoi Evrazii* (Arctic ethno-ecology: models of traditional nature management by maritime hunters and reindeer-herders in Northern Eurasia). Moscow: Nauka. Revised English translation (1993): *Arctic Adaptations. Whalers and Reindeer Herders of Northern Eurasia.* Hanover and Lodon: University Press of New England.

Kul'turnyi landshaft

1998　*Kul'turnyi landshaft Russkogo Severa* (Cultural landscape of the Russian North). Moscow: FBMK Publishers.

Likhachev, Dmitrii S.

1980　Ekologiia kul'tury (Ecology of culture). *Pamiatniki otechestva* 2: 10 – 16. Moscow.

2000　Izbrannoe o kul'turnom i prirodnom nasledii (Selected essays on cultural and natural heritage). In *Ekologiia kul'tury: Al'manakh Instituta Naslediia " Territoriia "*, Iu. L. Mazurov, comp. , pp. 11 – 24. Moscow: Institut Naslediia.

Ler, P. A. , and B. I. Lebedev, ed.

1989　*Sistema okhraniaemykh prirodnykh territorii v ekologicheskoi programme Primorskogo kraia* (System of the nature conservation areas under the ecological program of the maritime region). Vladivostok: Far Eastern Branch of the Academy of Sciences.

Litovka, Oleg P. , ed.

1989　*Ekologiia-narodonaseleniie-rasseleniie: teoriia i praktika* (Ecology, population, settlement: theory and practice). Leningrad: Geographical Society.

Maksakovskii, Nikolai V.

2000　Ob'ekty vsemirnogo naslediia v Rossii (Monuments of world heritage in Russia). In *Ekologiia kul'tury. Al'manakh Instituta Naslediia " Territoriia "*, Iu. L. Mazurov, comp., pp. 44 – 56. Moscow: Institut Naslediia.

Maksakovskii, Nikolai V. , and S. V. Nikolaev, ed.

1997　*Osobo tsennye territorii prirodnogo i prirodno – istoriko – kul'turnogo naslediia narodov Rossiiskoi Federatsii* (Particularly valuable areas of natural and natural – historical – cultural heritage of the peoples of the Russian Federation). Moscow: Independent International University of Ecology and Political Science Publishers.

Merkushina, T. , and V. Novikov

1998　Zapovednykh territorii dolzhno byt'bol'she (There should be more conservation areas). *Yugra: dela i liudi* 2: 27 – 31.

Mil'kov, Fedor N.

1973　*Chelovek i landshafty* (Man and landscapes). Moscow: Mysl' Publishers.

1978　*Rukotvornye landshafty* (Artificial landscapes). Moscow: Mysl' Publishers. Muzei –

zapovedniki.

Muzei – zapovednik "Kulikovo Pole."

1999　*Muzei – zapovednik "Kulikovo Pole"*: *kontseptsiia razvitiia* ("Kulikovo Battlefield" museum – conservation area. Development concept). Moscow: Institut Naslediia.

Murashko, Olga A.

2000　Korennye narody Severa Rossii i problemy sokhraneniia i razvitiia traditsionnogo prirodopol'zovaniia (Indigenous people of the Russian North and issues of preserving and developing traditional nature management systems). In *Problemy traditsionnogo prirodopol' zovaniia. Sever, Sibir'i Dal'nii Vostok Rossiiskoi Federatsii*, L. S. Bogoslovskaia, ed. , pp. 21 – 31. Moscow: Izdanie Gosudarstvennoi Dumy.

Obsuzhdeniie

1999　Obsuzhdeniie kontseptsii i proektov zakonov (Discussion of law blueprints and concepts). *Zhivaia Arktika* 1: 16 – 27. Moscow.

Polnoe sobraniie

1830　*Polnoe sobranie zakonov Rossiiskoi imperii* (Complete collection of laws of the Russian Empire). Vol. XXXVIII. St. Petersburg.

Proekt statusa

1990　Proekt statusa unikal'noi istoricheskoi territorii (Project status of an unique historical territory). In *Sbornik materialov I Vsesoiuznoi koferntsii po sokhraneniiu i razvitiiu unikal' nykh istoricheskikh territorii*, V. I. Azar, Yu. A. Vedenin, S. Yu. Zhitenev, N. M. Zabelina, N. A. Nikitin, P. M. Shul'gin, and K. M. Yanovskii, comp. , n. p. Moscow: SFK Press.

Proekt zakona

2000　Proekt Federal'nogo zakona "O territoriiakh traditsionnogo prirodopol'zovaniia korennykh malochislennykh narodov i inykh malochislennykh etnicheskikh obshchnostel Severa, Sibiri i Dal'nego Vostoka Rossiiskoi Federatsii" (Draft of the federal law on the lands of traditional subsistence usage by the small – numbered native peoples and other minority ethnic groups of the North, Siberia, and the Far East of the Russian Federation). In *Problemy traditsionnogo prirodopol'zovaniia. Sever, Sibir'i Dal'nii Vostok Rossiiskoi Federatsii*, L. S. Bogoslovskaia, ed. , pp. 56 – 66. Mocow: Izdanie Gosudarstvennoi Dumy.

Raiony prozhivaniia

1991　Raiony prozhivaniia malochishennykh narodov Severa (Habitation areas of minority Northern Peoples). A. I. Chistobaev, comp. *Geografiia i khoziaistvo* 4. Leningrad: Geographical Society.

Salter, Christopher L. , comp.

1971　*The Cultural Landscape.* Belmont, CA: Duxbury Press.

Saymskii krai

2000   *Salymskii krai* (Salym Region). Ekaterinburg.

Sauer, Carl O.

1963 (1925)   The Morphology of Landscape. In *Land and Life : A Selection from the Writings of Carl Ortwin Saucer*, John Leighly, ed. , pp. 315 – 50. Berkley, CA : University of California Press.

1927   Recent Development in Cultural Geography. In : *Recent Development in Social Sciences*. E. C. Hayes, ed. New York.

Shul'gin, Pavel M.

2000   Kul'turnyi factor v regional'noi politike [The Cultural Factor in Regional Politics]. In *Ekologiia kul'tury. Al'manakh Instituta Naslediia " Territoriia "*, Iu. L. Mazurov, comp. , pp. 35 – 43. Moscow : Institut Naslediia.

2002   Rabota Instituta Naslediia nad kompleksnymi regional'nymi programmami (Heritage institute works on complex regional programs). In *Nasledie i sovremennost' 10 (10 let Institutu Naslediia)*, pp. 19 – 43. Moscow : Institut Naslediia.

Shul'gin, Pavel M. and Olga E. Shtele

1998   Institut Kul'turnogo i prirodnogo naslediia [Institute of cultural and natural heritage (of Russia)]. *Rossia v sovremennom mire* 1 : 154 – 61.

Svod pamiatnikov

1997   *Svod pamiatnikov arkhitektury i monumental'nogo iskusstva Rossii : Bryanskaya oblast'* (Register of architectural monuments and objects of monumental art of Russia : Bryansk Province). Moscow : Nauka Publishers.

1998 – 2001   *Svod pamiatnikov arkhitektury i monumental'nogo iskusstva Rossii : Ivanovskaya oblast'* (Register of architectural monuments and objects of monumental art of Russia : Ivanovo Province). Moscow : Nauka Publisher.

Turovskii, R. F.

1998   *Kul'turnye landshafty Rossii* (Cultural landscapes of Russia). Moscow : Institut Naslediia.

Vedenin, Iurii A.

1997   *Ocherki po geografii iskusstv* (Studies in the Geography of Art). St. Petersburg : Dmitrii Bulanin Publishers.

2000   Formirovanie novogo kul'turno-ekologicheskogo podkhoda k sokhraneniiu naslediia (Developing a new cultural-ecological approach to heritage preservation : on the history of the creation of the Russian Institute of Cultural and Natural Heritage). In *Ekologiia kul'tury. Al'manakh Instituta Naslediia " Territoriia "*, Iu. L. Mazurov, comp. , pp. 25 – 30. Moscow : Sinstitut Naslediia.

Vedenin, Iurii A. , and M. E. Kuleshova

2001　Kul'turnyi landshaft kak ob'ekt kul'turnogo i prirodnogo naslediia (The cultural landscape as an object of cultural and natural heritage). *Izvestiia Akademii Nauk*, (Geography series) 1: 7 – 14.

Vedenin, Iurii A. , Olga E. Shtele, and Pavel M. Shul'gin

2003　Problemy sokhranenii istoriko-kulturnykh territorii v Rossii (Issues in the preservation of the historical-cultural areas in Russia). *Orientiry kul'turnoi politiki* 7. Moscow: Ministry of Culture.

Vedenin, Iurii A. and Pavel M. Shul'gin

1992　Novye podkhody k sokhraneniiu i ispol'zovaniiu kul'turnogo I prirodnogo naslediia Rossii (New approaches to the preservation and utilization of the natural heritage in Russia). *Izestiia Akademii Nauk* (Geography series) 3: 90 – 9.

Vedenin Iurii, A. and Pavel M. Shul'gin, eds.

2002　*Nasledie i sovremennost'. 10 let Institutu Naslediia* [Heritage and modernity. To the 10th anniversary of the (Russian) Heritage Institute]. Moscow: Institut Naslediia.

Vergunov, A. P. , S. V. Kulinskaia, and Iurii L. Mazurov

2000　Ekologicheskii monitoring kul'turnogo naslediia [Ecological monitoring of the cultural heritage (of Russia)]. In *Ekologiia kul'tury. Al'manakh Instituta Naslediia "Territoriia"*, Iu. L. Mazurov, comp. , pp. 163 – 179. Moscow: Institut Naslediia.

Wiget, Andrew, ed.

1999　*Ocherki istorii traditsionnogo zemlepol'zovaniia khantov: materially k atlasy* (Studies in the history of traditional Khanty land usage: atlas materials). Ekateringburg: Tezies Press.

Zaitseva, Olga. N.

1997　Sranvnitel'nala kharakteristika tipov traditsionnogo prirodopol'zovaniia korennogo naseleniia Zabaikal'ia (Comparative characteristics of types of traditional resource management practices of the indigenous people of the Trans-Baikal Region). In *Sovremennye metody geograficheskikh issledovanii*. Irkutsk: Institute of Geography, Russian Academy of Sciences.

Zakon respubliki Kareliia

1994　Zakon Respubliki Kareliia ob unikal'nykh istoricheskihk prirodno-landshaftnykh territoriakh (The law of the Republic of Karelia on unique historical natural-landscape territories). *Territory* 1: 37 – 8.

（孙利彦　译）

我们家园的历史

——阿拉斯加圣劳伦斯岛甘伯尔民族志景观

伊戈尔·克鲁普尼克（Igor Krupnik）

  文化的改变和现代化的不断推进对遍布北部的许多土著人聚居地产生了很大影响，最明显的就是自然景观的巨大变化。当老教师的报告、长老们的记忆以及历史照片与现在的时光和当时的场景匹配起来，人们似乎隐约感觉到被隔断了几十年的一些事情正在不同的自然和社会环境中（从土著社区的总体面貌到它们的社会构成、居住类型、与周边地区的关系以及对周边环境的利用）再次发生。

  其他变化，特别是人们从精神层面对环境构成的影响，尽管不可见，却意义深远。如果人类学家在10年、20年或30年后查阅同一社区的早期记录或比较相关的记载，就会很容易地发现在当地地名类型和数量、该地区故事特征、用作精神和身份标志的本地特征等方面发生的差异和变化。这种在社会认可和文化组织环境中发生的变化，即"民族志景观"的变化，可能比一个特定地方的实际物质变化更快。通常，人们对同一自然景观的心理投射会完全不同，特别是在人口或语言发生变化、存在快速文化适应和/或其他文化连续性遭到破坏的情况下。正因为如此，不同时段的地方"民族志景观"——如果不是明显不同的"景观"（复数形式）——可以在所在地被解读和识别。同样，考古学家通过对遗址的分层发掘，对某个古村落和当地社区所处的文化阶段有了重新认识。不像考古学家那样要从遗址中寻找蛛丝马迹，人类学家和历史学家可以通过前人的记忆和书面记录寻找线索，重新构建以前的心理结构和民族志景观。

本文试图探讨并解读圣劳伦斯岛（St. Lawrence Island）甘伯尔[Gambell，又称为西乌卡克（Sivuqaq）]的阿拉斯加土著社区200年来不断变化的民族志景观。尽管经过几个世纪剧烈的自然和社会变迁，甘伯尔也不是独一无二的存在，但与其他阿拉斯加土著社区不同的是，它是人们对其历史和环境变化做了最丰富记录的社区之一。这些记录是通过对附近的古代遗址进行的大量考古发掘、社区成员的一些口述历史、教育项目以及与人类学家的合作逐渐完成的（*Akuzilleput Igaqullghet*，2002；Crowell，1985；*Sivuqam Nangaghnegha*，1985 – 1989；Silook，1976；*Yupik Language*，1989）。这些记录还包括早期参观圣劳伦斯岛的游客的大量陈述、档案文件和历史照片。目前关于甘伯尔民族志景观变化的概要是基于对现有记录的总结。另外，还要感谢当今的许多年长者，正是他们的通力合作，讲述自己对这个区域的历史记忆，我们才有了今天的成果（见文后致谢）。

本文也是一项"民族志应用和保存"的研究成果。随着新型民居取代老旧的住宅，村落在其原有的地理位置上不断扩展，许多当地遗产在自然和文化层面都受到不同程度的损害。目前，旧村落的某些部分仍处于水下，其他部分被新的建筑物取代。由于新建筑项目缺少灵活性、人们的忽视与放弃以及繁荣一时的传统文化的式微，更多的老建筑消失。

在这一方面，甘伯尔与其他历史名城几乎没有区别，其丰富的文化遗产正受到人口增长、现代化进程和新生活标准的威胁。在美国和世界其他地方，数百个建基于历史遗址的老房子正逐渐被现代化的公寓取代，过去的鹅卵石街道变成了停车场和购物中心。就如甘伯尔一样，发黄的博物馆旧照片、绘画和历史记录，成为渐失的当地景观的唯一留存者和守护者，留在了人类破碎的记忆中。本文探讨和追寻传统文献中的一些现代策略，试图以恰当的社区政策以及策略来保护这个现存的北极小镇的民族志景观遗产。

背　景

甘伯尔（人口约 650 人）位于白令海（Bering Sea）圣劳伦斯岛西北端怪石嶙峋的奇布卡克角（Cape Chibukak）平坦的砾石平原上。尽管甘伯尔离亚洲比北美（阿拉斯加大陆）更近，但自 1867 年以来这个地方却一直属于美国。它距离西伯利亚附近的楚科奇半岛（Chukchi Peninsula）仅 40 英里。在晴朗的日子里，从村子里就可以看到西伯利亚山顶。除了少数与学校签了合同的教师，当地居民大多为土生土长的尤皮克因纽特人（Yupik Eskimo）。他们用自己的语言——尤皮克语称自己的村庄和整个岛屿为"西乌卡克"，称自己为西乌卡克人（Sivuqaghhmiit）。这个村庄之所以被命名为"甘伯尔"，是为了纪念 1898 年溺水而亡的第一个白人传教士。当地居民用"西乌卡克"和"甘伯尔"两个名字来称呼村庄，但用英语交谈和写作时更喜欢使用"甘伯尔"这个名字。

已故人类学家查尔斯·休斯（Charles Hughes）为我们描绘了一幅激动人心的画面：一个正在曲折中前进和改变的古老村庄——甘伯

尔。1954 年夏天第一次探访甘伯尔时，他把自己观察到的风景称为
"破碎的草原"。

> 从登上岛屿到抵达村庄的 1 英里行程中，我们就发现甘伯尔
> 因纽特人的生活方式发生了重大转变。14 年前的 1940 年，从奇
> 布卡克山（Mt. Chibukak）一直延伸到海洋的整个砾石层都被草
> 和其他植物覆盖，下面松软的鹅卵石上也有一层薄薄的植被。除
> 了两三处因纽特人曾经找寻标本的考古遗址——古老村庄遗迹
> 外，没有任何东西破坏这片绿色平原的平坦。但现在大部分植被
> 都消失了，取而代之的是建筑工地和军事基地。鹅卵石上薄薄的
> 绿色植被被破坏。然而，这只不过是甘伯尔近 14 年来一系列环
> 境问题的开始。现在，长期被雨雪和海雾腐蚀而锈迹斑斑的成百
> 上千的空油桶，星星点点地遍布在碎石滩上。当我们靠近村庄的
> 时候，迎面看到了弯曲的钢架。几年前，新建的飞机跑道把甘伯
> 尔与外部世界联系起来（Hughes，1960：16，20）。

现在，油桶和金属碎片已被清理干净，小草零星地长在碎石滩上。
1954 年的那些破坏了当地景观形象的军事基地和设施也都了无踪影
（Mobley，2001）。但是，曾经"一无所有"的碎石滩现在却变成了
一个庞大的现代化城镇，住着大约 500 名居民，矗立着几十栋新建的
家庭别墅、一些公共设施和商店，以及一座引人注目的新校舍。现
在，本田汽车是整个社区主要的交通工具，碎石滩上的砾石层被本田
汽车的车轮碾压。五十年来，整个社区一直在变化。过去，仅能在半
英里外的"旧址"看到为数很少的几栋旧建筑。

现在甘伯尔被分为相隔半英里的两个截然不同的区域。"新村"

拥有几十栋现代化住宅和许多现代化公共建筑以及仓库，坐落在湖泊与海岬北岸之间平坦的砾石平原上（参见以下文献中的地图和描述，如 Callaway and Pilyasov，1993；Crowell，1985；Jolles，2002；Jorgensen，1990：26，28－29；Mobley，2001：10－12，18－19）。"旧址"还是传统的房屋，坐落在一个小山脊上，这个山脊向下延伸到西海岸。"新村"建于 20 世纪 70 年代中期，在这之前，所有居民都住在"旧址"。

根据从旧住宅遗址和废弃的古遗址中获取的几个"碳－14"（C－14）日期判断，这个地方已经有 2000 多年的历史。住在这里的古人也像现在的居民一样，主要以捕猎海象、海豹、鲸鱼和其他海洋哺乳动物，捕杀鱼鸟与采集绿色植物和浆果为生。他们与岛上其他社区和西伯利亚村庄（以及后来和阿拉斯加大陆）的贸易交流很频繁（Ackerman，1984：108－113；Mason，1998：260－265）。然而，在过去的 2000 年里，由于与岩石岬 ［塞沃库克山（Sevuokuk Mountain）］相连的平坦的碎石滩平原逐渐向西、北延伸，位于西乌卡克海角的居民区整体状况发生了巨大改变。

甘伯尔自然景观的变化

1929～1930 年，在甘伯尔附近进行挖掘的史密森学会的考古学家亨利·B. 柯林斯（Henry B. Collins）在对当地古代遗址调查的基础上，首次绘制出了该地区的"历史景观"轮廓：

> 紧挨着现在村庄的南部有一些早期的木屋和放置鲸鱼骨的洞穴，有些洞穴直到 20 世纪末还在使用。全部由鲸鱼骨建造的沉

入地下的储藏室或储存肉类的地窖保存完好，甚至有些现在还在使用。在湖泊尽头附近，这个最近被遗弃的遗址逐渐与一个更古老的范围更大的遗址连成一片，它被因纽特人称为塞克洛瓦希亚特［Seklowaghyaget（Siqluwaghyaaget）］，意即"许多地窖"。在距离该区域东北半英里的地方，有一个长满青草的垃圾场，这是遍布碎石的平原上另一个古老村庄遗址的标志。该地被因纽特人称作"艾维希亚特"［Ievoghiyuoq（Ayveghyaget）］，意即"海象之地"，因极似一群躺在冰上的海象而得名。在"海象之地"以南约200码的高原脚下，还有一个被因纽特人称作"马约哈克"［Miyowagh（Mayughaaq）］、意为"攀登之地"的古老遗址（1973：33）。

根据柯林斯的调查，这些古迹是奇布卡克海角形状改变的标志。在海滩碎波带和滨流的不断作用下，形成了许多新滩脊，致使这些村庄遗址越来越靠近海滩。这样，"攀登之地"和另一个高于塞沃库克山的名叫"山坡"（Hillside）的古老定居地，成为该地区最古老的两个遗址。"海象之地"距离现在的北部海岸大约200码，被四条海岸线与"攀登之地"隔开，其形成时间要晚一些。"许多地窖"紧挨着人们居住的地方，居住于此的土著居民直到与外来文化接触前的最后阶段（大约公元后1700年）才开始把村庄迁到离不断扩展的西岸更近的地方。100～120年之后，他们再次搬迁，在更高的山脊上建造了一个定居地，也就是这个历史悠久的村庄的前身。从那时起，整个村庄沿着西部海岸向北移动了几百码。19世纪末20世纪初的所有历史建筑都位于废弃的地下住所北面（Collins，1937：33－34，1940：546）。尽管人们以不同的形式继续开发同一地区，但定居点的改变导致了当地民族志景观的实质性重构。

位于甘伯尔和甘伯尔周围的遗址一直属于同一群体还是属于近几个世纪以来不断迁徙到此的不同群体,这点很难判断。但不管怎样,人们脚下这片土地发生了变化。很有可能,至少有三个最新定居点——"许多地窖",柯林斯所称的"老区"(现在年龄大的人称它为 Mangiighmiit),以及现在被称作甘伯尔的"旧址"(即 20 世纪的历史村落)——居住着这些相关人群。三个定居点之间的距离很近,说明它们之间具有连续性。从当地人言谈中可知柯林斯的"老区"与 19 世纪晚期和 20 世纪初的"旧址"之间有关联。

根据柯林斯的说法,18 世纪人们开始在"老区"也就是古村落南边沿着湖与海之间逐渐高起的沙坝,建造半地下住宅(Collins,1937:189)。现在这种房屋在尤皮克语中称作"nenglu",英语中为"igloo"(伊格鲁)。柯林斯认为,在他去往此地前,"旧址"被废弃了"40 ~ 50 年",也就是在 1880 年之前(Collins,1937:190,261)。今天长辈们只记得"祖父的故事"里有这些房子:

> 祖父还给我讲了那些古老的半地下住宅也就是"伊格鲁"的故事。他们年轻的时候住在这种半地下住宅里。我想他也应该是在这种房子里出生的。他们用鲸鱼骨做屋顶,然后再把大块海象皮覆盖在上面。非常温暖,屋顶也不错。他们用鲸鱼骨压住这些海象皮。(谁住在这座房子里呢?)祖父特姆克鲁(Temkeruu)的父母曾住在那里,也许还有他们的兄弟以及家人。我记得他们住在同一栋房屋里,却住在不同的房间里,一栋这样的住宅可能会有两三个不同的房间,称为"saaygu"。这种半地下住宅只有一个门,被隔出不同的居住空间。人们用黏土做灯具,他们使用

很多这样的灯具来照明和取暖。

（你见过这样的房子吗?）见过，在一个叫塔普霍克（Tapghuq）的营垒有一座这样的房子，这座房子里曾经住着我祖父的亲戚。这是阿默尔根（Aymergen）的伊格鲁。我第一次见到这座房子的时候，它还没有损坏。我祖父的亲戚和我祖父及家人一起住在塔普霍克。尽管距他们居住的时间已过去了很多年，但阿默尔根的伊格鲁却依然矗立着，没有倒塌（Avalak/Beda Slwooko, 1999; *Akuzilleput*, 2000: 409）。

19 世纪中期，甘伯尔半地下冬季房屋被一种名为"曼格特哈皮克"（Mangteghapik）的新型地上住宅取代。这种住宅里面有一间由海象和驯鹿皮建成的内室（参见 Jackson, 1903: 28; Geist & Rainey, 1936: 12 - 13; Moore, 1923: 346 - 349; *Sivuqam*, 1989: 100 - 105）。据考古学家考证（Collins, 1937: 261; Geist & Rainey, 1936: 12），随着与白人接触的不断深入，当地人参考了白令海峡对面西伯利亚尤皮克人的房屋。现在许多 70 岁以上的老人都出生在这样的房子里，而且对此类住宅记忆犹新。这种变化对整个村庄外观和总体布局产生了巨大影响。随着"旧址"的伊格鲁被遗弃，人们开始沿着滩脊在北边建造新房子。这样，整个村庄就逐渐向北移动。

在 19 世纪 80 年代到 20 世纪 30 年代许多早期照片中，可以看到这样的乡村景观：圆顶的兽皮覆盖的房子，房子周围有小型帐篷或框架小屋、垂直的鲸鱼骨橼子、船架和储存肉类的地窖。然而非常遗憾的是，没有找到任何有关这个村庄 1881 年之前的照片或有价值的记录。

1878 ~ 1879 年冬天，圣劳伦斯岛上发生了一个重要的历史事件：

可怕的饥荒以及随后的传染病使岛上一半以上人口死亡。有些村庄甚至被完全摧毁，许多居住区域难有幸存者。由于死亡人数较多，饥荒前的定居点、氏族和部落几乎消失殆尽。

与岛上的其他大型社区相比，甘伯尔可能受这场悲剧影响较小（参见 Doty，1899：187，217；Hooper，1881：10；Muir，1917：108；Krupnik，1994；Mudar & Speaker，2003）。一部分人幸存下来，早期居住区域的一些文化也得以保留。许多其他定居点的幸存者也搬到了这个地区。此外，几个来自西伯利亚的尤皮克家庭也加入他们。由于天气恶劣、收成不好和大面积饥荒，他们渴望离开自己的村庄。他们带来了部落特殊的习俗和群族的名称及有关遥远的遗址和景观的记忆。当地文化传统和外地涌入的文化传统融合，构成今天甘伯尔社区及其文化组织环境——民族志景观的基础。

1891 年政府建造学校大楼和 1894 年 9 月白人教师的到来是第二个有文字记载的重要事件，重新构建了历史悠久的甘伯尔。1891年，来自旧金山的木工用随船而来的木材（Jackson，1903：29；Akuzilleput，2002：267）建造了学校的教学楼（一座坚固的普通建筑，40 英尺长、20 英尺宽）。自 1894 年始，随着第一批教师到来，此后几十年里，学校成为村里唯一的公共建筑。学校教学楼除被用作校舍、教师住宅，还作为长老会传教的地方和社区会堂。

第一位老师韦内·甘伯尔（Vene Gambell）声称校舍建在村子外围（Gambell，1910：3）。从他 1897 年拍摄的照片中可以看到，学校一侧是大片的空地（Jackson，1898：36）。那时校舍通常会与当地居民区相隔一段距离。今天长者们依然记得 20 世纪二三十年代学校坐落在村子中心，周围都是当地居民的房子。这说明 19 世纪晚期的村落由一些分散的房屋群或社区组成，中间还留有不少空地。

村里另一重大事件是 1914 年（或 1913 年）的"大洪水"。有关 1914 年"大洪水"的若干描述，最早是由亚历山大·雷顿（Alexander Leighton）和多萝西娅·雷顿（Dorothea Leighton）在 1940 年记录的。今天许多老人也讲述了他们从父母那里听到的类似的故事（Leighton, 1940；*Akuzilleput*，2002）。据报道，这场风暴掀起的狂风巨浪淹没了整个村庄，摧毁了许多房屋和一个靠近海滩的小居住区，迫使居民不得不从居所搬离，并在靠近学校大楼的村子中心高地上重建他们的房屋。这样，过去由几个分散的小区组成的村庄的结构发生了巨大变化：

> 甘伯尔有许多用海象皮建造的房子。现在有些房子被海水淹没，特别是我知道有两座房子属于图恩基延（Tungiyan）和阿南提（Anangti）。我们的房子原来就在现在船架所在的地方，北面是祖父特姆克鲁的房子。从祖父的房子往北走是卡宁高克（Kaningok）的，而西边是内马雅克（Nemayak）的。这三幢房子也坐落在现在船架的位置。那时海滩在更低的地方，至少海浪没有越过海岸。
>
> 随后，海浪越来越大，我们也从原来的地方搬到了现在的位置。其实海浪并非我们想象的那么大，但是人们还是决定搬离（Lioyd Oovi in Sivuqam，1985：10 – 17）。

当有些家庭被迫搬到村庄的中心地带时，那些住在南边的人却决定离开。1914 年"大洪水"过后不久，他们就搬到了圣劳伦斯岛内陆驯鹿人的营地。最终，他们在距离甘伯尔 45 英里的萨文格（Savoonga）新村安顿下来。

1912 年，即"大洪水"前不久，人类学家莱利·摩尔（Riley Moore）拜访了这个村庄。据他讲，那时在夏季几个月里，有些人家已经开始在木屋里居住。"当天气开始变冷时，他们（居民）才会搬进用海象皮和浮木建造的房屋"（Moore，1923：350）。起初，由于进口木材价格高昂，框架房屋的数量一直很少。然而，到 20 世纪 30 年代，几乎所有房屋都是木屋。1940 年夏天，最后一栋由海象皮覆盖的传统住宅被拆除（Hughes，1960：16）。尽管如此，一年中冬季住木屋和夏季住帐篷这种古老传统却依然存在。几乎每个家庭在夏季和冬季都有独立木屋。这种木屋、船架、分散的鲸鱼骨和垂直下巴状的杆子，从游客的记载和许多照片中都可看到。

从海边向村庄走去，可以看到一大片木屋，它们杂乱地排列成三排，与西部海滩平行。因组特人的房屋靠海，在房子的前面，捕鲸用的船和用海象皮覆盖的具有当地特色的船被绑在一起。

村子中心是广场，四周是新建的校舍和教师的居住地、商店、医疗看护中心、药房、长老会所在地。长老会的建筑是村子里最古老的建筑，也是第一个永久性的白色建筑物。自 1890 年起，这所建筑一直被用作教堂、学校和社区的会议大厅。大约 50 间因组特人的房子是用进口木材建造的，他们可以随意地建造自己喜欢的两种房屋。第一种房子是夏天住的居所，第二种是家庭过冬用的房屋。大多数家庭都有两种房屋（Hughes，1960：15 – 16）。

20 世纪 30 年代，木屋被用作冬季住宅，在里面人们建造了有驯鹿皮的传统卧室。人们不再用煤油灯取暖和做饭，开始使用煤和油做燃料的炉子。随后，这些被海象皮覆盖的卧室也被拆除，正如《阿库兹勒普特》（*Akuzilleput*）所描述的那样（2002：412）：

> 我出生于1926年，我们冬天住的老房子还在。我叔叔瓦姆昆（Waamquun）接着又建了一座类似的房子，他也把驯鹿皮放在里面。但不久，有了取暖设备之后，驯鹿皮就不见了。自那以后，他们就搬到了夏季住的房子里。
>
> 叔叔建造这个有驯鹿皮的新房子的时候，我五六岁，但是后来驯鹿皮就没有了。他们又加了一间完整的房间和一扇小门，这样我们就可以通过这个门进出。我们开始用煤油取暖炉或其他取暖设备取暖。我大概十岁时，就不再使用煤油灯了（Anaggun/Ralph Apatiki, Sr., 1999）。
>
> 20世纪30年代后期我们也会这样做，但我们家开始用木火炉了，还是用煤油灯照明。1940年，我们终于有了电（Akulki/Conrad Oozeva, 1999）。
>
> 然后，所有人都改造了他们的房子，对内部的房间也进行了改造，把毛皮换成了木材，而且还做了门窗，不再用我们过去常用的驯鹿皮了。对冬天的房屋他们也做了同样的改造，把外面被绳子捆着的海象皮换成了木头（Kepelgu/Willis Walunga, 1999）。

20世纪40～60年代，在这个历史久远的村庄附近，几个重点建设的项目正在施工。首先，自1943年始，在离村子很近的地方修建了民用航空局（Civil Aeronautic Administration, CAA）人员的新住所。1948～1958年，美国在此修建了两个军事基地（Hughes, 1960：295-304；

Mobley, 2001: 8 - 10)。1940 年，村庄南部修建了一条小型飞机跑道，第二次世界大战期间得到扩建。一些旧的洞穴、储存肉类的地窖以及整个"旧址"都被飞机跑道破坏。60 年代，村中心中央广场附近又建起了一座巨大的新校舍。那座建于 1891 年的校舍成为长老会教堂，后又被拆除。这标志着自 1891 年开始到 1894 年结束的那个时代的终结。

20 世纪 70 年代，随着石油和天然气税收增加，中央和州政府开始在阿拉斯加投入更多资金，这给甘伯尔带来了更加急剧的变化。1972～1982 年，在离"旧址"大约半英里（500～1000 米）的地方，在湖和北海岸之间的裸露碎石滩上新建了城镇。另外，还为 50 多个家庭新建了住宅，同时又有几栋公共建筑拔地而起（Jorgensen，1990：154 - 157）。这些建筑排列有序，没有与"旧址"主轴线连接起来。但是，还是有些人愿意住在靠近西部海滩的老房子里。现在村子总面积扩大了近 10 倍。这种"旧址"和"新村"（现在也已经将近 30 年）并存的局面很可能会保持多年，因为"旧址"几户人家的房屋已被改造升级，他们可能会继续住下去。

景观的社会建构

变革席卷了甘伯尔，外来游客和当地居民对此却有不同的看法。在外人看来，整个村子是混乱的组合，到处是排列无序的丑陋的海象皮房屋、小木屋和船架。而当地居民却认为他们的村庄是一个非常有序的世界，房屋排列有序，邻里友好交往并相互影响。对历史叙事进行分析时，必须把握和协调这两种不同的心理。令人遗憾的是，早期访客很少提及传统村落的空间布局，而当地居民对其村庄布局的看法直到最近才被记录下来。首部记载 20 世纪初甘伯尔土著生活的著作出版于 1985 年（*Sivuqam*，1985：10 - 17），而另一个重要资源，即 1930 年保罗·斯洛克（Paul Silook）绘制的地图和村庄人口普查状况，几年前还不为人所知（*Akuzilleput*，2002：383 - 397）。

直到 20 世纪初（Moore，1923），外界才认识到甘布尔传统社会秩序的核心要素是父系氏族。奥托·盖斯特（Otto Geist）对此做了不太明确的描述。根据描述，甘伯尔传统社会秩序由 "与血缘或公共利益密切相关" 的家庭维持（Geist & Rainey，1936：11）。今天长者们还记得童年时代血缘相近的家庭聚居，组成了一个个社区（*Akuzilleput*，2002：400，407 - 408）。

> 从古代开始，亲戚及家族部落就一直住在一起。普古盖立克家族（Pugughileghmiit）打算一起住在这边，萨尼美尔恩古特（Sanighmelnguut）住在那边（Kepelgu/Willis Walunga，1999）。

> 我记得我家和我的祖父母住在一起。我祖父的名字是特姆克鲁。离我们最近的房子是我祖父的弟弟阿提尔恩古克（Aatghilnguq）的房子，里面住着我祖父的弟弟和他的家人。附近另一所房子是卡嫩古克（Qanenguq）的，他是我们的一位近亲。另一位近亲芒塔古利（Mangtaquli）也住在附近。但是，我祖父的弟弟阿提尔恩古克和他的家人，是住的离我们最近的亲戚（Avalak/Beda Slooko，1999）。

> 我想，大多数家庭和家族都想住在一起。但 1914 年 "大洪水" 之后，许多房屋被毁，他们不得不把房子搬到更高的地方。从那时起，家庭和家族成员就开始分散而居（Akulki/Conrad Oozeva，1999）。

以前每个家庭和家族的具体位置没有记载，直到 1910 年、1920 年和
1930 年村庄进行普查，在保罗·斯洛克（Paul Silook）和劳埃德·欧
维（Lloyd Oovi）地图中标示的大部分家庭住宅的确切位置才被一一证
实。20 世纪初，村庄至少有六个社区。在南端，有一排以海象皮为材
质的皮屋，他们属于来自西伯利亚的奇瓦克家族（Qiwaaghmiit）。从奇
瓦克家族居住地稍稍往北，居住着纳斯卡克家族（Nasqaq）和南古
帕嘎克家族（Nangupagaq），这两个家族来自因 1878~1880 年饥荒而
荒芜的两个村庄，随后他们形成了自己的小社区。1914 年"大洪水"
过后，当奇瓦克家族搬到了驯鹿营地时，这个居住着纳斯卡克家族和南
古帕嘎克家族的地方成为村庄的"新"南部。

普古盖立克家族的成员在靠近海滩区域和南古帕嘎克家族住宅
的北面，建造了至少两个独立的居住区。1914 年，一些房屋被暴
风雨冲垮后，这两个居住区被人们抛弃。这样，普古盖立克家族将
他们的房屋迁到了学校大楼附近的中心区域。旧校舍以北是来自西
伯利亚的萨尼美尔恩古特家族（Sanighmelnguut）的居住地。后来，
这个历史悠久的村庄北端成为规模较小的乌瓦利特家族（Uwaallit）
（字面意思是"最北的人"）的住宅区。另外，其他家族的小居住
区组成了其他的小社区。

在西伯利亚的许多尤皮克社区，也存在类似的以家族为中心的住
宅区，有几个甘伯尔家族就发源于尤皮克社区。在这个社区，宗族分
支（近亲家族或血统）决定区域的功能并构成村庄的主要景观
（Krupnik & Chlenov，1997）。这些区域包括船架区、肉类地下储存场
所、船只下水和在海滩着陆的地方、远离村庄的宗族和家庭的仪式
区、放养雪橇犬的地方、宗族和家庭的墓地。这样的空间组织形式，
在 19 世纪末 20 世纪初可能也同样存在于甘伯尔社区。这些从前辈们

的记忆和故事中都可以重构出来。

令人吃惊的是，在早期的记录中，除了以宗族和亲属为主形成的居住社区以外，几乎没有任何关于社区内更高形式的社会领地划分的记载。威廉·F. 多提（William F. Doty）作为学校教师（1898～1900年）简要地提到了村里的两个"派系"，一个派系是因婚姻与"印第安人"（Indian Point Native）有关系，另一个就是西伯利亚大陆恩加兹克（Ungaziq）的尤皮克村人。据说，这两个派系"两三年前就处于剑拔弩张的边缘，但目前似乎想休战"（Doty，1900：189）。现在老人们对他们老村庄以前的两个"一半"即阿金加格家族（Akingaghmiit）（意为"南部的人"）和乌瓦坦加家族（Uwatangaghmiit）（意为"更远的或北部的人"）有着深刻的记忆，这些人于 20 世纪早期和中期（*Akuzilleput*，2002：404）在此生活。但由于缺乏证据，目前还不确定。

> 处于中心位置的学校老楼北边是乌瓦坦加家族，南边是阿金加格家族。我们家来自南部的阿金加格家族（Anaggun/Ralph Apatiki, Sr., 1999）。

> 这就是我们记忆中古老的甘伯尔。为了能更容易地去描述、理解村庄，对村庄进行了南北的大致划分。其实，它本质上还是一个大的村庄（Akulki/Conrad Oozeva，1999）。

> 因为老校舍太小，每次人们聚集时不得不分开进行。某段时间里村子北半部的人在此聚集，村子南半部的人于另一时间段在此聚集。我们家参与"北边"的聚会（Kepelgu/Willis Walunga，1999）。

"南北对立"创造了一个平衡的空间系统，这同西伯利亚最大的尤皮克社区——恩加兹克和涅夫卡克（Nevuqaq）的关系一样（Naukan，见 Krupnik & Chlenov，1997）。这样，村子的中间空地，就成为理想的公共空间。从此，村子的中心广场成为广受欢迎的场所，人们在这里摔跤、跑步和举行其他比赛。它被称为"库里内格"（Qellineg），意即"能消除压力的地方"。《阿库兹勒普特》中是这样描述的（*Akuzilleput*，2002：406）：

> 在（旧）村中央，有一个地方叫库利内格。在这里他们摔跤、举重、跑步，还有一些石头可以举起来。但是现在找不到这个地方了，一切都消失了（Kepelgu/Willis Walunga，1999）。

> 我们住的地方离村子的中心广场很近，离学校老楼也不远。过去村里有个地方，年轻人可以在那里锻炼身体，现在是"老旧"的新房子。那个地方有很多大石头，还有个大圆圈，人们在那里跑步。很多人每天早上醒来都要去中心广场。不为别的，只为看年轻人跑步、摔跤或做其他一些事情（Avalak/Beda Slwooko，1999）。

在库利内格，最受男人欢迎的项目，除了摔跤和围着一个特殊的圆圈跑步，还有举石头。用作抓举的一些巨大的圆形石块，曾经是甘伯尔景观的一个显著标志（Moore，1923：365；*Akuzilleput*，2002：194）。

> 现在小学的所在地曾经是传统的娱乐区。当时，有很多巨大的圆形岩石。这些岩石的重量在 60~400 磅，甚至更重。这些岩石是由内格群（Neghqun）一个人运到这里的。他运来的这些岩石非常巨大，想来他一定非常强壮（Lloyd Oovi in Sivuqam，1985：12-13）。

重构甘伯尔民族志景观其他部分

坐落在这个历史久远的村庄及其附近的其他地标建筑是多年来甘伯尔民族志景观的一部分。长期以来，海滩和冲浪区是村庄的重要组成部分，几乎每天早上人们都在此发动狩猎船，并把狩猎所得的动物带到屠夫那里宰杀，然后一起分享。这些离这个历史悠久的村庄不远的海滩有不同的名字，如村庄北部的海滩被称为艾瓦（Aywaa）或帕姆（Paamn），靠近西海岸的叫乌格卡（Uughqa）或萨姆纳（Saamna）（字面意思是"南侧，下面一个"）。在辛格拉克（Singikrak）海角西面和北面搭建了存放皮艇的架子。海滩分为三部分：伊蒙（Imun），位于第一个滩脊后面的较低区域，这个滩脊只有风暴较强时才会被淹没；安特涅克（Aatneq），儿童玩耍的冲浪区；卡斯格加克（Qaasgaq），位于海滩最高处（pers. com.，Kepelgu/Willis Walunga，2001）。放置船架的区域，也是每年举办特殊的春季祭祀仪式的场所，仪式由每个船上的人员自主举行，船上人员通常是亲属（Sivuqam，1989：162 - 163）。

一年的大部分时间里，海滩都是社区日常生活的主要中心，远离海岸的其他区域另作他用，如孩子玩耍的地方，女人取水、收割青草、采集蔬菜和浆果以及丢弃垃圾的地方，也是埋葬死者的场所。许多家庭和宗族的仪式通常在距离村子较远的户外进行。最后，还需要有能进行娱乐、体育赛事、会客以及满足人们身心需要的场所。以往，为了抵御其他岛上的村民和附近西伯利亚人的袭击，需要一个固定的用于瞭望、防御和避难的区域和系统。基于此，"防御边界"设在村外，由狗拉雪橇队组成。这样，社区的主要区域就被耳朵灵敏的雪橇犬守卫着。

村庄南部的旧地下洞室因其高高的草丛而闻名。妇女和女孩夏季在此收割的草被用作屋顶和墙壁的隔热材料（Sivuqam，1989：102 - 104）。再往南，离村庄不远的地方，是普古盖拉克家族聚会的场所，普古盖拉克家族住在海角西南方的普古盖拉克（Pugughileq）村。多提描绘了 1898 年秋天他看到的繁杂的仪式，欢迎来访的普古盖拉克家族成员（1900：206，231）。过去"村庄的后面"是进行球类运动的特定地点。在那里，男人会玩木球，女孩与男孩会玩垒球（Sivuqam，1989：193；Silook，1976：24）。当来自西伯利亚来的游客到达甘伯尔时，通常会在三个地方——西海滩南端、北海滩，以及村子的东部——进行球类活动（Sivuqam，1989：138 - 139）。摔跤和跑步比赛的场地位于西海滩和村庄中心地带——库利内格以及北岸。用于赛跑的近两英里的环形跑道是当地景观的重要组成部分。夏季，"通常会有 15 ~ 30 个男人和年轻人在这条跑道上跑步"（Moore，1923：364）。

在"老区"附近有一个专门练习射箭的地方，被称作"皮特格切格维克"（Pitegseghaghvik）（pers. com.，Kepelgu/Willis Walunga，2001）。柯林斯提到的"三排跳石"，位于距离村子大约 2 英里的甘伯尔山顶。根据柯林斯的尤皮克助手的说法，年轻人曾经用这些石头训练自己跑步或成为强壮的战士（Collins，1937：354 - 355）。国家人类学档案馆（National Anthropological Archives）和史密森学会拍摄于 1930 年的纪录片，展示了柯林斯的尤皮克助手演示这种训练方法的场景。

在搬到这个历史悠久的村庄之前，人们对公共墓地的位置知之甚少。韦内·甘伯尔是 1894 ~ 1897 年在此教学的第一位教师，他讲述道：

从前死者被埋葬在房子附近，后来被埋葬在山洞或老房子里。从过去的两三个到现在的越来越多，已经满是骨头了。当有人死亡时……4～10人先把尸体拖到离地面大约1英里的地方，然后安置到高达600英尺的岩石峭壁上。孩子们的尸体被安置在山脚下，重要人物的尸体靠近顶端，而地位低的人的尸体则被安置在中间（Gambell，1898；143）。

盖斯特描述了20世纪20年代山坡上同样的墓地分布情况（Geist & Rainey，1936：30）。现如今社区墓地在同一个地方，距离村庄大约1.5英里，位于塞沃库克山的"岩石斜坡"上。还有人说村子东边是自杀地点，过去人们常会在一块巨石边结束自己的生命。据说这块巨石是一个叫内格群的壮汉从山上运下来的。

奥托·盖斯特在甘伯尔度过了1928～1929年的冬天，他提到了几个礼拜场所：

海角山脉和村庄之间的许多地方都有礼拜场所，特别是靠近湖畔的地方。所有的礼拜场所都有小壁炉，壁炉里通常会有刚烧焦的木头。提供给祖先的祭品放置在大块岩石下，祭品有驯鹿头骨和来自西伯利亚的鹿角以及北极熊的头骨（Geist & Rainey，1936：30）。

这样的家庭或者通常情况下家族举行仪式的场所也被用来举行秋季纪念仪式。在西伯利亚，每个尤皮克村都有几个举行家庭礼拜的场所，或者整个区域有很多相距很近的礼拜场所（Krupnik，2001b：307－315）。甘伯尔的这些礼拜场所在20世纪30年代仍在使用，如以下故事所示：

> 阿塔亚哈克（Ataayaghhaq）经常会在特鲁曼湖（Troutman Lake）以北大约 150 码的新房子里献祭。祭坛遗址位于现在湖岸的某个地方，也就是现在阿南吉克（Anangiq）和基尤琴（Kegyuuqen）的房屋之间。阿塔亚哈克从不在祭坛上用火柴生火，但是他会让我们知道什么时候要做这些事情。他只让年轻人参与他的祭祀。我们家的祭祀场所位于塔皮格克（Tapeghaq）（湖边的一个地点）附近（Nuughnaq/Ruby Rookok，1984；Sivuqam，1987：145 – 147）。

在这座历史悠久的村庄东面，从海与湖之间的沙滩上露出的鲸鱼下颚的残骸中，可以发现古老的防御工事及防御结构的痕迹。据报道，这些骨头是为防止西伯利亚人入侵设置的路障，是许多这样的下颚中仅存的几块残片（Geist & Rainey，1936：26）。柯林斯还记录了另一种古老的防御体系，该体系位于村庄南部，由鲸鱼的下颚组成（*Akuzilleput*，2002：227）。现在的居民仍记得长者讲过的由鲸鱼的颚骨堆砌而成的古老"堡垒"的故事，堡垒依湖而建，但现在完全被摧毁，在湖滩上完全看不到了。据说，它被石墙包围，用作躲避海上袭击的避难所（*Eskimo Heritage Program*，1979）。关于西伯利亚的一大群乘船而来的勇士袭击的故事，在甘伯尔西乌卡克人的民间传说中占有显著地位（Silook，1976：4，113 – 114）。

古道路网是当地民族志景观的另一个重要组成部分。尽管大多数运输任务夏天用船只、冬天借助狗拉雪橇完成，但还有一些有特殊名字的传统古道连接着甘伯尔和附近的居民区（*Sivuqam*，1987：176 –

179）。

海岸、潮汐、冰带以及已建立的狩猎区，这些与海相关的景致构成甘伯尔的自然和文化特色。人们在为生计狩猎时，要不断观察甘伯尔海和冰的情况。因此，海和冰是日常话语的重点、社区关注的焦点，同时也是文化和知识传承中最宝贵和最有价值的东西。几十句当地话就可以概括海洋、冰层和天气状况的每一个变化，以及一些海岸冰和海滩冰的构造情况（*Sikumengllu Eslamengllu*，2004）。

当地这些民族志景观和海景，使人想到许多人名和地名，以及无数的故事和共同的回忆。这种口述传统——广为流传的故事、回忆、名字和形象的载体——是所有记录在案的文化环境的“核心”，这些文化环境正是通过人类的不断占有、使用、讲述和信赖，代代相传形成的。口耳相传的传播方式，强化和巩固了各个社区空间之间的关系（Fair，1999：29）。正是通过这种方式，几十个旧地名、有关甘伯尔起源的故事，以及甘伯尔的其他历史遗址被记载了下来（*Sivuqam*，1985，1987，1989；*Akuzilleput*，2002；*Yupik Language*，1989）。时至今日，有些仍被长者回忆，还有许多甚至出现在甘伯尔学校的尤皮克文化课程中。

最终，当地居民心中的民族志景观都是有关自然、社会甚至精神的更大范围的空间认知。在1878年圣劳伦斯岛人口变得密集之前，早期的民族志景观被解释为属于各个村庄较小的空间网络。其中，甘伯尔及其附近的社区，如梅雷格塔（Meregta）、南古帕嘎克、纳斯卡克，以及更遥远的村庄，如库库列克（Kukulek）、普古盖立克，是圣劳伦斯岛文化世界的关键元素。1880年后，情况发生了巨大变化，岛上的其他定居点被遗弃。今天甘伯尔周围的区域成为岛上唯一保留下来的社会景观。尽管如此，与旧遗址相关的传统却依然存在，许多被遗弃的村庄很快被修复，成为家庭狩猎和捕鱼的场所。随后，这些过去的"其他定居点"被重新纳入 19 世纪末 20 世纪初的乡村民族志景观。它们仍然是家庭和宗族起源和身份的代表，承续着集体持续的渴望和个人的依恋，记载了当地丰富的知识，以及代代相传的不可胜数的口头故事。

20 世纪 20 年代和 30 年代，曾经是传统萨满教追随者的圣劳伦斯岛的尤皮克人成为虔诚的基督徒，传统的民族志景观也随之发生了巨大变化（Jolles，2002）。很少有人提到那些早期的精神景观，在精神景观里，人类与各种各样的猎物神灵、"遗址主人"、"恶灵"、图格涅加特（tughneghat）以及其他超自然生物共享土地和海洋。人们可以把它们与西伯利亚尤皮克人的习惯进行对比，认为他们的世界还是 20 世纪 50 年代甚至 80 年代的样子。

甘伯尔民族志景观的演变

亨利·柯林斯是史密森学会的考古学家，第一个对近 2000 年的古代遗址和甘伯尔及其周围的相关文化阶段进行了描绘（Collins，1931：138 – 142；1937：32 – 35）。柯林斯的方法可以用来建立一个类似的框架，描述当地民族志景观在演变过程中不同阶段文化的转变。当然，这样一个关于当地民族志变化的概要是基于许多推测的结果。它面临的主要挑战是找到一个合适的方法和理由，确定景观的转变是连续的而不是独立的。这个问题将在本节最后讨论。

对于作为局外人的民族历史学家来说，无论什么样的设想似乎都是可信的，它永远不会是唯一的版本，就像有关乡村历史的传奇故事那样，总会有几种解释。科学家的记载和今天那些少数用英语写下来的人们津津乐道的有关甘伯尔的故事之间有一些不同，但是这些不同是可以弥合的。其他的差异，特别是关于时间的确定、本地人与外来文化接触前岛上人口的规模以及过去古老村庄和现代村庄之间的联系，却难以界定。另外，有关甘伯尔"早期"以及人们与周围景观关系的故事，在当地居民心中和人类学家的著作中，仍然是一项正在进行的工作。

旧"史前"遗址［马约哈克（Mayughaaq）和艾维基亚杰（Ayveghyaget）］

当柯林斯和盖斯特于 1927～1930 年开始他们的工作时，西乌卡克人显然保留了一些与该地区许多废弃的古代遗址有关的历史传统。古代遗址的名字很快就被记录下来，一些与古老村庄有关的故事也被记录下来（Geist & Rainey，1936：12）。这些古老的遗址被记录在一些与甘伯尔社区起源有关的叙述中（*Sivuqam*，1989：178 - 179）。遗址的名字显然是以今天圣劳伦斯岛的尤皮克语为基础的近代的名字，而不是古老的地名。与此同时，现在的家族也未把自己的起源与那些遗址相联系，也未见任何与之相关的家族姓氏的报道。虽然在连续性上存在断层，现在塞沃库克山附近的古迹和遗址以及与之相关的故事在某种程度上却重新融入了 19 世纪早期和晚期的当地民族志景观中。

斯克鲁瓦基亚杰（Siqluwaghyaget）村庄（16～18 世纪）

令人惊讶的是，在纳瓦克湖（Nayvaaq Lake，即特鲁曼湖）附近的斯克鲁瓦基亚杰村庄遗址，没有类似的故事被记录下来，据说直到 16 世纪这里才有人居住（比较 Coltins，1937：189）。在这片土地上，目前没有任何家族或家庭与这个村庄先前的居民有关。显然，即使是在 70 年前柯林斯和盖斯特都在寻找早期地区定居点时，还没有一个可行的与斯克鲁瓦基亚杰社区相关的口头传统。这是该地区连续性方面最惊人的断层；除了今天的老人们竭力回忆他们曾经从祖先那里听到的故事外，这个古老的民族志景观已经消失。

"旧址"（18 世纪至 19 世纪 50 年代）

人们对后来的曼尼家族（Manighmiit）社区知之甚少，社区靠近海滩，位于 20 世纪历史悠久的村庄南部，村民居住在几个地下住宅里。仅有俄罗斯海军上尉奥托·冯·科泽布（Otto von Kotzebue）曾对该村进行过考察（1817），却几乎没有留下任何关于当时自然和社会状况的历史资料（Kotzebue，1821：195－196，引自 Collins，1973：21）。尽管如此，今天的一些老人却说他们的祖父母或曾祖父母在"旧址"出生，这种地下居所被当地人称为"嫩格鲁加特"（Nenglulluget）。同时，老人们希望能记录下对这一古老景观的记忆。

饥荒前的"具有悠久历史的村庄"（1878 年以前）

我们知道一些饥荒前的村庄和它的景观规模、形状和组成等情况。与 20 世纪的村庄相比，当时这个村相当大，位于稍微偏南一点的位置。由几个家族和家族的住宅区组成，住宅处于从半地下房屋到建于地面的海象皮房屋的过渡期。由于 1850 年后与捕鲸船接触增多，引进了木材，第一批木建筑开始出现。

最重要的转变是早期更小的定居点的扩张和逐渐向北推进。这种转变是由几个家族群体的到来推动的，如来自西南角普古盖立克的普古盖立克家族，以及来自西伯利亚的艾玛拉姆克特（Aymaramket）家族。显然，这两个群体都在早期"旧址"之外建立了各自的家族社区。

然而，除非能够获得一些文献记录，否则我们几乎不可能对饥荒前的村庄民族志景观进行任何细节的重建。我们对饥荒前村庄的组织方式知之甚少，也不知道遇难者和幸存者的房屋在哪里。据说现在年长者都不愿意讲述发生在过去的"饥荒"，因为当时他们的父母和祖父母也不愿意同他们谈论这一悲惨经历。

建校前的村庄（1880～1894）

在从饥荒到1894年第一批教师到来的这段短暂的时间里，关于乡村景观的一般性参考文献和具体数据都很多。由于不少居民死于饥荒，许多老房子和早期"历史悠久的村落"的几个区域已被遗弃。来自其他岛屿村庄的幸存者和西伯利亚的移民建造了新房屋，从而建立了新的部落社区。根据今天零碎的叙述，饥荒后的村庄更像是离散亲属（宗族）之间的聚合，而非后来所知的连贯一致的定居点。最北面的乌瓦利特家族，住在距离村子最南端一公里远的地方。许多空地都可以使用，这样很容易就会被将要到来的家族占据。每个家族都试图建立自己的集生存、储藏、举行仪式和坟墓于一体的区域。

"海象皮房屋"村庄（1894～1914）

这是历史上第一份有记录的民族志，这些记录包括早期学校教师的讲述、历史照片、村庄的人口普查（1900年和1910年）以及老年人的回忆。1905年前后，甘伯尔村至少有三个主要的彼此相隔、距离较长的住宅区或大面积的房屋群（Sivuqam，1985：10－25）。在中心地区附近建立的新校舍逐渐成为社区最有吸引力的地方和社区融合的中心。随着冬季越来越多的海象皮房屋在这个新核心区域附近出现，社区变得越来越像一个完整的村庄。

总之，大量的细节材料，包括特定地区的活动、事件以及个人的故事，可以用来重现 20 世纪初的景观。尽管 20 世纪初的许多村庄被 1914 年的洪水、海滩侵蚀以及房屋拆迁摧毁，但如今这些村庄的故事依然被长者们津津乐道。

早期的木屋村庄（1914～1935）

这是目前所谓的"历史悠久的村落"的核心民族志景观，这一景观在许多照片、村庄人口普查和老人的叙述中都有确凿的记录。村庄的空间基本特征是南北走向、线性结构排列，校舍和库利内格坐落在村庄中心。公共区域周围建了许多新房子。因此，到 20 世纪 20 年代末，村庄北部的乌瓦坦加家族和南部的阿金加格家族之间没有明显的差异，都是由几个不同的家族组成。

这个民族志景观的关键组成部分是主村外的几个区域和建筑，如村庄的墓地、竞赛和会议场所、祭祀场所、几条小路和其公共场所。尽管这些特色建筑中的一部分被大自然摧毁，但许多在 20 世纪初出生的老年人，仍然对这些特色景观记忆犹新。

木屋村庄（1935～1948）

长者们对特色景观情有独钟，同样，村庄也为今天更多的老年人所铭记。有证据表明，随着村庄里传统仪式越来越少，它的社会景观变得更加简单（*Sivuqam*，1985：52 - 53）。各种比赛、摔跤和其他传统体育项目不再像过去那么常见，取而代之的是教堂礼拜和 7 月 4 日的公众庆祝活动。来自西伯利亚的定期夏季访问活动的终止使村庄的集体活动也不再进行，随之闲置的是活动场所和区域。

现代化的"旧址"（20世纪40年代至70年代早期）

现代化的"旧址"是经历了快速转变的另一个短暂的景观。为民用航空管理局员工新建的住房、永久性飞机跑道以及村外的两个军营，为当地景观增添了一些新鲜、陌生的元素。

尽管如此，20世纪50~60年代村庄的整体风貌仍然是传统的土著社区（见 Hugh，1960；Bandi，1984；Wicker，1993），但它的传统景观也正被迅速地侵蚀。由于旧校舍被拆除，库利内格被毁，新校舍的建造在这个历史悠久的村庄中心形成了一个重大的凹痕。曾经的摔跤和竞赛区域也被新学校的建筑占用，用于举重的巨大石块被扔到村子外面。据说，老人们一直在旧的公共场所聚集，但就像已经停止的日常比赛、摔跤和其他传统的户外活动，渐渐地他们也终止了聚会。

在那个时期，至少有一种类似传统的元素被添加到海滩和船架区域景观中。20世纪50年代，随着拖拉机和其他重型设备的使用，当地捕鲸船船长开始把杀死的露脊鲸的头部（有颚骨和鲸须的头骨）拖到他们房子前面的海滩上。目前，在船架区有八组头骨和/或一些单个带有颌骨的头骨。人们记得杀死每一头鲸鱼的船长的姓名或家人。据说放置鲸鱼头骨时不举行任何仪式，这些头骨只是一种"战利品"（*Akuzilleput*，2002：422）。

"新村"（1970年至今）

自20世纪70年代起，在村庄东部的沙砾平原上，"新村"开始建设。"新村"的建设创造了一种全新的民族志景观。村庄大部分公共活动被重新安排到新的公共场所——位于新的印第安人重组法（IRA）委员会大楼附近的根古维克（Qerngughvik）。"新村"配有标准化、模块化的住房，相比之下，以前的阿金加格家族和乌瓦坦加家族的社区更加陈旧。还有些新房建在湖边古老的家庭仪式场所或其附近。过去的许多生计区被遗弃，比如收集高草作为房屋隔热材料的地方。储存肉类的地窖也不再使用，四轮车和雪地机取代了狗拉雪橇。尽管如此，村庄还是保留了传统的海滩和船架区，以及位于塞沃库克山顶的以前的墓地。一些家庭仍在这个"具有悠久历史"的"旧址"居住，也保留着他们的老房子。

讨论：保护甘伯尔民族志景观

甘伯尔的这种多层历史的"地层学"为解释其民族志景观的整体演替提供了一定的指导。如果以公共生活、共有记忆以及人们身份的连续性作为主要标准，那么1880年后期、"学校建立前"、"洪水淹没前"、"木屋"和"现代化"这一系列村庄景观的变化，则代表了"民族志景观"的各个阶段。尽管如此，民族志景观还是包含了一些早期的环境元素，包括那些遗留在马约哈克、艾维基亚杰和斯克鲁瓦基亚杰遗址中的几乎与后来的甘伯尔居民没有任何直接联系的古村庄元素。这些古村庄遗址只是古景观遗迹的代表。这些遗址除了现有的名称、一些自然遗迹和些许的相关故事，其他的东西都已消失不见。

有足够的证据表明，1878～1880年的饥荒导致人口大量减少，这也极大地影响了当地景观的连续性。尽管村庄很快得以重建，但也只保护了部分老居民。随后，这些幸存者与不同族群的移民不断交往，在文化上也相互融合，建立起一个新的社会体系（Krupnik，1994）。新的空间顺序的标志是村庄墓地移到了大约1.5英里外的一个地方，即塞沃库克山的岩石斜坡上。村庄新出现的线性结构和"南北"（阿金加格家族－乌瓦坦加家族）的划分是饥荒导致景观重组的另一个标志。近百年后，在距离"旧址"1英里远的地方建造"新村"时，景观的连续性再次被破坏。

几个世纪以来，随着旧住宅逐渐被新型住宅取代，村庄遗址多次发生变化。这样，无论在自然层面还是在精神层面，早期民族志景观的许多组成部分都受到了影响。在这方面，甘伯尔与许多其他历史久远的城镇和村庄面临相同的境遇，都经历了巨大的文化变迁和历史停滞期，并被"现代化"包裹。现在许多类似的村落通过采取维护、重建旧建筑，配合新居民回迁旧址以及吸引游客参观等措施来保护自己的文化遗产，并在这方面取得了巨大成绩。然而，重建旧景观的精神或记忆框架要困难得多。在这方面，仅仅采取保护措施或者经济刺激是远远不够的，还需要政策、文化复兴、教育和其他公共项目的有效支持和共同参与。如今，甘伯尔在这方面的做法对我们很有启发意义。

首先，在过去的30～50年里，甘伯尔和圣劳伦斯岛的法律地位发生了重大改变。过去甘伯尔是土著的领地，19世纪80年代受美国海岸警卫队的监督，在1903年又成为政府的驯鹿保护区。第一个地方政府机构即印第安人重组法委员会（根据1934年《印第安人重组法》）于1939年成立；地方选举产生的市议会（自1963年起）和土著公司补充了这一体系（自1971年起，见Callaway & Pilyasov，1993：27；Little & Robbins，1984：53-58）。今天，甘伯尔再次成为一个自治社区，几乎所有的陆地、地表和地下资源都由当地土著公司中的土著股东进行管理。

其次，社区同它的传统村庄及周围景观的自然联系基本上没有中断。如今当地大多数居民每天外出打猎或从海滩回来时都会经过"旧址"。一些家庭也会继续在"旧址"永久地居住。

再次，一些具有强烈奉献精神的老人和长者会保佑村庄。这些长者是当地知识、文化遗产的守护者，同时他们也把讲故事这一传统发扬光大。"旧址"的故事经常被人提起，在公共场合一起被分享，并被纳入当地学校的尤皮克语言课程计划。这些故事是保持村庄文化一致性和连续性的重要媒介。

最后，现代化的甘伯尔社区通常也会保持过去建立的旧的社会关系以及家族和亲属关系。一些部落和家族仍然会在"旧址"或附近的景观中选定一些区域，作为延续自己特有传统文化的固定地点。因此，"旧址"景观不仅包含了过去的遗产，而且现在仍然是社区中一个功能齐全的生活区域。

这种将当地民族志景观视为当代功能性文化景观的观点对于制定任何保护策略都是至关重要的。通常人们将注意力集中在对甘伯尔独特的考古遗址的保护上。长期以来，为寻找古老的文物和象牙化石，当地居民、外地的挖掘者和专业考古学家不停地对这一古老遗址进行挖掘。到1980年，由于几代人不受管制的挖掘，甘伯尔周围的大多数考古遗址都遭到严重破坏（Crowell，1985，1987）。尽管甘伯尔及其周边地区的五个史前遗址仍名列国家历史遗迹名录（Mobley，2001：2），但是由于人为的挖掘活动，它们的考古和历史价值基本上被破坏，已经失去了作为民族标志的地位。

岛上居民对古代遗址的发掘经常被称为"生计性挖掘"，没人能阻止这种挖掘（Staley，1993：348；Mobley，2001：2）。圣劳伦斯岛的所有土地都由甘伯尔和萨文格两个村庄的公司拥有，目前没有任何联邦或州的文物保护法来保护岛上的考古资源。许多老人承认，无人管制的挖掘正在摧毁当地文化遗产中最有价值的部分。但由于出售考古文物成为许多家庭的主要收入来源，因此除非有其他收入来源，否则很难有解决的办法（Crowell，1987：2；Jorgensen，1990：172；Staley，1993：349）。对旧文物和象牙的抢夺，从另一方面也说明了人们对限制挖掘古遗址的传统法规的抵制。

然而，对历史悠久的民族志景观的保护则是另一回事。人们忽视"旧址"的商业价值，没有任何外部机构质疑甘伯尔的公司对该地区土地管理的控制。因此，村里的公司与印第安人重组法委员会以及市长办公室合作，建立旨在保护古遗址的管理制度。如今，村里的公司对历史悠久的村庄区域还没有保护和规划，对其特殊的文化价值也没有达成共识。资金短缺及老人们对新建筑的反感，致使到目前还没有对历史悠久的村庄进行大规模翻修。不过，一些小的尝试得到了人们热情支持，比如最近的一项举措，即挖掘旧鲸鱼骨并转售给大陆的商业艺术家和纪念品商店。一些土地也划归村公司以外的其他机构，比如村南部边缘的飞机跑道区，目前由交通部（Department of Transportation）［联邦航空管理局（Federal Aviation Administration）］管理。目前的计划是扩建村里的飞机跑道，以满足更大飞机的起飞和降落，但该计划将威胁到湖边有半地下房屋遗址的"旧址"的大部分地区。

除遗址保护外，还可以使用其他一些保护策略来保护甘伯尔"旧址"的历史景观，如教育、历史文档、社区重建、创建当地博物馆和／或文化中心、规范旅游业等。如果对此不能达成共识，即便在这样一个只拥有650名居民的小镇，如何协调这些不同的策略也会对当地领导者提出挑战。

例如，文化教育是甘伯尔教育系统的主要职责。此系统结合了当地的小学、初中和高中，但是它被置于大约500英里外的内陆小镇尤纳拉克利特（Unalakleet）的白令海峡学区（Bering Straits School District）管理局的全面监督下。自 1987 年以来，甘伯尔的学校开设了由当地教育工作者开发的尤皮克语言和文化课程（K‐12 年级）。克里斯托弗·库努卡（Christopher Koonooka）是一位知识渊博、充满激情的尤皮克老师，目前正教授九年级学生"圣劳伦斯岛的历史"课程（包括甘伯尔的历史），每周一个课时。遗憾的是，没有诸如历史照片和旧地图这样的视频资料，也无教师参考书。显而易见，仅通过与学生几个小时的课堂交流，很难将先人的故事、文化以及今天的景观变化灌输给那些出生于不同的现代乡村的学生。

当地一些项目如甘伯尔高中的尤皮克语言和文化课程、诺姆（Nome）的卡韦拉克公司的因纽特人遗产项目（Eskimo Heritage Program of the Kawerak Inc.）以及当地的长老会议，都可以处理甘伯尔民族志景观史的一些文献。外部的努力也会对这项工作有帮助，特别是学者的学术研究项目对这项工作有很大贡献。正如本章所言，记录当地民族志景观历史的书面和口头资源并不缺乏，却没有有关内容的专门宣传册、目录或图示指南。在获得充足的资金之前，可以制作当地民族志景观的"通俗史"，它可以是区域遗产报告、图文并茂的社区资源手册、双语老年人故事汇编、土著遗产课程、遗址调查报告、地区民族历史学、本地地名目录等，也可对以上内容进行任意组合（*Akuzilleput*，2002；Burch，1981；Fair，本卷；Koutsky，1981；*Sivuqam* 1985；*Ublasaun*，1996；*Yupik Language*，1989）。

对历史空间和相关活动进行再创造（包括自然层面和精神层面上的），是另一种强化人们与过去的文化环境联系的已有策略。甘伯尔的居民在重建中有了成功的经历：1976 年，作为美国建国 200 周年纪念活动的一部分，他们在村子南端建造了被称作"曼格特哈皮克"的房屋的现代复制品、冬季居住的海象皮房屋、伊格鲁和旧式半地下房屋。遗憾的是，由于这些建筑没有得到妥善维护，最终毁塌。

目前，除了当地高中用于展示传统民族志物品的玻璃柜和公司主楼的一个小型考古文物私人展厅，甘伯尔的城镇既没有博物馆也没有文化中心来展示其历史和遗产。当地高中的玻璃柜和私人展厅都不是定期开放的，也没有展示旧照片或以前历史景观的其他图像。在当地建立一个小型博物馆或社区文化中心的话题一直不断，但由于资金短缺无法实施。有了一些想象力和当地的主动性，就可以探索其他策略。20 世纪 30 年代的一些废弃的冬季房屋仍然矗立在历史悠久的村庄遗址上，可以对房屋内部空间进行修复，陈列一些传统的日常物品和历史照片，也许还可以举办一个关于过去乡村生活的展览，也可办成一个小型旅游中心，或是尤皮克语言课程中历史课需要的教学设施。

最后，通过带来所需资金、专业知识，提高公众对保护当地民族志景观的关注度、规范商业旅游可以对民族志景观保护做出重大贡献。20 世纪 90 年代以来，甘伯尔已经成为许多北极游船的必经之地，每年都有一艘或更多的游船到访，成百上千的游客来到此地。通常，游客会去"新村"的公共聚集地根古维克，在那里欣赏传统舞蹈，紧接着就会购买当地居民雕刻的象牙制品和其他工艺品，或者参加由当地居民提供的"旧址"之旅。但是，该镇没有向游客提供手册或历史事件的小册子，也没有导游培训项目、已成熟的有关历史事件的旅游或者连贯的旅游解说。为更好地利用当地的历史资源，进一步对投资进行授权，村里的公司成为管理旅游活动的主要机构。然而，到目前为止，却几乎没做什么基础性工作，也没有向同在社区工作的国家公园管理局以及研究人员寻求帮助。

结　论

圣劳伦斯岛的甘伯尔为我们提供了一系列处于不同保护阶段的引人注目的古代和现代民族志景观。它拥有丰富的考古资源，有着2000年的文化变迁记录，背后有坚实的科学发掘和记录详尽的博物馆藏品做支撑。作为一个蓬勃发展的土著家园，它拥有丰富的历史图片，文化根基深厚，文化知识源远流长。这是几十年来甘伯尔居民首次能掌控自己的土地，并享有保护和管理自己历史资源的权利。

与此同时，就如何保护整个北部的土著民族志景观以及为什么迄今在促进这种保护方面收效甚微等，甘伯尔村为我们提供了一个极好的试验场地。由于圣劳伦斯岛特殊的法律地位，州和联邦遗产保护制度无法施加外部压力。这样，当地社区就要承担全部责任，亟须建立可行的遗产制度。

今天，甘伯尔的居民拥有法律权利、文化知识以及保护本社区的使命意识。然而，这一切就像投资于社区遗产保护的"空白支票"，很长一段时间内都不会有效。政府机构正在寻找保护当地民族志景观的策略，在甘伯尔以及许多其他北方土著社区，这才是真正重要的。无论甘伯尔社区成功还是失败，都值得我们记录。

致　谢

对甘伯尔民族志景观的重建是基于人类学家迈克尔·奇列诺夫（Michael Chlenov）对西伯利亚传统的尤皮克社区（1975～1987）进行早期民族历史调查时创造的一种方法。同时，我也得到了欧内斯特·伯奇

（Ernest S. Burch Jr.）的鼓励和启发，他证明通过对民族史籍和老人叙事的细致考证，可以重构拥有 200 年历史的本土文化景观（Burch，1981；1998）。甘伯尔景观研究是美国国家科学基金会（National Science Foundation，OPP 9812981）赞助的早期遗产合作项目（1998～2000）的成果。我还要特别感谢甘伯尔的威利斯·瓦伦嘎（Willis Walunga），他为我介绍了社区丰富的历史和当地相关的专业知识。我还要感谢许多现在和过去居住在甘伯尔的居民，如 Stephen Aningayou/*Kiistivik*，Ralph Apatiki Sr./*Anagguri*，Ora Gologerngen/*Aɣuqi*，Clarence Irrigoo/*Miinglu*，Hansen Irrigoo/*Pulaaghuri*，Winfred James/*Kurulu*，Conrad Oozeva/*Akuliki*，Raymond Oozevuseuk/*Awetaq*，Beda Slwooko/*Avalak*，and Branson Tungiyan/*Unguqti*。感谢他们非常慷慨地与我分享他们自己的历史知识和个人回忆。感谢我的同事阿伦·克罗韦尔（Aron Crowell）、威廉·菲茨（William Fitzhugh）、英格耶德·霍兰德（Ingegerd Holand）、托妮娅·伍兹·霍顿、雷切尔·梅森、查尔斯·莫布里（Charles Mobley）以及卡拉·斯茨克（Cara Seitchek）提出的许多有价值的建议和意见。这项研究是在北极研究中心、史密森学会、甘伯尔印第安人重组法委员会和位于诺姆的国家公园管理局西部北极国家公园办公室支持下完成的。

说明

本文写于 2000～2001 年，是圣劳伦斯岛尤皮克遗产项目的后期成果（*Akuzilleput*，2002）。在最近出版的出版物中，包括布鲁玛（Blumer）2002 年的著作、乔利斯（Jolles）2002 年的著作、梅森（Mason）1998 年的著作、梅森和巴布（Barbe）2003 年的著作以及穆达（Mudar）和斯皮克（Speaker）2003 年的著作，可以找到更多关于甘伯尔历史和社会制度的讨论。

参考文献

Akuzilleput Igaqullghet

2002 *Akuzilleput lgaqullghet. Our Words Put to Paper. Sourcebook in St. Lawrence Island Yupik Heritage and History.* Igor Krupnik and Lars Krutak, comp. ; Igor Krupnik, Willis Walunga and Vera Metcalf, ed. *Contributions to Circumpolar Anthropology* 3. Washington, DC: Arctic Studies Center, Smithsonian Institution.

Bandi, Hans-Georg

1984 Algemeine Einführung und Gräberfunde bei Gambell am Nordwestkap der St. Lorenz Insel, Alaska. *Academica Helvetica. St. Lorenz Insel-Studien* 1. Bernand Stuttgart: Verlag Paul Haupt.

Blumer Reto

2002 Radiochronological Assessment of Neo-Eskimo Occupations on St. Lawrence lsland, Alaska. pp. 61 – 99, in: Archaeology in the Bering Strait Region. Research on Two Continents. Don E. Dumondand Richard L. Bland, eds. *University of Oregon Anthropological papers* 59.

Burch, Ernest S., Jr.

1981 *The Traditional Eskimo Hunters of Point Hope, Alaska: 1800 – 1875.* North Slope Borough.

1998 *The Iñupiat Eskimo Nations of Northwestern Alaska.* Fairbanks: University of Alaska Press.

Burgess, Stephen M.

1974 *The St. Lawrence Islanders of the Northwest Cape: Patterns of Resource Utilization.* Unpublished Ph. D. Dissertation, University of Alaska Fairbanks.

Callaway, Donald G., and Alexander Pilyasov

1993 A Comparative Analysis of the Settlements of Novoye Chaplino and Gambell. *Polar Record* 29 (168): 25 – 36.

Collins, Henry B.

n. p. Field Notes from 1930 Fieldwork. Filed at the Arctic Studies Center archives, Smithsonian Institution.

1931 Ancient Culture of St. Lawrence Island, Alaska. *Explorations and Field-Work of the Smithsonian Institution in 1930.* Publication 111. Washington, D. C. : [publisher?] pp. 135 – 44.

1937 *Archeology of St. Lawrence Island, Alaska.* Smithsonian Miscellaneous Collections 96 (1). Washington: Smithsonian Institution.

1940 Outline of Eskimo Prehistory. *Smithsonian Miscellaneous Collection* 100: 533 –

92. Washington: Smithsonian Institution.

Crowell, Aron L.

1985　Archaeological survey and site composition assessment of St. Lawrence Island, Alaska, August 1984. Unpublished report contributed to the Department of Anthropology, Smithsonian Institution and Sivuqaq, Inc. , Gambell, p. 122.

1987　The Economics of Site Destruction on St. Lawrence Island. *The Northern Raven*, n. s. 6 (3): 1 – 3. Wolcott, Vt.

Doty, William F.

1900　The Eskimo on St. Lawrence Island, Alaska. *Ninth Annual Report on Introduction of Domestic Reindeer into Alaska 1899*, pp. 186 – 223. Washington: Government Printing Office.

Eskimo Heritage Program

1979　*Eskimo Heritage Program. Proceedings of Elders Conference.* Tape EC-SL – 79 – 19 (transcript). Nome: Eskimo Heritage Program.

Fair, Susan W.

1999　Place-Name Studies from the Saniq Coast. Shishmaref to Ikpek, Alaska. *Arctic Research of the United States* 13 (Spring-Summer): 25 – 32.

Gambell, Vene C.

1898　Notes with Regard to the St. Lawrence Island Eskimo. (8th *Annual*) *Report on Introduction of Domestic Reindeer into Alaska.* 141 – 4. Washington: Government Printing Office.

1910　*The Schoolhouse Farthest West. St. Lawrence Island, Alaska.* New York: Woman's Board of Home Missions of the Presbyterian Church.

Geist, Otto W., and Froelich G. Rainey

1936　*Archaeological Excavations at Kukulik, St. Lawrence Island, Alaska.* University of Alaska Miscellaneous Publication 2. Washington, DC: Government Printing Office.

Hooper, C. L.

1881　*Report of the Cruise of the U. S. Revenue-Steamer Corwin in the Arctic Ocean.* Washington, DC.

Hughes, Charles C.

1960　*An Eskimo Village in the Modern World.* Ithaca: Cornell University Press.

1984　St. Lawrence Island Eskimo. *Handbook of North American Indians*, Vol. 5, Arctic. D. Damas, ed. , pp. 262 – 77. Washington: Smithsonian Institution.

Jackson, Sheldon

1903　*Facts about Alaska. Its People, Villages, Missions, Schools.* New York: Woman's Board of Home Missions of the Presbyterian Church.

Jackson, Sheldon, comp.

1898　(*Seventh Annual*) *Report on introduction of Domestic Reindeer into Alaska, 1897.* Washington: Government Printing Office.

Jolles, Carol Zane, with Elinor Oozeva

2002　*Faith, Food, and Family in a Yupik Whaling Community.* Seattle: University of Washington Press.

Jorgensen, Joseph J.

1990　*Oil Age Eskimos.* Berkeley: University of California Press.

Koutsky, Kathryn

1981　Early Days on Norton Sound and Bering Strait. An Overview of Historic Sites in the BSNC Region. *Anthropology and Historic Preservation, Occasional Papers* 29. Fairbanks: University of Alaska Fairbanks, Cooperative Park Studies Unit, Vols. 1 – 8.

Krupnik, Igor

1994　' Siberians' in Alaska: The Siberian Eskimo Contribution to Alaskan Population Recoveries, 1880 – 1940. *Ètudes/Inuit/Studies* 18 (1 – 2): 49 – 80.

2001a　Beringia Yupik "Knowledge Repatriation" Project Completed. Some Team Member's reflections. *ASC Newsletter* 9: 27 – 9.

2001b　*Pust'govoriat nashi stariki. Rasskazy aziatskikh eskimosov-yupik. Zapisi 1975 – 1987* (Let Our Elders Speak. Siberian Yupik Oral Stories, Recorded in 1975 – 1985). Moscow: Institute of Cultural and Natural Heritage of Russia.

Krupnik, Igor, and Michael Chlenov

1997　*Survival in Contact: Yupik (Asiatic Eskimo) Transitions, 1900 – 1990.* Unpublished manuscript.

Krupnik, Igor, and Nikolay Vakhtin

1997　Indigenous Knowledge in Modern Culture: Siberian Yupik Ecological Legacy in Transition. *Arctic Anthropology* 34 (1): 236 – 52.

Little, Ronald L., and Lynn A. Robbins

1984　Effect of Renewable Resource Harvest Disruptions on Socioeconomic and Sociocultural Systems: St. Lawrence Island. *Alaska Outer Continental Shelf Office. Socioeconomic Studies Program, Technical Report* 89. Anchorage.

Mason, Owen K.

1998　The Contest between the Ipiutak, Old Bering Sea, and Birnirk Polities and the Origin of Whaling during the First Millenium A. D. along Bering Strait. *Journal of Anthropological Archaeology* 17: 240 – 335.

Mason, Owen K., and Valerie Barber

2003　A Paleo-Geographic Preface to the Origins of Whaling: Cold Is Better. In: *Indigenous*

Ways to the Present. Native Whaling in the Western Arctic. Allen P. McCartney, ed. pp. 69 –
107. *Studies in Whaling* 6; *Occasional Publication/Canadian Circumpolar Institute Press*
54. Edmonton and Salt Lake City.

Mobley, Charles M.

2001　*Archaeological Monitoring of Military Debris Removal from Gambell*, St. Lawrence Island,
Alaska. Anchorage: Charles Mobley & Associates.

Moore, Riley D.

1923　Social Life of the Eskimo of St. Lawrence Island. *American Anthropologist* 25 (3): 339 –
75.

Mudar, Karen and Stuart Speaker

2003　Natural Catastrophes in Arctic Populations: The 1878 – 1880 Famine on St. Lawrence
Island, Alaska. *Journal of Anthropological Archaeology* 22: 75 – 104.

Muir, John

1917　*The Cruise of the Corwin. Journal of the Arctic Expedition of 1881 in search of De Long
and the Jeannette.* Boston and New York: Houghton Mifflin.

Porter, Robert P.

1893　*Report on Population and Resources of Alaska at the Eleventh Census*, *1890.* Washington:
Government Printing Office.

Silook, Roger S.

1976　*Seevookuk*: *Stories the Old People Told on St. Lawrence Island.* Anchorage.

Sikumengllu Eslamengllu

2004　*Sikumengllu Eslamengllu Esghapalleghput-Watching Ice and Weather Our Way.* Conrad
Oozeva, Chester Noongwook, George Noongwook, Christina Alowa, and Igor Krupnik.
Washington DC: Arctic Studies Center, Smithsonian Institution.

Sivuqam Nangaghnegha

1985　*Sivuqam Nangaghnegha.* Lore of St. Lawrence Island. Echoes of Our Eskimo
Elders. Vol. 1: Gambell. Anders Apassingok, Willis Walunga, and Edward Tennant,
ed. Unalakleet: Bering Strait School District.

1987　*Sivuqam Nangaghnegha.* Lore of St. Lawrence Island. Echoes of Our Eskimo
Elders. Vol. 2: Savoonga. Anders Apassingok, Willis Walunga, Raymond Oozevaseuk, and
Edward Tennant, ed. Unalakleet: Bering Strait School District.

1989　*Sivuqam Nangaghnegha.* Lore of St. Lawrence Island. Echoes of Our Eskimo
Elders. Vol. 3: Southwest Cape. Anders Apassingok, Willis Walunga, Raymond
Oozevaseuk, Jessie Ugloowok, and Edward Tennant, ed. Unalakleet: Bering Strait School
District.

Staley，David P.

1993　St. Lawrence Island's Subsistence Diggers: A New Perspective on Human Effects on Archaeological Sites. *Journal of Field Archaeology* 20（3）: 347 – 55.

Ublasaun

1996　*Ublasaun*. First Light. Inupiaq Hunters and Herders in the Early Twentieth Century, Northern Seward Peninsula, Alaska. J. Schaaf, content editor. Anchorage: National Park Service.

Wicker，Hans-Rudolf

1993　Die Inuit der St. Lorenz-Insel. Eine ethnologische Analyse ökonomishcher und verwandtschaftlicher Structuren（The Inuit of St. Lawrence Island: An Ethnological Analysis of it Economic Structure）. *St. Lorenz Insel-Studien* 3. *Academica helvetica* 5. Bern: Verlag Paul Haupt.

Yupik Language

1989　*The St. Lawrence Island Yupik Language and Culture Curriculum. Grades K – 12*. Anders Apassingok, Project Director. Unalakleet: Bering Strait School District.

（马敏　译）

中世纪的故事与现代的游客

——探索冰岛南部尼亚尔萨迦景观

伊丽莎白·I. 瓦尔德 (Elisabeth I. Ward)

亚瑟·卑尔根·鲍勒森 (Arthur Bjorgvin Bollason)

冰岛的亚北极北大西洋岛有着朴素的自然景观：光秃秃的连绵起伏的山丘、广袤的熔岩地、贫瘠的冰川、活跃的火山、翻滚的瀑布、蒸腾的温泉和高耸的悬崖。它们以令人惊讶的方式融合在一起。公元 874 年维京人（Vikings）到达冰岛前，岛上荒无人烟。自那时起，第一批定居者的后代已经融入冰岛文化，将其从荒野变为定居区。在定居冰岛的过程中，定居者创造了一个有序的社会，逐步完善了法律、财产权和继承权等（Hunt and Gilman, 1998; Hann, 1998）。然而，在这片景观中，几乎看不到划分这些古老土地的任何自然标志。山区由全部社区共享，即便在今天，也很少使用曾经极为罕见的栅栏，这样，马和羊可以自由地在山间觅食。

如今，冰岛人口略超 25 万人。20 世纪 50 年代以前，冰岛的人口达到峰值，接近 7 万人，在这期间也只有 1250 年的人口达到过这一数值。此后，由于饥荒、疾病和低出生率，面积超过 10.3 万平方公里（4 万平方英里）的冰岛人口减少到危险水平。如此低的人口密度意味着景观不会被人工项目严重破坏。人类在此居住的最初 100 年里，最引人注目的人类活动也许就是人们迅速清除了岛上大部分地区的灌木矮桦树（Vesteinsson，2000：165）。从此，冰岛几乎看不到树。

由于树木的质量过低以及后来树木几乎绝迹，早期定居者改变了使用木材建造房屋的传统，开始用草皮和岩石建造房屋，这一做法一直延续到 20 世纪 40 年代。传统的房屋建造方式被遗弃 50 年之后，用草皮和岩石建造的房屋很快就与周围的景观变得难以区分。由于缺少树木、篱笆或明显的人工项目以及传统的老房子，冰岛景观呈现出前所未有的开放性。在冰岛，可以远眺广袤的大地，瞥一眼冰岛的照片就可以证明这一点。在路边就可以看到几英里之外的山谷、区域和山脉。

文化背景中的景观

对外来者而言，冰岛景观的开放性很容易被解读为景观的空洞性。对冰岛景观的这种解读是忽略了冰岛文化的一个基本方面所致。对冰岛人而言，他们的祖先占领和定居的努力，无论是在实践层面还是在象征意义上，都具有重要的价值。对土地所有权的要求也依赖于这种努力。同时，通过对荒野文明化进程的反思，他们提高了能动性。对现代西方城市居民来说，土地是一种简单的物质，但对冰岛人而言，土地是冰岛文化中竞争激烈的核心部分。农民党是冰岛政坛最强大的政党。法律禁止外国人拥有土地，特别是农村的土地。冰岛最重要的艺术家都是风景画家；如今，有关冰岛景观的摄影书籍也非常流行，尽管一部分是为了旅游消费。

除经济、政治和艺术外，冰岛人还通过口头和书面讲故事的形式赋予景观重要意义。他们通过回忆、复述和撰写初期定居者、中世纪后期圣徒、罪人以及近期著名人物的故事，保存了有关这片土地的文化历史知识。通过一个例子可以说明这种知识的普遍性：作为冰岛历史和文学课程的一部分，雷克雅未克大学（University of Reykjavík）的一位教授会定期带学生到冰岛南部地区进行田野考察。他总会在某眼泉边停下车，给学生们讲述 13 世纪冰岛主教"善人"古德蒙德（Gudmund the Good）的故事。这位主教把保护峭壁、泉水和岛屿作为自己的神圣职责。一则传奇故事是关于一眼泉水的，凡在此泉洗过脸的人，都可洗净一切罪恶。每年，当教授在路边的泉眼旁停下，给学生讲述这个受到古德蒙德祈福的著名泉眼时，一个当地的农民也会站在旁边倾听。但是当教授和学生们离开后，这个农民会告知那些路人说教授搞错了。他认为，主教祈福的真正泉眼，在教授所指的这眼泉以东几百码处。

当地大多数景观知识被那些年老的农民保存了下来，他们以知晓当地的地名、故事和重要景观而自豪。他们生长在这样一个时代：冰岛人一生都会生活在同一个地方，就像以前他们的家人世世代代生活在同一个地方那样，在家庭聚会或与邻居交谈时，也经常会说到景观故事。但现在冰岛人有了不同的经历。许多人为获得国会提供的教育、工作和医疗保健等福利离开了乡村。二战后不久，美国在冰岛建立了基地，把美国流行文化引入冰岛，为人们增加了新的娱乐机会。冰岛文化中，冰岛人对文字的热爱恰巧可以防止这些变化抹去几代人积累的故事。

关于土地的著作

自 13 世纪以来，冰岛人常以他们百分百识字自豪。自给自足的农民和牧师和上层阶级其他成员一样，把阅读和写作视为自己的权利。根据哈尔多·拉克斯内斯（Halldor Laxness）的观点，"冰岛人一直对文字有浓厚兴趣"。但从书本中获得的知识并不会自动地优先于传统民俗。书架上堆满书籍的农民也对"小人物"等超自然生物保持着强烈的文化信仰（甚至转移了重大建设项目的进程，以免扰乱"小人物"定居点）。非冰岛人（útlendingar，字面意义为"冰岛以外的人"）很难理解冰岛口头语和书面语之间的无差异性，但两者以互补的认识论体系共存。

从 20 世纪 20 年代开始，冰岛旅游协会（Travel Association of Iceland）每年会为冰岛人出版有关冰岛的著作——这些著作涵盖特定的区域和地区。著作常常会收录当地农民熟知的知识，或由农民自己编写，将来自不同来源的各种知识完美地融合到有关某一地区的同一份记录中［例如，*Godastein* 是一本关于冰岛南部兰加（Ranger）地区的年鉴］。这些著作包括传统故事、某些地形的成因、特定农场名称、景观特征以及家族史。

这些地区性著作模仿了最早用冰岛语书写的《定居者之书》（*Landnámabók*），此书记载了冰岛第一批定居者的生活、冒险经历、他们定居的区域以及基于地理特征命名的地名。当第一批维京人穿越北大西洋来到冰岛时，除了一些爱尔兰隐居的僧侣曾经在此短暂逗留外，当时冰岛还无人居住（Vesteinsson, 2000）。因此，第一批定居者可以自由地根据土地的特征［比如，赫约尔莱夫山（Hjorleif's

Hill）、因戈尔夫山（Ingolf's Hill）]、重要的资源［例如鲑鱼河（Salmon River）、森林山（Forested Hill）]或者物理特征［例如白河（White River）、斯莫基湾（Smokey Bay）]进行命名。尽管许多地名1000多年前就已经确定，但由于冰岛语较为保守，至今人们仍能理解这些地名。通过简单地解析地名，冰岛人就能借助现成的助记符号来了解那些激发命名灵感的人和故事。

20世纪60年代，记忆区域历史和叙事的传统在两卷本《你们的土地》（Landid Thitt）中得到体现。这套书图文并茂，介绍了一些精选的名胜古迹的历史。有时，在书中同一页会提到一位萨迦英雄、一位中世纪牧师、一位17世纪的商人以及一位现代画家，他们都与同一个景观区域有联系。1978年，也就是连接冰岛所有定居点的第一条环形公路（the Ring Road）通车几年后，图文并茂的单卷本《冰岛公路旅行手册》（Islenska Vega Handbókin）出版。该手册按地区和道路编号组织章节框架，将详细的地图按段落编号，提供了地质因素、中世纪萨迦节选以及19世纪的民间信仰等一系列信息。此后，通过几次修改，《冰岛公路旅行手册》成为畅销书，并被翻译成英语和德语。这是人们包括本文作者的共同体会：如果没有这本"道路圣经"的永久陪伴，没有人会开车去乡下。事实上，该手册用与文化相关的信息充实了相对无特征的冰岛景观，使每一次驾驶旅行都像朝圣一样穿越冰岛的"叙事宝库"。同时，人们也无须担心文化景观知识消失，因为政府的支持，可以通过考古学调查和历史研究增加这种知识（Ragnheidar Traustadottir, Coordinator of the National Museum of Iceland Regional Survey, pers. comm. to EW., 2002）。

萨迦的文化中心地位

虽然有些书起到了保存地方历史的作用，但它们常常会忽视冰岛传统文化偏爱的叙事方式——萨迦（saga）。12 世纪以来，冰岛人开始用母语在牛皮上书写故事。这些口头流传下来的故事，有些已经有 300 多年历史。"萨迦"一词来自动词"说"（to say），也有"历史"或"简单的故事"的意思。萨迦是指文学和鲜活的民间故事。最初大多数萨迦是口头形成的，然后又几乎按照口头叙事的原样被记录下来，但这一观点在学术界一直存在争议（Olason，1998；Sigurdsson，2004）。13 世纪以来，随着民间故事的变化，许多书被重新抄录，收录了新的故事元素，形成了一个巨大的文库。每个重新讲述的故事都包含了新的思想和知识，使文学和民间故事之间的界限变得难以区分。由于每个故事都以之前的故事为基础，所以没有公认的"作者"，大多数萨迦都是匿名的文学作品。因此，尽管这些故事是如此著名、如此受欢迎，并被频繁地转述，视为文化遗产，但却不属于任何人。文献学家对不同版本进行了仔细比较来了解故事的变化，并将这些变化视为表明作者意图的证据（Hastrup，1985；Palsson，1992）。这些变化也往往反映了作者所处时代的政治现实，正如人们对鲜活的民俗传统所期望的那样。

这些萨迦还被学者按题材分为不同的类型，有些是关于主教、圣徒或牧师的；有些是为挪威和丹麦国王而作；15 世纪，来自外国的浪漫故事被译成冰岛语。对这些萨迦的保护（以及明显被使用的迹象），表明它们在当初受到高度重视；直到 19 世纪，人们一直还在手抄这些萨迦。虽然所有的故事都有价值，但迄今规模最大的故事集是《冰岛人的萨迦》（*Sagas of the Icelanders*），它讲述了第一批定居者及其后代在一个新居住地白手起家、努力建立一个有序社会的过程。作为冰岛人的"起源神话"，《冰岛人的萨迦》广为人知，成为人们最喜爱的故事集（Kellogg, 1997）。18 世纪以来，这个故事集被多次印刷并被翻译成其他语言，在世界各地大量出售，特别是在斯堪的纳维亚半岛、不列颠群岛和美国。在过去一百年里，这些故事也受到北欧和北美大学学者的极大关注。在本文其余部分，使用"萨迦"这个词时即指《冰岛人的萨迦》。

有一次，时任冰岛总统维格迪丝·芬博阿多蒂尔（Vigdis Finnboadottir）在德国发表演讲，谈到欧洲景观是如何被中世纪的城堡主宰的。相比之下，她指出冰岛没有这样具有纪念意义的建筑，但却有隐藏在景观中的"城堡"，我们称它们为《冰岛人的萨迦》（pers. comm. to A. B., 1986）。在这个比喻中，国王、圣徒或牧师的历史是"村舍"，萨迦被赋予"城堡"的地位。这些萨迦中的地名由于至今仍被一些农场使用，所以可以被辨认出来，但是那些特定的农场本身不是城堡。更确切地说，这些农场让人想起了"隐藏"在一个景观中的故事，或者说是"坐落"在一个景观中的故事，而整个景观都是有文化意义的。

冰岛人日常生活中的萨迦

萨迦的多产彰显了文化的价值和努力，但萨迦不仅是书架上的藏书，而且已成为冰岛人日常意识的一部分。从 16 世纪开始，有关萨迦人物的诗歌就在冰岛流行，非常受欢迎。18 世纪著名诗人西格德·布莱德费尔德（Sigurd Breidfjord）的一首诗以赞赏的口吻，讲述了《尼亚尔萨迦》（*Njál's Saga*）中反面女主角哈尔格德（Hallgerd）的故事。而一位愤愤不平的农民，却从传统视角认为哈尔格德是魔鬼，处处与萨迦中的主要英雄作对。这位农民用另一首诗进行回击，这首诗很快就传播开来（Sveinnson，1958）。这就是他们已讲述了800多年的萨迦叙事的威力所在。

现在，不仅学校讲授萨迦，而且在家里特别是在农村地区人们也会经常谈论它们。一些短语和常见表述也来自萨迦中的事件，比如：

——"Lyfta Grettis Taki" 在英语中相当于《圣经》中提到的"举起重物"，但这个冰岛语词组特别提到了一位萨迦英雄葛雷蒂尔（Grettir），他能够举起一块无比巨大的石头。

——当小孩子做错事被抓时，成年人常常用《尼亚尔萨迦》中的一句话 "Tekid haf jeg hvolpa tvo, hval skal"，意即"我捕获两只小狗，我该怎么处理它们呢？"在《尼亚尔萨迦》中，这是凶猛的维京勇士斯卡尔夫丁（Skarphdinn）私下的威胁。

——"Dyr mundi Hafiidi Allir"［意思是"赔付哈尔弗里德（Halflid）的生命非常昂贵"］是在商品价格昂贵的情况下使用的短语。在《斯特伦加萨迦》（*Sturlunga Saga*）中，一个被杀的战士哈尔弗里德的家庭获得了极高的赔偿。

即便有些人从未读过萨迦，萨迦中的名言也众人皆知，包括《拉克斯达拉萨迦》（*Laxdala Saga*）女主角的最后陈述："我对他最坏，但我却最珍惜他。"

报纸、电影、电视和广播电视节目等大众媒介也在努力推广萨迦人物。最近国家报纸上有几场关于萨迦人物的辩论，有时甚至会出现在晚间新闻中。包括尼亚尔的性取向、赫鲁图（Hrutur）的性问题、伊格乐（Egil）的饮酒习惯、冈纳（Gunnar）和哈尔格德的婚姻问题以及莱夫·埃里克森（Leif Eriksson）的民族归属问题。萨迦成为居住在雷克雅未克的冰岛人日常生活的一部分，他们驾车行驶在以萨迦人物冈纳的名字命名的"冈纳之路"上，或行驶在以其他萨迦人物命名的街道上（Helgason，1998）。

通过这些公开辩论，冰岛人实际在参与一项展示他们身份的集体活动。他们显示出共同之处，正如萨迦记载的那样，他们拥有起源于定居时代的共有遗产。文章中每一个讨论、谈话中每一处陈腐的用语以及对萨迦的每一处引用都是文化遗产自然的发展，也是其持续的文化有效性的一个永久保证。这是冰岛文化稳定性的一个证明，尽管丹麦和挪威对冰岛统治了近800年，但人们仍能深刻地体会到其与生活在1000多年前的人和事件之间的联系。

《尼亚尔萨迦》

作为文学作品的冰岛萨迦在国外已引起极大的学术关注，在冰岛也不断激发起人们对它广泛的文化兴趣。一些作品脱颖而出，受到人们的格外关注，这主要是因为它们的覆盖面较广，如《挪威列王纪》（*Heimskringla*），或者具有重要的历史意义，如《海盗战记》（*Vinland Sagas*），或者因其叙事性结构，如《拉克斯达拉萨迦》。在本文中我们将特别关注后一类萨迦，《被焚者尼亚尔萨迦》（*The Saga of Burnt Njal*，简称《尼亚尔萨迦》）结构严谨，含有小说的元素，如伏笔、事件的螺旋式复杂性和最终的戏剧性高潮等。与大部分萨迦不同，《尼亚尔萨迦》的篇幅很长，我们很难想象它是如何被背诵口述的。因为不太适合于口头背诵，也许它创作出来时原本就是书面作品。《尼亚尔萨迦》共 159 章，最新英译本为 219 页（Hreinsson，1997a）。很显然，这位匿名作者想把来自多个民间故事的情节组合起来，创造一个史诗级的故事。

这部萨迦以非常简洁的方式，主要讲述了英雄冈纳和他聪明的朋友尼亚尔的故事。他们在与女人、孩子以及与国内外竞争对手的关系中，发生了一个个冲突。冲突的结果往往是一方杀死另一方的一名成员，这是萨迦典型的故事模式。然后，案件会被提交到相应的法律机构（冰岛人最早在公元 930 年就有了议会和法院），在那里寻求金钱赔偿或法律判决（一般是放逐）。虽然这个萨迦被称为《尼亚尔萨迦》，但事实上很多冲突都是围绕冈纳展开的。尼亚尔有时建议冈纳采取一些阴谋诡计，这些建议往往会激怒对方，导致进一步的冲突。在故事的中间部分，冈纳在自己家里被 30 多人袭击而亡，他美丽的妻子出卖了他。随后事件继续展开，尼亚尔的儿子们持续了冈纳以及他们自己与别人的冲突。在故事的结尾，尼亚尔被伏击。对手堵住了大门，尼亚尔、他的妻子、两个女儿、三个儿子和一个外孙被活活烧死在房子里。他的女婿卡利（Kari）设法逃脱，最后报了仇。

这个萨迦的冒险故事、复杂的故事线索以及对人物的精彩描写，为冰岛人和外国学者的辩论提供了许多素材。世纪之交以来，冰岛的学校已经在讲授这个萨迦，很多大学还就这个萨迦开设了很多课程。1861 年，乔治·达斯汀（George Dascent）首次将这个萨迦译为英文，从那时起，出现了一系列不同的翻译版本，一直延续至今。19 世纪末以来，出现了很多德语和斯堪的纳维亚语译本。在这些译本的序言中，《尼亚尔萨迦》被称为冰岛历史上最伟大的文学作品（Magnusson & Palsson，1960）。

《尼亚尔萨迦》和冰岛景观

在这些学术讨论中鲜有提及的是萨迦和冰岛景观的关系问题，特别是与冰岛南部景观的关系问题，虽然不是全部，但是大部分萨迦故事发生在南部。《尼亚尔萨迦》故事中一些有关当地的细节使居民感觉到自己与故事和人物之间的密切联系。萨迦作者在创作他们的故事时运用了上述广阔的视野和景观视角（Kaalund，1877）。例如，尼亚尔的敌人正在聚集、著名的尼亚尔农场被烧前的情景，就是通过骑马穿越景观形成的：

> 然后他们骑马上山，到达费斯基沃顿（Fiskivotn）。随后继续向西，直到梅利费尔斯桑德（Maelifellssand），他们左边是埃贾夫贾拉霍库尔（Eyjafjallajokul），接着下山到了戈达兰（Godaland），从戈达兰去往马尔卡夫尔霍特（Markarfljot）。午后他们来到了斯里希尔宁（Thrihyrning），并在那儿一直待到傍晚。那时，除了凯尔德（Keldur）的英乔德（Ingjald）没到，其他人都已到达。西格弗森（Sigfussons）强烈谴责他，但弗洛斯（Flosi）却说英乔德不在这儿，不要责难他——"稍后我们会和他和解的"（Hreinsson，1997a：152）。

这段引述所涉及的地名暗示了冰岛萨迦传统中叙事与景观之间错综复杂的关系。[1]当无所不知的故事叙述者设置人物和他们的冲突时，场景在农场之间转移，有些在遥远的其他地区，如果不是在外国的话。萨迦总是一成不变地描述特定的路线，并通过罗列萨迦人物从一地到另一地花费的天数来验证这一点。叙述者并不是简单地从一个地方跳到另一个地方，而是带领读者（或听众）通过神游穿越景观，指出沿途的地标。鉴于此，熟悉冰岛萨迦也就意味着对冰岛景观的熟谙。

《尼亚尔萨迦》当然也不例外，不管是追随冈纳与他表姐前夫的父亲一起去东海岸定居，还是和卡利一起在挪威替家人报仇，都体现了对景观的逐渐了解和熟悉。也许正是这种穿越景观的运动感，第一次激发了英国游客于 19 世纪来到冰岛，试图一幕一幕地追溯故事情节。虽然雷克雅未克的游客并不总是严格按照时间顺序来，但他们会向东穿过群山，就像冈纳与第一任妻子离婚后回到他童年居住的弗洛特西丽德（Flotshlid）的禾利达仁迪（Hlidarendi）那样。此种前往萨迦遗址的朝圣之旅，一度在英国学者和精英阶层中非常盛行，英译本《尼亚尔萨迦》在英国也特别流行。科林伍德（W. G. Collingwood）作为一位受人尊敬的历史学家兼画家，于 1890 年参观了冰岛。他的有关萨迦景观的画作和描述自己旅行的游记无疑对这一现象起了推动作用（Collingwood & Stefansson，1899）。

值得注意的是，在某些情况下，19 世纪和 20 世纪的景观学者和历史学家为了揭示萨迦与景观之间的紧密联系，开始根据自己的理解，怀着极大的热情去命名或重新命名一些地方（Fridriksson，1994）。这就导致了很多地方有来自萨迦灵感的相同地名，并且有关哪个地名更合法的讨论在持续进行。对一些人，特别是对那些依靠地名数据开展调查和决定挖掘地点的考古学家而言，萨迦地名就不那么可靠了。冰岛文化部（Icelandic Cultural Ministry）认为，至少从 17 世纪开始，地名就具有了相当大的延续性（Gudrun Gudmansdóttir，pers. comm. to E. W.）。本文作者指出，重命名特别是由当地居民进行的重命名可以视为冰岛萨迦景观中一种现存的传统标志。

时至今日，大量描绘萨迦遗址和景观路线的书籍已出版。在最新出版的名为 *Njaluslodir* 的书中，比亚尔纳松（Bjarnason）列举和描述了《尼亚尔萨迦》提到的所有遗址。

萨迦不只在一般路线与一些地理细节上有联系，要理解某些场景中描述的动作，必须依赖对景观知识更深入的了解。例如，在一个战斗场景中，冈纳的身手有力地证明了他有抵挡 30 个攻击者的能力。但当感到要遭到伏击时，他迅速改变了路线，去了唯一一处可防御的地方（湍急的河流附近的一块大岩石）。也许冈纳在改变路线中表现出的机敏才是叙事更重要的部分。无论是整体框架还是具体情景或动作顺序，萨迦都与景观知识密不可分。

地方认同和《尼亚尔萨迦》

尽管冰岛面积不大，是孤立的岛屿，但享有国际声誉的《尼亚尔萨迦》却是整个冰岛人的骄傲，彰显了冰岛人书面语的技巧，在学术会议和政治演讲中经常被引用。除了在文学方面的认可，《尼亚尔萨迦》对当地人而言还有更加具体的价值。《尼亚尔萨迦》中的主要人物尼亚尔住在博格索尔什沃（Bergthorshvol）农场。如今在冰岛南部维斯特曼群岛（Vestman Islands）对面的海岸，仍有名字相同的农场。英雄冈纳被称为"禾利达仁迪的冈纳"，这是因为他在尼亚尔农场内陆的丘陵地区（弗洛特西丽德的河流山坡）拥有一个名为"禾利达仁迪"的农场。整个弗洛特西丽德区域是冰岛南部主要的农耕区域。虽然当地居民很少有人认为自己的祖先是尼亚尔或冈纳，但所有冰岛人都是那些早期居民的后代。

对于在萨迦人物居住地区的居民来说，《尼亚尔萨迦》不仅是一部伟大的文学作品，而且是在他们区域发生的故事，还是他们自己的历史。换言之，《尼亚尔萨迦》已成为他们身份的一部分。如果有关萨迦的辩论在全国性报纸上很常见的话，那么对于冰岛这个地区的居民来说，关于《尼亚尔萨迦》人物的辩论就是以日常对话形式进行的表达身份的时刻（Hymes，1983）。有一个非常有趣的例子，与一位隐居的农民有关，他平常很少与邻居交流。在阅读了妇女委员会发布的要在2001 年 8 月 23 日纪念尼亚尔农场被烧毁事件的传单后，他迫切想发表自己的看法。喝完几杯烈酒后，他打电话给活动的组织者，声称有一个重要的问题。多年来他仔细阅读了《尼亚尔萨迦》，通过对故事中干草收获时间和照料羊群等线索的观察和了解，他坚信大火实际上发生在 8 月 21 日。因此，他建议将纪念活动提前两天举行。

这只是该区域居民共同商讨《尼亚尔萨迦》的众多例子中的一个，但这种情况并不仅仅在冰岛南部才有。冰岛的大部分地方都有发生在他们区域的萨迦。正因如此，萨迦景观——与特定萨迦相关的景观——是冰岛许多景观中的典型。

霍尔索卢尔（Hvollsollur）的萨迦中心

前面的论述描述了冰岛文化景观特别是萨迦景观受到持续保护的程度以及它们在冰岛文化中的重要意义。但在过去的 50 年里，这种文化经历了巨大变化，面临如何将传统的萨迦景观融入现实生活的问题。《尼亚尔萨迦》中的大多数故事发生在冰岛南部的霍尔索卢尔社区。这个社区进行了一项独特的试验，其目的是要检测具有丰富叙事内容的萨迦景观行程是否可以成为资本主义经济体系中的一种商品；同时，他们还提出了一个更广泛的问题，即在一种文化中，本质上很神圣的景观是否可以得到相应的解释和呈现，即使对于不具备这种文化背景的外国游客来说这也非常有意义。

在 20 世纪 90 年代晚期，由于年轻人不再从事农作，渔业市场也低迷不振，冰岛南部地区［更具体来说是该区域行政单位朗加瓦拉县（Rangárvallasýsla）］面临巨大的经济衰退。这个地区的议员想找到一个快速增加收入的办法。那时冰岛发展最好的是旅游业。从 1970 年开始，旅游业已成为蓬勃发展的产业，这在很大程度上要感谢冰岛航空，它是唯一一家为冰岛提供服务的商业航空公司［直到最近才与斯堪的纳维亚航空公司（SAS）合作］。冰岛航空通过提供打折机票和独有的周末旅行，吸引了许多美国和欧洲的游客到冰岛旅游。通常这些旅游项目包括冰岛自然奇观之旅，如壮观的黄金瀑布（高达 90 英尺）之旅、最西部的斯奈菲尔冰川（Sneafellsjokull）之旅。每家酒店都会把体现这些景点简朴之美的精美小册子分发给游客，巴士定期从机场和酒店出发，前往这些自然景观。旅游公司借助这些景观的内在吸引力，成功地使旅游业成为冰岛仅次于渔业的第二大产业。最近的一项盖洛普（Gallup）民意调查发现，2000 年夏天前往冰岛的游客数量与冰岛的人口相当（28 万人）。

可以理解，冰岛南部的地方政府官员也想要"参与其中"，但南部地区几乎没有明显的自然奇观，那里大多是广阔的平原、迷人的河流和美丽绵延的山峦。它不会让人产生敬畏的感觉，但会带给人舒适感。附近还有冰岛为数不多的森林，在冰岛很受欢迎，但它不是来自真正森林地区游客的目的地，比如德国的黑森林（Black Forest）或加利福尼亚州的红木森林（Redwood Forest）。与整个冰岛一样，冰岛南部也没有大型建筑或其他引人注目的人工奇观。

但冰岛南部是《尼亚尔萨迦》的发源地。如上所述，自 19 世纪晚期以来，正是由于《尼亚尔萨迦》，一些来自英国和斯堪的纳维亚半岛的游客来到此地。有关冰岛旅游的书籍（i. e. Russel，1914）一直在强调这一区域为《尼亚尔萨迦》的发生地。虽然在《尼亚尔萨迦》提到的 200 个地名中，只有 60 个是在该区域发现的（Bjarnason，1999），但此地的地名集中度要高于其他地方。更重要的是，两个主要人物冈纳和尼亚尔都曾住在该区域。因此，由于《尼亚尔萨迦》，该地区决定鼓励游客参观朗加瓦拉县就顺理成章了。对当地人来说，由于匿名作者写出了《尼亚尔萨迦》，这里的景观也自然充满了萨迦英雄的故事和激动人心的事件。每一个冰岛人在禾利达仁迪看到冈纳农场，都会联想到《尼亚尔萨迦》中的英雄冈纳和他的妻子哈尔格德。冰岛旅行者认为斯里希尔宁山与弗洛西的故事有关。博格索尔什沃农场发生大火后，弗洛西藏身于山顶的山谷里。了解《尼亚尔萨迦》的冰岛人和外国人所看到的不仅是自然特征，如奔腾的河流、低矮的青山，还有让冰岛人由这些自然特征联想到 1000 多年前发生在这里的激动人心的重要事件。这种共享的、富有想象力的文化景观，对当地人而言实实在在地存在。他们相信这些文化景观可以吸引游客来到萨迦中心（Saga Center）。由于这一旅游景点的存在依托于冰岛南部既存的、通过特殊的萨迦叙事创作的文化景观，所以其合适的关注点应该是探寻理解萨迦景观的现代表现形式。这一分析也表明，萨迦中心不仅保护了文化景观，而且也是该景观变革的一种动力，赋予了景观新的意义。

萨迦中心的起源

自 1996 年始，来自朗加瓦拉县十个城镇社区的领导人开会，商讨在《尼亚尔萨迦》提到的地方启动旅游项目。十个社区中有六个社区从全年预算中拨出部分资金用于旅游项目，所有投资的市长一起指定了一个董事会。最初设想的是为期两天的旅行，游客在酒店可住一晚，而且印制了一些小册子详细介绍旅程，但很快决定指定一座建筑作为还没有定型的旅游目的地中的一个特殊景点，它也可以作为旅游团出发的起点。这栋建筑必须包括提供景点宣传单的游客中心、商店、办公区域、展览厅以及维京风格的用餐区等。[2]最初两年，几乎没人预定这样的旅行。

1996 年底，董事会雇用了一名设计师并购买了一栋建筑，名为"萨迦中心"。该中心坐落在位于朗加瓦拉县中心的霍尔索卢尔，它恰好是该项目一名最强烈的支持者的家乡，这位支持者是位牙医，也是社区的领导人。他们还聘请了冰岛最有经验的展览设计者比约恩·G. 比约恩森（Bjorn G. Bjornsson）。为设计这个中心，他参观了许多国际维京展览中心和遗址，包括约克（York）约维克中心（Jorvik Center）、都柏林国家博物馆（Dublin National Museum）、纽芬兰（Newfoundland）兰塞奥兹牧场（L'Anse aux Meadows）以及斯堪的纳维亚的博物馆。

萨迦中心深受已建成的维京展览中心的影响，楼层的一部分（大约三分之一）空间用于有关维京人和维京时代（Viking Age）的讨论。一部分则集中介绍了冰岛萨迦的写作史，讨论了很多著名的人物，如著名历史学家、萨迦诗歌解读者斯努里·斯特鲁森（Snorri Sturlusson）。其余部分——大约不到楼层一半的空间——集中展览了《尼亚尔萨迦》。设计师在写给"都柏林维京历险与盛宴"（Viking Adventure and Feast in Dublin）的一封信中评论道，萨迦是冰岛旅游业中尚未充分利用的资产，而且似乎没有先例可以作为中心展览的典范。

萨迦主要人物的形象以及对每部分主要动作场景的简要概述，主要是通过展览墙上的大量引文和基于萨迦动作灵感的历史绘画来展示。除了现代娱乐活动之外，展览中没有风景照片，也没有展品。尽管展览是游客了解《尼亚尔萨迦》的重要渠道，但主要的焦点似乎是创建一个符合国际标准的维京展览，处理萨迦叙事展览的不确定性。

变化与成功

在其他方面，萨迦中心虽然得到了当地的资助与鼓励，但它在发展中开始展现其国际化的洞察力。1999 年，中心聘请了外国电台记者、著名电视工作者、导游亚瑟·卑尔根·鲍勒森担任主任。在地方官员看来，鲍勒森对冰岛旅游的了解以及与媒体的良好关系，是一笔特殊的资产。自任职以来，他已进行了一些改变，不再关注萨迦的叙事细节，而是将重点更多地放到萨迦的个人角色上。所有这些改变都是为了让萨迦中心更容易被国际游客接受。旅行时间从两天缩短到几个小时，游客分为冰岛当地人和外来人。2001 年建成了带有维京风格木制长椅的餐厅，中心开始为乘坐大巴的游客提供传统美食，这使参观游览萨迦中心的时间延长为一天。有些旅游团体放弃巴士之旅，只参加周末晚上的娱乐活动。星期五晚上会上演一小时的音乐剧，这个音乐剧是在 19 世纪有关《尼亚尔萨迦》人物的歌曲基础上改编的。星期六会上演关于冈纳和他臭名昭著的妻子哈尔格德的一部戏剧。当冈纳弓弦断裂时，哈尔格德拒绝把自己的头发提供给他来做绞线，致使冈纳在受到敌人的猛烈攻击时无法保护自己。这两部剧都是用冰岛语演出，但会给观众配发英语文本，这受到了冰岛人和外国游客的欢迎，对那些因乘车游览身体困乏的人而言也很方便。除了鲍勒森，在中心工作的所有人，包括在音乐剧里演唱的演员均为当地人。[3]
萨迦中心为游客提供了多种选择，通过这种方式，它与当地社区的联系也更加紧密，这是另一个收获。报纸上介绍新增加的娱乐项目的文章吸引了冰岛人来旅游，而旅游公司把萨迦中心作为巴士和邮轮旅游团的旅游目的地，也大大增加了国际游客的数量。

游客简介

所有这些改变和措施使萨迦中心成为冰岛最受欢迎的文化旅游目的地之一。2001 年夏天[4]虽然只能参观最早的议会所在地，但是很受人们欢迎，议会所在地也是一个位于很大的自然景观中的非常漂亮的国家公园。霍尔索卢尔是一个很小且毫无特色的农业社区，距离雷克雅未克国会大厦有 100 公里的车程，但如今霍尔索卢尔非常受游人欢迎，获利颇丰。[5]

来到萨迦中心的游客，有外国人也有冰岛人。冰岛人由于喜欢欣赏自己国家的旖旎风景，所以也会来此地旅游，但最初的目标游客是外国人。2001 年夏，17000 多名游客来到这里，其中 65％ 为冰岛游客，35％ 是外国游客，大多数人超过 50 岁。秋季和春季会有许多学生团体。参观者在性别和阶层等方面非常多元化。例如，某个周六会有两个旅游团同时来参观，一个团是教师培训学校的教授，另一个团则是一家用拖网捕鱼的渔船公司的船员。

界定尼亚尔区域

从博物馆学和旅游业角度来看，萨迦中心的所有活动都很有趣，但本文主要关注萨迦中心作为萨迦景观之旅起点和终点的功能。

这些旅游旨在将充满叙事的萨迦景观推介给那些不太熟悉《尼亚尔萨迦》的人。旅游面包车或大巴车上坐满了由萨迦中心导游带领的外国人和冰岛人，这些团队经常一起到达萨迦中心。如果他们提前告知中心他们的旅游计划（很多团队都这么做），中心的主任就会接待他们并带领他们参观展览。之后，当地知识渊博的导游和他们一起登上巴士，旅游就此开始。巴士会沿着特定路线，穿越各种景观，并在《尼亚尔萨迦》描述和提到的地方停留。在每一站，导游都会复述或重读与该景点相关的萨迦，并回答游客的问题。停留的时间通常为 15 分钟，导游会讲几句话，其中包括朗读萨迦，然后游客可以拍照、四处游览或提出问题，最后回到车上。

根据萨迦的性质，萨迦景观包括冰岛西海岸辛格维利尔湖（Lake Thingvellir）附近的国民大会遗址（National Assembly site）以及挪威和英国的风景，但是在考虑巴士旅行应该包括什么、不包括什么时，对以上景观就需要做出选择。让人们来到这个特定区域的政治动机肯定也会影响景观的选择，最后将旅游区域限制在为创建萨迦中心提供资金资助的六个社区。这些社区，事实上可能还有其他的社区，自 18 世纪以来一直自认为是尼亚尔区域（Njáluslóð /Njáluslod）的一部分，这个区域的名字"Njáluslod"是在那个时候刚刚创造出来的。"Njáluslod"被广泛理解为《尼亚尔萨迦》主角尼亚尔名字"Njál"的所有格形式，即"Njálu"和名词"slod"的组合，"slod"是地理术语，意指被共同力量影响的地区，如某条河流冲刷的平原等。冰川、河流和沙子也以同样的方式不断侵蚀和改变《尼亚尔萨迦》中提及地区的地貌，这部萨迦的匿名作者以及一代代讲述萨迦的人也不得不设法"改变"萨迦中的景观，并赋予景观新的意义，但这种影响的界限是无形的。尼亚尔区域指的是整个景观区域，而不是某个特定地方。巴士旅行线路在界定"尼亚尔区域"方面起到了积极的、必不可少的作用。通过限定特定地理区域，该区域最终变成旅游者脑海中的尼亚尔区域。

同时，现有的景观决定和限制了萨迦能够包括的叙事元素。卡利在英格兰的复仇行动——这是非常令人满意的萨迦结尾——没有被提及，这是因为他的行动不能通过当地的景观来展现。相反，萨迦中次要的角色——尼亚尔私生子[6]的舅舅却得到充分的关注，这是因为他的农场至今仍然存在，农场中还包括适合维京时代的逃生通道。通过萨迦中心的作用，萨迦与景观的相互关系进一步加强并协同发展，从而使两者相互界定。因此，由于萨迦中心的存在，人们对《尼亚尔萨迦》及其意义的理解发生了变化。冰岛人不把这些萨迦看作陈腐的文学作品，而是他们日常生活不可分割的一部分。他们认为这些萨迦目的和意义的进化符合当前需要，并未超出他们的预期。

萨迦巴士之旅

萨迦和自然景观之间的灵活关系使旅游变得有内容，因此旅途中涉及萨迦的数量，可根据游客的具体情况而定。外国游客的巴士旅游时间短，景点也较少。通常情况下，他们的旅游约需两小时，大约包括5站。相比之下，冰岛人的旅游至少需要3小时，中途停靠7~8站。旅程数量、持续时间和停靠地点的选择在某种程度上取决于天气状况、旅游团的规模和团员的兴趣。但外国旅游团和本地旅游团的旅程开始方式大致相同，即从萨迦中心沿着已铺就的主干道向西行进。

第一站是霍夫（Hof）农场，可以看到《尼亚尔萨迦》开始部分提到的沃鲁（Vollur）农场。它距离萨迦中心15分钟车程，坐落在人口稀少的平原上，农场土地与1000年前相比要贫瘠得多。霍夫农场给冈纳和尼亚尔带来了很多苦难，农场主的长子挑起战争，最终使尼亚尔在家中被活活烧死。现在那里已没有农场，只能在一个用围栏围起的地方看到一群冰岛马。通常，导游会让车在这个地方停下来，游客围着导游，听他介绍《尼亚尔萨迦》中的主要人物，朗读萨迦开头的几段文字，导游有时也会选择其他段落来读。导游通常也会告知游客萨迦提到的另外两个农场的位置，天空晴朗的时候，在霍夫农场就可以看到它们，但如今在这两个地方已经难寻老建筑的踪影。由于在萨迦叙事框架中，直到故事的后半部分才提到这两个农场，所以导游通常不会朗读有关这些农场的段落，游客也不知道这些农场的确切位置。其中柯朱－贝尔（Kirkju-baer）农场是冈纳妻子让她的一个奴隶闯入的农场，她这么做是对农民侮辱冈纳进行的报复。这是一个很有说服力的故事，导游通常会讲述。

沿着土路进入景观内部，旅游巴士转而向山区行进。旅程的下一站是凯尔德农场，这个农场至今还有人居住，用草皮覆盖的传统的旧建筑完好无损地伫立在农场上。尼亚尔的亲戚英加杜尔（Ingjaldur）曾在这个农场生活，他因为尼亚尔被杀而加入了治安维持会。因为英加杜尔是萨迦中的小角色，他的农场本来没必要出现在萨迦之旅中，但由于这个农场是正宗的传统农场，导游可以向游客讲解冰岛人耕种的历史。此外，两条从房子通往附近河岸的逃生隧道，也会让人想起维京时代及其后来的危险对抗。在这里，导游通常不会再读萨迦节选，而是谈论一些冰岛人的日常生活。这个农场因附近的天然温泉而得名。

在更远的内陆，旅游巴士与兰加河（Ranga River）相遇，并沿着河西岸继续前行。这一段由于赫克拉山（Mount Hekla）连续的火山喷发而变成了北极沙漠，因此被完全遗弃。经过几公里颠簸，导游指向河边的一块大石头。尽管在萨迦中这块石头没有明确的名字，但在当地民间传说中，这块石头被称作"冈纳斯泰因"（Gunnarsstein），意思是"冈纳的石头"。《尼亚尔萨迦》中有一段戏剧性的情节，冈纳和他的两个同伴与30名武装分子对峙，虽然冈纳的兄弟赫约图尔（Hjortur）被杀，最后他们却取得了胜利。因为萨迦中提到冈纳在河边很熟悉的地方建立防御工事，因此当地人认为这块大石头就是为冈纳提供防御的地方。如果时间充裕的话，导游会坐在石头上为游客诵读萨迦中有关这一战斗场景的片段。在该地区的发掘中，人们发现了一些与弓箭相关的物品[7]以及一些人类遗骸，这为这块名为"冈纳斯泰因"的石头以及战斗地点增加了可信度。

旅游巴士继续向东南方向行驶，在山脚下经过了几个山丘，导游向车窗外指了指沿途几个景点，特别值得一提的是"三角山"（Three Horned Mountain）。根据萨迦所述，一位农民和他的几个儿子住在这个山脚下，他们饲养的马匹曾获得冠军，但他们农场的位置目前还不确定（尽管已经确定了四五个农场的废墟）。农民的儿子和冈纳进行了一场马上决斗，这场决斗最终导致了冈纳的死亡。两座山之间是天然的山谷和沟壑，人们认为大火发生后，袭击尼亚尔的人就藏在这里。

旅游巴士在群山绵延的山区蜿蜒而行，终于行进到平坦的道路上，然后又朝东北沿着马尔卡夫尔霍特河（Markarfljot River）向冰川方向前进。这段道路的两旁是坐落在沿河山坡上的富饶的弗洛特西丽德农业区。小山上的禾利达仁迪农场就是冈纳生活过的地方。旅游巴士停在这里时，导游通常会讲一些故事，包括此处一座19世纪教堂的故事和20世纪居住在附近的一位艺术家的故事，但导游总会朗读关于冈纳死亡的章节。非常戏剧性的是，关于冈纳死亡的原因有很多说法，其中最重要的一个说法是冈纳竭力躲避四十个敌人时，向妻子索要几缕又长又粗的头发替换断了的弓弦，妻子羞怯地回答："一切取决于它吗？"拒绝了他的要求，作为对多年前冈纳给她一记耳光的报复。听到这个背叛的故事，多数游客感到震惊。但导游经常会提到人们对这个场景的争论以及最新的观点。最近有理论认为，这对夫妻只是在享受彼此的给予，并把此作为一次美好的告别。冈纳农场里没有自然遗迹，也不知道山上房子的确切位置，但农场的边界已经确定。从这个有利位置，可越过马尔卡夫尔霍特河平原向南眺望韦斯特曼群岛。对外国游客来说，这是旅游的最后一站。因此，导游会引领游客眺望萨迦中提到的其他地方。博格索尔什沃的尼亚尔农场，也坐落在马尔卡夫尔霍特河平原上。由于外国游客不去尼亚尔农场，导游通常会指着它的方向，讲述尼亚尔遭遇大火的故事。随后，旅游巴士沿着铺好的道路返回萨迦中心，行程大约需要两个小时。

冰岛之旅从禾利达仁迪向南穿过马尔卡夫尔霍特河平原继续前行。巴士停靠在戴蒙（Dimon），和该地区的其他地方一样，它是一座没有被侵蚀的大山。在这里，导游会讲述尼亚尔的儿子斯卡派迪恩（Skarpedinn）的冒险故事。斯卡派迪恩滑行穿过附近一条结冰的河，用斧头杀死了几个人，而自己却毫发无损地逃走了。导游也会经常在这里诵读萨迦中关于另一个故事的一首诗。作为对杀戮的惩罚，冈纳被迫骑马南下穿越这片平原离开冰岛。骑行中马被绊了一跤，当冈纳着地时，他转身面向北方的禾利达仁迪，看到弗洛特西丽德那么美丽，决心不再离开。这一决定使敌人找到他并在他的房子里将他杀死。尽管这两个故事没有精确的发生地，但它们通常与戴蒙有关。尽管在萨迦叙事中两个故事彼此独立，但是戴蒙为在附近发生的这两个故事提供了一个有意义的场景。

冰岛语言之旅的最后一站是博格索尔什沃，即尼亚尔农场所在地。农场位于戴蒙正西方，也坐落在马尔卡夫尔霍特河平原上。今天，仍有农场叫博格索尔什沃。农场土地上有几个土堆，很可能是以前农舍的垃圾堆。据说，尼亚尔的房子就坐落在其中一个小山丘上。旅游巴士停在这个农场，游客鱼贯而出。导游站在土堆上，讲述被焚者尼亚尔的故事。他指着北部平原对面的三角山，说敌人是从那里出现的（通常导游会评论这种说法，认为尼亚尔不可能没注意到从这么远的地方向他走来的一大群人）。接着，导游又讲述了一个关于尼亚尔和他的妻子以及他们孙子的故事。故事充满了戏剧性。尽管敌人给了妇女和孩子离开的机会，但尼亚尔和妻子以及一个年幼的孙子却想一起死去。这段既暴力又感人的情节已接近萨迦的尾声，也非常适合放在旅程的最后一站来讲解。最后，巴士向北行驶，再稍向东行，返回萨迦中心。冰岛之旅持续 3.5～4 个小时。

通常客人会留下来享用传统的饮食，也会参加星期五和星期六晚上的现场娱乐活动，随后回到住处过夜。

导 游

导游是旅游的一个重要组成部分。冰岛的导游不需要正式申请，也无须培训。任何熟知萨迦、具备公共演讲技巧以及拥有充足时间的本地人都可以通过社区网络成为导游。旅游过程中，尽管有规定的路线和停靠站点，但导游可以自由讲述他们知道和感兴趣的内容。除了旅游路线和持续时间不同，旅游过程中对外国游客和冰岛本地游客展示的景点信息也有所不同。2001 年夏天，主要有四位导游，分别是名叫马格纳斯（Magnus）的年长的当地农民，身为神父的冈纳和西格德以及萨迦中心的主任。[8] 由于马格纳斯不具备双语能力，所以只能做冰岛本地人的旅游向导，但他拥有独特的导游天赋。他是服务时间最长的导游，又因是当地居民，他的祖父曾给他讲过尼亚尔和冈纳的故事，2001 年夏天，他带团的次数超过 36 次。尽管马格纳斯对这个萨迦有深入的了解，但他更倾向于讲述上述有关冰岛公路书籍中所有传统景观的有趣故事，而不仅仅是与《尼亚尔萨迦》有关的内容。正如他所说，"历史总是正在发生。今天的故事与萨迦时代的故事并无多大不同"（pers. comm，August 2001，translation E. W.）。一些游客是因为《尼亚尔萨迦》才专门来到萨迦中心的，当他们发现旅游的关注点并不是萨迦时，感到很失望。而另一些不太熟悉《尼亚尔萨迦》的游客，则因为听到各种各样的故事而感到很开心。不幸的是，由于马格纳斯健康状况不佳，最近他不得不减少带团的次数。由于还没找到替代人选，中心能提供的旅行团数量也已经减少。

其他导游当然可以带旅游时间更长的团，他们也会带外国旅游团。对外国游客来说，尽管导游也会讲解有关火山爆发、河流变化等自然历史事实，但他们更坚持关注和讲述萨迦。这种关注给来自国外的游客增加了某种仪式感。这也说明了外国游客之间的相互了解往往远不如来到萨迦中心的冰岛旅游团，尽管他们在一起旅游的时间比外国游客要少。对于外国游客来说，旅游不是社交活动，相反，他们更注重导游在团队中的联络作用。

对于外国旅游团来说，到冰岛旅游需要一个导游来充当萨迦的表演者和萨迦叙事的讲述者。对冰岛人和专家级别的游客而言，《尼亚尔萨迦》本身就很有趣。但对于普通游客来说，他们来到冰岛是因为被荒野景象吸引，所以这就必须使《尼亚尔萨迦》变得更有趣。通过聚焦萨迦人物共同的人性元素，比如作为丈夫的冈纳与难以相处的妻子，萨迦叙事会更容易被理解。让外国游客觉得故事有趣也是导游工作的一部分。周末晚上在萨迦中心举办的两场现场演出，加深了人们对《尼亚尔萨迦》故事的了解，参加游览的游客和不参加游览的游客都会观看演出。

以这种活泼有趣的娱乐的形式向外国人介绍萨迦，是萨迦中心介绍《尼亚尔萨迦》的另一种方式，表明《尼亚尔萨迦》的概念并不局限于萨迦中心。因此，萨迦的翻译不仅体现在语言上，在文化上也需要进行重塑，以适应现代人的口味和兴趣。有时候还需要把故事变短，以便与普通游客有限的萨迦知识、乘坐巴士的时间以及巴士旅行穿越的景观界线相匹配。这种翻译方法与冰岛将萨迦视为文化传统的做法相一致，萨迦中心使《尼亚尔萨迦》获得新生。

发挥想象力

旅游计划、路线、日程安排和导游词都是深思熟虑的结果，所有这些精心策划的行动只有一个特定目的，即用萨迦叙事来丰富尼亚尔区域的景观。但由于萨迦中心是冰岛第一个也是唯一有导游解说萨迦的旅游点，所以所有上述精心策划的行动对游客的影响还不确定。巴士之旅是进入想象世界的实践之旅，是穿越乡村去参观那些已不存在的事物的旅行。在旅程中一群成年人涌入草原，去"看"那些看不见的东西。

在这种情况下，让之前对萨迦一无所知的人能"看到"1000年前发生在这个景观中的故事，游客需要发挥他们的想象力。展现在他们眼前的景观是感触这些事件的触发器。借助想象力，游客可以在脑海中重现这个故事，重新赋予萨迦人物以生命，使他们在景观中变得栩栩如生。景观成为一个"框架"，游客可以自己在这个框架里描绘这些萨迦事件。在导游帮助下，游客创作了自己的故事，也形成了自己独有的对几个世纪前发生在尼亚尔区域的一些事件的看法。

因为这种旅游很大程度上依赖于游客的想象力，游客看到的东西不多，所以这种旅游对那些盲人而言也是有意义的。2000年夏天，一群失明的冰岛人预约了这样的旅行。他们带了一个训练有素的助手向他们描述自然景观，萨迦中心的导游给他们讲述萨迦。因此，尽管像这样带有导游的旅游面临一些组织问题（比如需要找到合格且可用的导游），但这一组织形式已表明，这种做法能够有效表达冰岛文化中景观和萨迦之间的关系。

一项针对游客的非正式调查[9]也表明，此种旅游在鼓励游客发挥想象力方面最为有效。冰岛人，尤其是熟悉《尼亚尔萨迦》的冰岛人，在"看到"萨迦事件和参观或重温萨迦景观时会非常愉快。但外国游客却说，他们想要一张地图，以便更确切地了解导游所指的地方。尽管有些外国游客坦承，他们之所以来这里旅游只不过是想出国看看冰岛的景观，但也表达了对萨迦的赞赏。一位大学时代就熟悉《尼亚尔萨迦》的游客说，了解这些故事对冰岛人的重要意义是了解冰岛文化最好的方式。

结 论

大多数有关冰岛的旅游宣传（20 世纪 90 年代），称冰岛为"冰火之地"，把冰岛塑造成一个荒凉、无人居住、没有人类活动的国家。也许宣传册会提到冰岛是萨迦之地或维京人的故乡，但其最大的魅力在于它美丽、神秘的自然景观和原始粗犷的自然之美。这似乎暗示着这片土地仅供游客欣赏，但实际上，这里还可进行很多活动，如在冰河上驾驶摩托雪橇、原始瀑布徒步以及骑马穿越内陆无人区等。

这种对景观的看法违背了冰岛人有记载的用故事填充景观的传统。当冰岛人去看一处风景或开车去乡下时，他们对景观的感知会受到很多叙事的影响。对冰岛人来说，景观是与特定的人和历史事件相关联的名胜古迹。有些地理景观可能很美，但它们或许没有任何文化意义。在萨迦中心，导游、在商店和厨房工作的当地人以及参加周末戏剧表演的当地人，会向游客讲述特别有意义的萨迦景观。正如一位参与创建萨迦中心的地方官员所描述的：

> 去国外旅游的人想要了解当地的有趣信息。如果他们没有得到这样的信息……尽管风景美丽，阳光灿烂，他们也不会感到快乐。生活在这个国家的人民，有义务让游客更多地了解自己的国家。人民和土地都应有自己的故事，这样这片土地才会有意义（致董事会的信，1998 年 7 月 21 日）。

与冰岛其他旅游景点不同，萨迦中心像一个主人，邀请游客进入冰岛人的象征性家园，这是一个具有文化意义的景观。如同有礼貌的主人引领客人在家参观，介绍家里那些具有特殊意义的物品一样，旅游巴士的导游通过与游客分享有意义的故事，使游客感到自己受到当地人的欢迎，从而成为这个广阔的文化场所的一部分。很快游客尝试用冰岛人的眼光去看这片土地。然后，更多当地人在接待中心为游客提供自制的饭菜，讲述故事。这说明来萨迦中心的外国人与当地人的互动要比他们在冰岛其他旅游景点多得多。萨迦中心作为本地与国际互动的纽带，巧妙地利用了这一机遇，使外国游客对该地区的萨迦景观有了进一步的了解。

对冰岛人来说，萨迦中心还有其他意义。冰岛人来萨迦中心无论是旅游还是只参加晚间娱乐活动，在这里，他们作为冰岛人的国家身份与特定的地方形式相互影响。就如报纸上的辩论或一些陈腐用语经常说的那样，去萨迦中心成为他们冰岛性的一种体现，这是所有冰岛人共有的文化遗产。就像罗马天主教徒的朝圣，去萨迦中心是一种精神和物质体验，展示了其文化的从属关系，并证明了萨迦在冰岛文化中的重要性。伴随着每一个脚步和每一次巴士的转弯，冰岛人赋予现存的文化景观新的意义和内涵。

维护与萨迦相关的景观面临很多问题和挑战。过去50年里，冰岛经历了巨大的社会和经济变革。由于税收激励以及好的学校、医院的建立，许多农村人口迁往城市中心，特别是首都雷克雅未克。尽管年轻人仍可以通过各种方式了解萨迦，但这些独特的萨迦现在面临必须与卫星电视、互联网以及其他大众娱乐形式竞争的局面。冰岛经济曾经是农业经济，而现在成为现代化的资本主义经济。萨迦中心表明文化遗产可成为经济收入的来源，中心也为冰岛人提供了一个弥合过去和现在之间差距的模式。与本文描述的目前正在记录文化景观的其他北方民族不同，由于许多匿名萨迦作者的努力，冰岛民族志景观已经被记录了 800 年。现在亟须做的是通过有效方式鼓励年轻的冰岛人继续对这种遗产表示敬意。

萨迦中心提供了这样一种非常及时的方式。目前来冰岛旅游的人数已经超过冰岛人口，就像加勒比（Caribbean）单一民族国家经历的那样，文化危机可能马上就会来临（Shimany et al.，1994）。参观过萨迦中心的冰岛人的数量表明，他们采取了积极的应对措施。很多游客来冰岛并不是要欣赏这片土地的历史和文化，而是期待看到充满异域风情的荒野。面对蜂拥而至的游客，冰岛人正试图将他们的注意力转移到更有意义的萨迦景观上来。他们面临一场艰难的战斗，因为旅游公司和承办者想把萨迦中心包装成一个更传统的旅游景点；一些人只是为了晚餐和音乐剧预定旅游团，而不是为了巴士旅游。随着萨迦中心日趋发展成为越来越受外国游客欢迎的旅游目的地，人们还不清楚该中心最初的工作重点即穿越景观的巴士之旅有何种作用。与此同时，这个位于冰岛南部的村庄还是不能完全满足外国游客的需求和期望，成为当地人宣传和保持冰岛景观感的地方。

致　谢

非常感谢在本研究中成为我们研究对象的匿名和非匿名的游客。感谢埃纳·贝内迪克森（Einar Benediktsson）大使和乔恩·鲍尔温·汉尼巴尔森（Jon Baldvin Hannibalsson）大使帮助介绍了合著者，感谢冈纳·琼森（Gunnar Jonsson）提供了免费机票，感谢弗洛特西丽德女士俱乐部延长了它夏季别墅的使用期限。感谢美国国家公园的泰德·伯克达尔（Ted Birkedal）倡导把有关冰岛的内容收录到北方民族志景观这一卷中，感谢本卷编辑认真仔细的反馈。加州大学洛杉矶分校（UCLA）的约翰·斯坦伯格（John Steinberg）也提出了许多建议，增强了文章的说服力。阿尼·马格努森研究所（Arni Magnusson Institute）的吉斯利·西于尔兹松（Gisli Sigurdsson）对插图提出了建议。最后我们要感谢《尼亚尔萨迦》的匿名作者，他们精心创作的故事激励了几代人，丰富了景观的意义，贡献无法估量。

注释：

1. 尽管阿达斯汀森（Adalsteinsson）（1996）、奥维林和奥斯本（Overing & Osborn）（1994）以及彼得森（Petersson）（1981）在他们各自的论述中利用了萨迦地名的连续性和对景观的描述，萨迦文学在这一方面还没有得到广泛研究。一位作者（E.W.）在她的博士学位论文中关注了萨迦和景观的关系问题。
2. 20 世纪 90 年代初以来，雷克雅未克附近社区的维京人餐厅一直是深受欢迎的旅游目的地。他们希望能重现这一场景，但很快发现，找到要重现维京人餐厅所需的 15 名主要演员非常困难。
3. 本文作者亚瑟·卑尔根·鲍勒森（Arthur B. Bollason）自 1999 年到 2003 年秋季一直担任萨迦中心的主任。
4. 本文的大部分内容基于 2001 年夏天的数据，当时亚瑟·卑尔根·鲍勒森在萨迦中心接待了伊丽莎白·I. 瓦尔德（Elisabeth I. Ward）。有关游客体验的评论来自伊丽莎白·沃德与不同旅游团的几次乘车经历以及对旅游者的采访。关于旅游团背景的其他信息来自亚瑟的预订系统。
5. 萨迦中心提前两年实现收支平衡。
6. 在冰岛文化中，无论是过去还是现在，从来不会对非婚生子女有公开的偏见，尽管他们可能没有完全平等的继承土地和财产的资格。
7. 在遗址中发现的一件物品是骨环，可能被用来保护食指，同时还可拉弓弦。对一些萨迦爱好者而言，这幅作品非常有趣，它装饰着一头雄鹿的图案。在袭击中冈纳丧生的哥哥的名字意思就为雄鹿。因此，外行人推测这正是冈纳弟弟所用的那块石头。
8. 冈纳神父于 2002 年初转往其他教区，不再从事导游工作。
9. 2001 年 8 月 13 日至 19 日由伊丽莎白·I. 瓦尔德主持的调查。

参考文献

Adalsteinsson, Jon Hnefill

1996   Eftirhreytur um Freyfaxahamar (Reverberations off Freyfax's rockface). *Mulaping* 23:
        67 – 89.

Bjarnason, B.

1999   *Njáluslodir* (The region associated with Njál). Reykjavík: Mal og Menning.

Collingwood, W. G. (William Gershom), and Jon Stefansson

1899   *A Pilgrimage to the Saga-Steads of Iceland.* Ulverston: W. Holmes, 1899. Reprinted
        1988 as *Feguro Íslands og fornir sögustaðir: svipmyndir og sendibréf úr Íslandsför W. G.
        Collingwoods 1897 with a forward by Haraldur Hannesson, Björn Th. Björnsson and Janet
        B. Collingwood Gnosspelíus.* Reykjavík: Örn og Örlygur.

Fridriksson, Adolf

1994   *Sagas and Popular Antiquarianism in Icelandic Archaeology.* Aldershot: Avebury.

Hann, C. M. , ed.

1998   *Property Relations: Renewing the Anthropological Tradition.* Cambridge: Cambridge
        University Press.

Hastrup, Kirsten

1985   *Culture and History in Medieval Iceland: An Anthropological Analysis of Structure and
        Change.* Oxford: Clarendon Press; New York: Oxford University Press.

Helgason, J. K.

1998   *Hetjan og höfundurinn* (Heroes and the authors) Reykjavík: Mal og Menning.

Hreinsson, Vidar, ed.

1997a   Njáls Saga. In *The Complete Sagas of icelanders. Vol. 3: Epic—Champions and Rogues,*
        pp. 1-220, tran. Robert Cook. Reykjavík: Leifur Eiriksson Publishing.

1997b   *The Complete Sagas of the Icelanders. Vol. 5: Epic—Wealth and Power.* Reykjavík:
        Leifur Eiriksson Publishing.

Hunt, Robert C. , and Antonio Gilman, eds.

1998   Property in Economic Context. *Monographs in Economic Anthropology* 14. Lanham, MD:
        University Press of America.

Hymes, Dell H.

1983   *Essays in the History of Linguistic Anthropology.* Philadelphia: J. Benjamins.

Kaalund, K.

1877   *Bidrag til en historisk-topografisk Beskrivelse af Island* (Towards an historic-topographic description of iceland). Copenhagen: Gyldenalske boghadel.

Kellogg, Robert

1997 Introduction. In *The Complete Sagas of icelanders*, *Vol.* 1: *Vinland—Warriors and Poets*, V. Hreinsson, ed. , pp. xxix-Iiii. Reykjavík: Leifur Eiriksson Publishing.

Magnusson, Magnus, and Hermann Palsson

1960 *Njál's Saga.* London: Penguin Books.

Olason, Vesteinn

1998 *Dialogues with the Viking Age: Narration and Representation in the Saga of the Icelanders.* Reykjavík: Heimskringla.

Overing, Gillian R. and Marijane Osborn

1994 *Landscape of Desire: Partial Stories of the Medieval Scandinavian World.* Minneapolis: University of Minnesota Press.

Petursson, Halldor

1981 Söguslo∂irú Úthéra∂i (Saga regions in the rural areas). *Mulaping* 11: 91 – 103.

Russell, W. S. C.

1914 *Iceland: Horseback Tours in Saga Land.* Boston: Richard G. Badger and Toronto: The Copp Clark Co. , Ltd.

Schimany, Peter, Volker Grabowsky, and Andreas Roser

1994 *Aspekte der Moderne: negative Dialektik, Nationalismus, Tourismus* (Aspects of modernity: negative dialectics, nationalism and tourism). Egelsbach, Germany; Washington, DC: Hänsel Hohenhausen.

Sigurdsson, Gisli

2004 *The Medieval Icelandic Saga Tradition and Oral Tradition: A Discourse on Method.* Publications of the Milman Parry Collection of Oral Literature 2. Cambridge: Harvard University. Translation of *Túlkun Íslandingasagna í Ljósi Munniegrar Hef∂ar: Tilgáta um A∂fer∂.* Reykjavík: Stonfun Árna Magnússonar Á Íslandi, 2002.

Sveinsson, Gunnar

1959 *Matthias Johannessen: Njála í íslenskum skaldskap* (Matthias Johannesse: Njál in Icelandic poetry), Reykjavík: Skirnir.

Vesteinsson, Orri

2000 The Archaeology of *Landnám*: Early Settlement in Iceland. In *Vikings: The North Atlantic Saga*, William Fitzhugh and Elisabeth Ward, eds. , pp. 164-74. Washington, DC: Smithsonian Institution Press.

（马敏　李燕飞　译）

文化海洋景观

——保护挪威北部当地渔民知识

阿尼塔·莫尔斯塔德（Anita Maurstad）

人们最早是在 19 世纪末开始使用"landscape"（景观）一词（《牛津英语词典》）的，直到200 年之后才开始使用"seascape"（海洋景观）一词，通常简单地解释为"海洋的景色"。但是除了本文主要探讨的美景之外，海洋景观还有其他价值。我会将海洋景观和陆地景观做一系统的比较，列出它们的根本差异。有些差异非常明显，陆地上有脚印和道路，这是几千年前人类生活在陆地上的痕迹。水是液体，一直流动着，一条船驶过一处海洋景观留下的痕迹仅仅持续几分钟。陆地上有高山、绿谷、河流等印迹，有些地方，篱笆也用来标记土地所有权。大海上却没有可见的类似的标记。地区、国家和国际界线写在国际公约里或画在地图上，而渔民对当地共同权力的感知则印在脑海中。虽然海里也有高山、峡谷，但是它们隐藏在海面以下，不为人所见。海面也可能潜藏着很强的洋流。大海充满了危险，它能产生强烈的风暴，风暴能轻而易举地摧毁人类制造的东西，如船只、建筑等。人们也能在海水中溺亡。死在陆地上的人通常情况下能被人发现，埋葬于安息之地。大海中没有这样的地方，我们谈论大海就和谈论上帝一样，它给予一切，同时又带走一切。

从其他角度来看，大海也非常神秘，它代表着未知世界，充满了各种民间传说和神话。"海怪"（Draugen）是挪威人对邪恶的海洋恶魔的叫法，它在海上兴风作浪，使船只葬身海底。人类能够通过智慧战胜陆地恶魔，但是海怪比陆地恶魔更加残忍、更加狡猾。人类能将陆地恶魔引诱到阳光下，使它们变成石头，这是很多神话故事的常见主题。海怪和陆地恶魔的不同特点分别象征着人类对大海和陆地的控制程度。郝伍安指出，海怪的邪恶仅仅针对人类，这一特征说明了人类控制着他们在海上的行为（Hauan，1995）。

比较陆地和海洋，海洋景观像是陆地的反义词，但是对日常使用者来说，大海有更广泛的意义，它是人与大海以及海上人与人之间的运动、行动、目的和互动。陆地景观和海洋景观的概念化是经验和概念的构建，因为文化经历和感知形成了对它们的描述。但是，海洋景观的概念以及它所包含的文化因素几乎不为人所知，缺少描述。挪威语中有"陆地景观"（landskip）一词，但是没有相对应的"海洋景观"（sjøskap）一词。"海洋景观"一词在科学文章中很少见到，更不用说遗产保护、陆地保护之类的文献了。20 世纪 50 年代，随着潜水业的发展，挪威开始关注潜水的文化历史，潜水员将一些珍贵物品带上岸，而且有了重大发现，这些发现后来被海洋考古学家进一步研究（Næevestad，1992）。但即使是海事/航海方面的文化历史也没有突出我这里要讲的海洋景观的文化要素。借鉴了大量关注文化或民族志景观方面的文献（Buggey，1999；2000 及本卷），我将从从事小规模捕鱼的渔民的日常行为角度来研究海洋景观。布吉（Buggey，2000）将土著文化景观定义为"因土著族群和与那片大地有着长期而复杂的关系而倍加珍惜的地方，它体现了传统的精神、地方、土地使用和生态知识"。我并不把海洋景观中的考古地点作为研究中心，也不将海洋景观仅仅看作陆地景观的反义词。通过对挪威北部小规模捕鱼行为的观察，将"海洋景观"一词概念化是本文的中心内容。

文化海洋景观是人类环境的一个重要组成部分，尤其在北部地区，许多人以前和现在都以捕鱼和海上捕猎为生。人们对海洋景观有不同的感知，同样，也出现了许多对海洋景观不同的想象。在对小规模捕鱼业进行研究的基础上，本文重点关注这类渔民日常生活中应用的海洋景观知识。本文将描述文化海洋景观的各种特征，以及它对挪威北部小规模捕鱼专家和日常生活起到的作用，尤其关注挪威最北部的特罗姆斯（Troms）和芬马克（Finnmark）两个郡基于海边小规模传统渔业创造和保持的文化海洋景观。这里的小规模渔业是指渔民们用不长于 13 米（约 43 英尺）的小船捕鱼。这些特征是接下来讨论内容的出发点，即当今挪威资源管理模式下北部海洋景观是如何管理的。

本文所用数据通过十二年里对特罗姆斯和芬马克小规模海边捕鱼所进行的几个长期研究搜集而来。这两个郡拥有挪威 40% 的小型渔船（Maurstad，1997）。这些数据是 1989 年以来主要通过对研究主体的观察、未加指导的开放式面谈以及我在小规模商业捕鱼活动中一年的亲身经历等断断续续获得的。

挪威北部海洋景观的基本特征

特罗姆斯和芬马克两郡面积合计为 75000 平方公里（3 万平方英里），人口总数为 225000 人，多数人居住在海边小镇和村庄里，因为这个地区没几个城市［最大城市是特罗姆瑟（Tromsø），2000 年人口为 6 万人〕。挪威北部的渔村大多散布在沿海和近海小岛上。有些地方村与村之间距离较远，而在其他地方，150 公里（93 英里）之内就有 5 个村庄。有些村庄有 5 个渔民，有些有 20 个，但是很少有更多的了。

尽管挪威北部沿海海洋景观位于北极圈内（北纬 68°～71°），温暖的湾流流过，海水的温度能够维持相当丰富的海水资源。海岸海水表面温度非常适宜，冬天平均温度为零下 2 摄氏度（28.4 华氏度）。除了每年冬天两三次的暴风外，风力通常介于狂风和微风之间。在 12 级以上狂风中打鱼是很困难的，当地渔民在这种天气下通常不出海打鱼。

该地区的地形状况也有利于捕鱼，海岸海洋景观包括大部分覆盖着岩石的贫瘠海岸上的公共水域。距离挪威几英里的地方有小海湾、不计其数的岛屿、大大小小的峡湾。海岸海域水深可达 500 米（270 英寻）。有些鱼类常年在这儿生活，而其他鱼类则因产卵或喂食在某一特定季节迁徙。峡湾和开阔的海岸都用来捕鱼，捕鱼的深度取决于鱼的种类和手头的设备，可以在水深 20 米（65 英尺）或更深一些的浅海捕鱼，也可以在非常深的水域捕鱼。

北极东北部的鳕鱼每年两次迁徙到这里，这是挪威北部海岸捕鱼业得以持续的基础。初冬的几个月里，大一点儿的鳕鱼从巴伦支海（Barents Sea）游过来产卵，大量鳕鱼游到罗弗敦群岛（Lofoten Islands）的产卵地，为迁徙路线上以及罗弗敦群岛的渔民提供了良好的捕鱼机会。初春时节，小一点儿的鳕鱼来到芬马克海岸的就食场。很多小规模捕鱼的渔民常年在家乡的水域捕鱼，但是有人在初冬会去罗弗敦群岛，或者春天去更北部的芬马克捕鱼。这种模式取决于传统的季节性迁移和挪威北部海边渔民的捕鱼行为。其他迁徙的鱼类有黑线鳕、黑鳕、鲱鱼，它们同样为当地渔民提供了很好的季节性捕鱼的机会。而且，这里还有小一点儿的本地鳕鱼和其他本地鱼类，比如大比目鱼、小比目鱼、红鱼、单鳍鳕、扁鲨、狼鱼和圆鳍鱼。

尽管鱼类资源丰富，但挪威北部海域的生态在过去五十年里已经发生了变化。以前，母亲和哥哥、姐姐坐在岸边大石头上，把针弄弯缠在缝衣服用的线上就能钓鱼，现在岸边既没有那么多鱼，也没有那么容易钓到鱼。基本的技术依然简单，刺网、钓钩和挂有诱饵的长线是三种常用的传统渔具。较新的渔具，如围网的应用普及较快，尤其1990 年捕鱼限额实施以后。因为限额是许可范围内的最大捕鱼量，时间就成为关键因素，人们认为快速将限额内的鱼捕捞到船上的最有效的方法就是使用围网（Maurstad，2000a）。

渔民有时在近海捕鱼，几乎就在家门口。在很多峡湾，人们通常在离海岸 50～100 米 （160～325 英尺） 的海上捕鱼。沿着宽阔的海岸，小渔船经常到稍远的地方，离海岸 4～6 海里。在有些地方，在岸边捕鱼不时会起冲突。小规模捕鱼的渔民总认为大型渔船可以也应该到离海岸较远的水域捕鱼，近海水域应该留给当地渔民。

小型渔船也非常高效，捕鱼能力很强。现在，多数全职渔民驾驶装有 GPS、雷达、回声探测器、钓钩的高配置的渔船。今天，经验丰富的人很容易就能操作 35 英尺长的渔船，如果捕鱼业不错，一条渔船可以为两个人提供生计。近年来，捕鱼限额使渔民更倾向于个人操作的渔船。限额是针对渔船的，如果与另一位船员分享，经济上就会有损失 （Maurstad，2000a）。

捕鱼的基本上是男人。挪威共有 20 万渔民，其中妇女只占 2%。捕鱼的妇女要么在小型渔船上帮助家人、亲戚，如丈夫或父亲，要么在大型渔船上当工人（Munk-Madsen，1998）。

挪威官方统计都没有包括小规模捕鱼的渔民，但是据我估计，1996 年挪威小型渔船大约有 5600 条，大都在北部海岸（Maurstad，1997）。数量上，它们占挪威鳕鱼捕捞船总数的 80%，而且它们捕获了约 20% 的具有较大商业价值的鳕鱼。1996 年，特罗姆斯郡和芬马克郡的小型渔船有 2200 艘，当年捕获了 3 万吨鳕鱼。

至于培训，没有学校教给渔民捕鱼知识。和前几代人一样，今天的渔民主要是从他们的父亲、叔叔和伯伯那里学习。男孩在渔民文化中长大，通常在玩耍中习得航海和处理海上问题的技术。他们在 10 岁甚至更小的时候偶尔会跟着出海捕鱼，十岁多时就成为全职渔民。当然，这是当今年龄较大的渔民小时候的情况。现在的孩子一般上学上到至少 16 岁，绝大多数上到 18 岁，多数时间都用在了学业上。最近，针对捕鱼技术证书的正式教育已经开始，但很少有当地渔民获得这些证书。因此，成为渔民接受的培训基本上是非正式的。

渔民的海洋景观知识

渔民需要一些基本知识，比如哪里有鱼、如何找到鱼、如何安全到达和返回、使用什么工具以及如何使用这些工具。这必须以安全的方式进行，因为海洋是一个移动的地板，每一步操作都必须谨慎。海洋景观这一特定用途的知识很复杂，因此难以理解和形象化。如果我们用无声摄影机跟着渔民去捕鱼，也只能了解渔民为了生计所做事情的一小部分。我们会看到一个渔民凌晨三点或四点离家，然后上船，驶向大海。在某个时候，他会关掉发动机。我们会看到他从海里取下浮标，开始拖网或长绳。拉传动装置，进入渔船后，他会把鱼卸下来。完成后，他会让发动机运行一段时间，然后突然关掉，再把传送装置扔进大海。之后，他会在另一个地方的浮标上开始同样的程序。如果他钓鱼，程序是一样的，唯一的区别是没有浮标来标记从哪里开始。

这部无声电影能很好地说明外来者对渔民工作的了解。我打算给这部无声电影加上"字幕"，也就是说，重点描述代表渔民海洋景观知识关键部分的各个方面。我将按照以下内容进行描述。首先，讨论空间中的纵向和横向维度，因为渔民的知识既涉及水面下的东西，也涉及如何穿过水面。此外，由于渔民在一年中的不同时间利用大海的不同区域，因此也有组织捕鱼活动的时间维度、区域维度和当地维度。由于竞争与合作是渔业的特征，并且渔民相互学习知识，所以关系维度是海洋景观的另一个重要组成部分。最后，因为渔民大多是男人，所以还将谈论文化海洋景观的性别维度。

纵向维度：捕鱼

渔夫把渔具放进海里，想着会捕到鱼。事实上，说到小规模捕鱼的渔民所使用的渔具，情况正好相反。刺网、长线以及各种钩线装置都被称为"被动渔具"，因为它们成功捕到鱼取决于鱼在恰当的时间和地点上钩。使用"被动渔具"意味着渔民必须知道如何使鱼上钩。换句话说，他必须准确地（或多或少）知道每次出海捕鱼时鱼所在的位置。

渔民对海底非常了解，也知道海底和渔船之间海水的许多特征。海底基本上是平坦的地面、深渊或斜坡，其形状通常体现在渔民对海洋景观中一些地方的命名中。有平坦的海底，如 Ole-Nilsa-grunen，Paalsgrunnen，这些是人的姓加挪威语中表示"地面"的词构成的复合词，再如 Loddegrunnen，Nisegrunnen 之类的复合词，前面部分指栖息在海洋中的物种，分别是"毛鳞鱼"（capelin）和"海豚"（porpoise）。有岩石海底，如 Rakkenesskallen 和 Steinskolten；Rakkenes 是一个常见的地名，海上地名通常与岸上地名对应，渔场的位置与已知的地标有关。有的深渊被称为 Søyla，有的斜坡被称为 Leitbakken。Stein 和 Søyla 描述了海底的物理特征：多岩石和/或仪表形状。Leitbakken 指渔场常用的技术，leit 的意思是"搜索"，所以这个词意为"用鱼钩和鱼线在海里捕鱼"（Hovda，1961）。

与陆地景观一样，历史上口口相传的一些地方的名字比图表上多得多。GPS 是一种以卫星为基础的定位系统，可以通过纬度和经度的坐标精确地确定其所有者的位置，虽然 GPS 的应用越来越广泛，但渔民仍然知道并使用海洋景观地名。他们自从开始捕鱼，就不仅学习地名，而且通过海洋景观坐标来确定他们的位置。因此，渔场是该地区丰富的文化历史的一部分，人们必须知道山脉、山谷、地点以及陆地景观的其他特点，以便在海洋景观中确定自己的位置。一个渔民向我解释说，只有当他试图教他的姐夫哪些地方是好渔场时，他才意识到这一知识的相关性。因为他的姐夫在别处长大，在学习渔场的名字之前，必须首先学习这一陌生地区的山的名字，以至于教授过程比平时更长。该渔民还抱怨其他渔民越来越多地使用 GPS 坐标而不是名字。他自己开船时不使用这项技术；当他问其他渔民哪天去了哪里时，他们用 GPS 位置作为回应。"别烦我了，"他说道，"用这些地方的名字。我不知道北纬 69°54′29″、东经 17°43′31″在哪里！"

渔民有更多的原因继续使用地名，因为许多地名包含不同物种信息有价值的概念。不同的鱼类在不同的海域栖息。因此，Karibakken（Kari 意为"斜坡"）是一个斜坡，很可能有鳕鱼。红鱼在深处；鳕鱼在产卵季节沿着斜坡游到浅处；游动快的绿青鳕通常在有强流的地方聚集，如岬角附近。但是无论渔民知不知道名字，进入未知海洋景观的渔民都可以通过各种不同的方法估计大海中哪些地方能捕到赛斯鱼（saithe）、鳕鱼（cod）、红鱼、圆鳍鱼（lumpfish）等：

——他可以通过查看海上地图来检查深度情况；

——他可以检查海岸景观，寻找鱼可能出现的任何地方；

——他可以通过收听船上的收音机了解其他船只在哪里捕鱼；

——他可以跟渔业中的朋友交谈，以了解他们在不同的地方捕到的鱼的种类；

——他可以获得个人经验，也就是说，将渔具投入大海，根据上面提到的估计方法，获得更多关于这个地方的信息。

然而，大多数渔民利用他们知道的地方，在他们知道有什么鱼的地方捕鱼。在那些地区，他们不使用地图，因为在漫长的捕鱼生涯中他们一直在那里捕鱼，并且从父辈那里已经对那些地方非常了解。

多年累积的丰富的生态知识也可以应用在渔业中。渔民知道许多物种在当地的迁徙路线。例如，来自任何特定峡湾的渔民都可以描述鳕鱼在 3 月何时从东侧游入峡湾。鳕鱼来到他们居住的村庄需要三周的时间。然后，捕鱼可以进行两周，直到鳕鱼产卵和游走。

其他当地知识的一个例子是在捕鳕鱼过程中，渔民说他们也许不能连续两个星期在一个地区捕鱼。他们说，鱼自食其力，这个区域需要休养生息一段时间。渔民在另一个地方捕几个星期的鱼，然后重新回到第一个区域，到那时鱼就已经恢复了。沿海地区渔民认为这种当地的生态动态对理解自动长线渔船在当地水域捕鱼的效果至关重要。

渔民坚持认为，在自动长线渔船投入使用后，鱼群恢复需要一个月或更长的时间；有时，捕鱼季已经完全结束，小规模捕鱼的渔民之后便无法捕鱼。自动长线渔船能够较长时间捕鱼的原因是它有非常有效的装备，可以以低于小规模捕鱼的渔民所能负担的利润率留在这一地区。后者通常在每桶鱼线捕鱼量低于 70 公斤（155 磅）时离开，他们离开时鱼的密度要高于自动长线渔船离开时的密度。

渔民生态知识的另一个例子是他们对海底性质的了解。并不是所有有鱼的地方都是钓鱼的好地方。有些地方有黏鳗（slime eel，又称为"大西洋盲鳗"），它们会吃被困在刺网和长绳上的鱼。海底也限制渔具的应用：如果海底是岩石，刺网将被损坏。这并不意味着渔民发现后就跑回家更换渔具。通常，他们倾向于使用他们最喜欢的渔具。如果他们更喜欢刺网，他们就会利用已知的知识找到适合这种渔具捕鱼的地方，反之亦然。然而，这的确意味着渔民总是从当地复杂的海洋景观知识中受益。例如，一位渔民声称，天气恶劣不能离开海岸时，他知道一个小地方，那里可以放七桶长线。这也是一个大型渔船无法使用或找到的地方。因为离海岸很近，所以大型渔船很难到达，而且大型渔船不会认为有利可图。

因此，渔民具有丰富的当地生态学知识，这在很多方面超出了科学家所知晓的范围（Maurstad & Sundet，1998）。这并不奇怪，因为直到现在也没有对海岸资源进行详细的种群评估研究。关于当地的鳕鱼，渔民的知识被证明是特别有价值的。挪威鳕鱼种群评估是基于对两种类型的鳕鱼——北极东北鳕鱼和沿海鳕鱼的研究。然而，我对渔民的采访支持了最近的研究，这些研究认为当地有几种鳕鱼。这是重要的管理知识。本地鳕鱼种群的健康状况可能与北极东北鳕鱼和沿海鳕鱼种群的健康状况不同，因此意味着如果不适应本地情况的话，就需要采取其他保护措施。

根据鳕鱼的栖息地、现状和年龄等具体情况，渔民长期以来一直在谈论不同类型的鳕鱼。艾斯尔森讨论了芬马克郡里奥莱若斯福德（Lille Lerresfjord）当地的萨米人对鳕鱼的分类（Eythorsson，1993：136）。在这里，渔民谈到三种峡湾类型的鳕鱼——海产鳕、峡湾鳕和迁徙鳕，它们不同于北极东北鳕鱼，我访谈过的渔民用挪威语称前两种海湾类型的鳕鱼为 taretorsk 和 fjord-torsk。此外，他们谈到了 blankfesk，指的是迁移时闪闪发光的鳕鱼。其他一些种类包括带鱼卵的鳕鱼、未成熟的鳕鱼、尼克莱（Nikolai）曾经在这个地区捕获的鳕鱼和芬马克郡贝勒沃格（Berlevag）社区附近的当地鳕鱼。

关于渔民纵向海洋景观知识的最后一个评论与技术相关。渔民知道在不同的地区、对不同种类的鳕鱼和在不同的季节使用什么技术。如前所述，他们往往喜欢一种渔具，不喜欢另一种；他们经常根据个人喜好解释他们选择渔具的理由。"我不喜欢钓钩和长线"，他们说，"或是这个渔具不对我胃口。"这么说的意思是，钓鱼的时候必须从一个地方到另一个地方，或者在一个地方耐心等待。他们把刺网或长线放入海中，然后拖曳。性格、经验以及熟练地使用工具的技巧似乎决定了渔民喜欢什么样的渔具。但是，我还要补充一点，在1990年实行配额制度之前，这些选择对于捕鱼来说有更大的相关性。配额改变了渔业的许多特点，最重要的是迫使渔民更加努力（Maurstad，2000a）。由于配额是最大捕鱼量，而且控制个人的最大捕鱼量对于获得下一年的配额很重要，所以现在渔民选择渔具时考虑更多的是利润。对许多人来说，这意味着继续使用他们最擅长的工具。但是随着新的激励措施的出台，越来越多的渔民将围网视为一种有效的小型渔具。

横向维度：行驶到渔场

由于了解海洋景观，渔民去渔场时很少使用地图。相反，他们依赖于海洋景观的三维、视觉上更完整的对应物——海岸景观。山脉、山谷和其他的特征是导航点，此外还有位置记号，告诉人们怎么走、去哪里捕鱼。虽然 GPS 的使用已经变得更加普遍，但是海岸景观在标定路线方面并没有失去它的关键价值。首先，作为景观一部分的地名比数字更能被人们记住。其次，穿越海岸景观会带给你一系列真实的旅行体验：当你到达鲱鱼岛（Slida/the Herring）时，你知道你已经走了这么远，还要经过很长的南岛海峡（Sørøysundet/South Island Sound）。此后不久，就到汹涌澎湃的马格尔岛海峡（Magerøysundet/Meagere Island Sound）。沿途所有的名字都能让渔民记住这次旅行以及它的一些重要特征，比如水下暗礁和沉礁的位置。虽然航海图非常详细，但并非对所有沉礁都有标记。我在从特罗姆瑟到芬马克钓鱼时获得的知识（走过的几条路线），大约 15 年后我仍然记得。例如，进入马格尔岛海峡时，当海水汹涌地朝你奔来时，通过紧紧地靠近海峡右侧就能随着水流前行。但是，你必须提防 15 分钟左右可能会遇到一个沉礁。如果这些仅仅体现在 GPS 位置数目上的话，我永远不会记得这些事会依次发生。另外，如果我当时有 GPS，我就可以标记这些地方并且用电子方式存储下来。因此，GPS 是一个很好的支持，但不可能完全取代渔民对这些海洋景观非常敏感的认知。

对海洋景观的"横向"认知还需强调一点，那就是渔民经常走捷径。他们知道如何在地图中没有标记的岛屿和暗礁之间航行。新手自己航行时会绕很远的路，但当他跟随当地渔民航行时，到岸的行程可能会大大缩短。

天气发生变化时，知道这样的捷径尤其有利，因为这样可以让你更快到达港口。了解天气及各种风向和风力如何影响当地的陆地和海洋景观也是当地渔民专业知识的一部分。例如，虽然天气预报有大风，但仍然能够捕鱼。东南风常常被陆地景观驯服，从而使渔民能够找到捕鱼的地方，如果需要的话还能找到避难所。

为了安全，渔民经常和伙伴一起穿越海洋景观。"同伴船"（comrade-vessels）是一个既定的概念，"同伴船"经常一起航行较远的距离，如往返于罗弗敦群岛或芬马克的渔场。它们也经常一起捕鱼，通过互相提醒以保证安全。也存在其他安全问题，如对机械的谨慎操作，不过这也适用于渔民以外的许多行业。机械在海洋景观中的特别之处在于它为操作提供了一个移动的地板。意外确实会发生，如果渔夫拉网时滑倒了，他可能会被卷入绞盘，可能导致手臂骨折，或者最坏的情况是手臂被卡住，没有办法去拿无线电收发报机寻求帮助。

另一个危险的操作是渔具和鱼线掉下船去，渔民可能会被困在打的结中，立刻被拉到船下。为了避免这个危险，渔民必须始终注意脚在哪里。在放置渔具之前，他应该稳稳地站好，操作结束之前脚不能移动。

当然，也存在与天气有关的安全问题。风力越大，渔民的压力就越大，他们得更加小心和警惕。风不过是捕鱼之旅的一个方面。洋流对放置渔具和穿越海洋景观同样重要。如果风与洋流逆向而行，有些地方会很难通过。但是洋流也能帮助船只航行。小型渔船通常以每小时 7~10 海里的速度行驶，而遇到潮汐，可能每小时 1 英里。从特罗姆瑟到季节性的芬马克渔场通常需要航行一天一夜，但是根据渔民掌

握的当地知识，在特罗姆瑟的高水位下降 1 英尺后出发，会为前期的
航行提供良好的洋流。

因此，渔民拥有大量有关海洋景观区域之间航线的知识。天气条
件、水下的石头和岩石、特殊洋流等，构成了海洋景观的图像，是渔
民存储在记忆中的印记。因为以前在航线中行驶过，或者跟"同伴
船"航行过，他们可以记住整个旅程，可以计划什么时候要警惕，
或者什么时候有时间煮咖啡。例如，从特罗姆瑟到芬马克的渔场，出
发 6~7 小时后，会有一片波涛汹涌的海面，需要航行大约一个小时。
那时，船上所有松动的设备都应该被完全固定。此后是四个小时平静
的航行，可以打开自动驾驶仪，根据自己的意愿煮几壶咖啡甚至准备
晚餐。

区域/当地维度：多个海洋景观

渔民了解海洋景观的另一个关键特征是他们通常了解许多海洋景
观。当然，他们最了解自己捕鱼的地区，而这并不一定在他们的家
乡。由于大多数渔民在罗弗敦群岛和芬马克捕鱼，他们通常对远离家
乡的海洋景观有详细了解。我采访的一个渔民五十年来一直在罗弗敦
群岛捕鱼。他对这个地区和他的家乡都有着极其详尽的了解。

渔民的知识是区域性和地方性的。渔民的知识中有一些是普遍适
用的知识，能用在任何地方，比如使用哪种渔具以及如何使用该种渔
具等。这种知识指的是所有北部水域的深度、海底和斜坡。在小船上
捕鱼多年的经验被普遍应用。但有些海洋景观知识只适用于当地环
境，如上面提到的一位当地渔民的故事，他可以在一个特定的地点放
下七桶长线，而其他渔具不可以使用。

时间维度

洋流随时间变化，即随潮汐变化；渔民与洋流和潮汐同步运动。如上所述，潮汐将有助于加快航行速度，并减少旅途中的麻烦或危险，因为如果风向和洋流逆向，海上有些地区会变得非常糟糕。

时间也决定着何时捕鱼。如果洋流强劲，渔船可能处于恰当位置，但是渔具到达海底时可能会遇到很多麻烦，可能由于巨大的洋流而缠结，或者网缠绕在一起，从而阻止鱼进入网中。因此，渔民不仅必须知道洋流的强度，还要知道它的方向，以确保渔具在海上适当地投放。

鱼类的行为也会随着时间而变化，因为鱼群在一年中经历不同的周期。鱼类在不同的季节进食和产卵，它们待在当地水域的时间取决于这些周期。月亮相位和潮汐的组合是特别重要的。尤其对于鲱鱼来说，月圆周期很关键，因为据说满月前后是捕鲱鱼的最好时机。对于其他鱼类，渔民也参考月球周期。他们还知道一年中会有什么生物和生物变化，以便他们每个月能记录各种鱼类分布的时间和地点。他们还知道如何捕获这些鱼类、最有效的渔具类型，以及哪一个季节或月份能够捕获最好的鱼类。

关系维度

我已经提到渔民是如何获取知识的。通常，他们从男性长辈那里学习知识，如跟父亲、叔叔游戏，或者他们直接教。他们也不断相互学习。他们在船上通过无线电交谈；在港口，他们趁运送鱼获的间隙进行交流；在家里通过电话联系。尽管渔民总是谈论捕鱼，但这并不是信息的自由传递。对好的渔场的了解是重要的生产资本，因此这种信息常常对个体渔民或当地渔民团体保密。渔民选择性地分享信息。新来的人经常抱怨，来到一个新地方，问当地的渔民去哪里捕鱼，很少得到明确的回答。只有他们在港口捕鱼一段时间证明自己是"有价值的"，人们才会告诉他们一些当地的知识。"有价值的"这个概念是我提出的，但是它包含了渔民看中的某些个人品质，如善于捕鱼、了解和尊重非正式的规章制度等。

这种交流方式可以归因于这样一个事实，即捕鱼既是一种竞争又是一种合作（Bjorna，1993）。渔民需要彼此合作，这既是为了获得信息，也是为了在危险时刻获得帮助。他们也会为了资源与地点而竞争，所以在与对手打交道之前，他们想更多地了解对手。

因此，非正式的行为规范塑造了海洋景观中的行为规则，也有准入规则需要人们遵守。当地渔民往往是本地区的主要利用者。一个新来者如果试图进入当地最好的渔场，将会受到制裁，比如损坏他的刺网或其他渔具。大多数新来者都知道这一点；当进入一个新区域时，他们通常到当地人不去的地方捕鱼（Maurstad，1997）。

新来者往往在进入新地区尤其是能够用刺网捕鱼的峡湾或小渔村之前，就与当地人有某种关系。对人的了解是使用海洋景观的前提条件，相距很远的渔民通常彼此认识。当他们准备去一个新的地方捕鱼时，会谈论他们怎么认识的。与当地居民的关系将有助于被当地渔民接受以及了解当地渔场。由于这些知识在书中找不到，所以为了了解一个新地方，必须与人交谈。当朋友或家族关系得以激活时，就比较容易得到当地的捕鱼知识。

海洋景观行为中另一个关系元素是渔船船员，通常由亲戚组成，如兄弟、连襟或父子。人们认为亲戚值得分享竞争优势，如渔场的生产秘密。基于亲戚关系的船员组织也提供了一定的经济优势。当捕鱼情况不佳时，由于长期的工作经验和年龄负债较少，父亲可能会离开渔船一段时间，这样他的儿子就可以分享收入。渔民协会制定的标准规定了捕获的鱼怎么分配，但是当近亲管理渔船时，往往不严格遵守这些标准。

性别维度

在挪威北部沿海水域工作的大多是男人，因此有关海洋景观的知识主要是男人的知识。海洋景观是男人的世界，是男人文化的一部分，而女人花更多的时间在文化景观上。男人和女人视角下的村子是不同的。男人通常每天两次从海里看到村庄，即出门捕鱼和回家时。女人虽然有时和男人一起出去，但大多是在日常生活中走在路上从村子里面看村庄。同样，她们从村子里看到大海，而男人则从海上看大海。这为男女感知海洋景观提供了不同的参照物。

但是，男人和女人确实分享彼此的世界。一些研究人员提到了妇女在捕鱼业方面所做的有价值的工作（Davis & Nadel-Klein，1988）。瑟拉德将妇女称为渔船的"地勤人员"（Cerrard，1983）。她们的工作包括装备船只、清洗熨烫渔民的衣服、打扫卫生、把诱饵绑在长线上等。虽然仍然从事这种工作，但是如今妇女已经普遍有自己的职业。这使妇女没有那么多时间为捕鱼的男人提供地勤服务（Jentoft，1989）。戴维斯出版的关于纽芬兰的著作表明，尽管妇女的角色正在以破坏两性关系和谐的方式发生变化，但妇女仍然致力于在沿海地区支撑家庭（Davis，2000）。

性别维度也与沿海村庄儿童的社会化有关。男孩和女孩在不同的世界里生活和成长，他们很早就从不同的角度看待海洋景观。在游览渔港时，人们经常会发现男孩正在用舷外发动机驾驶快艇比赛。很少有女孩会这么做，而且那些这么做的女孩会扮成男孩。女权主义研究人员主张，许多女性想捕鱼，但她们面临制度和文化的障碍。克服这些障碍有很多方式，让妇女更容易获得捕鱼配额是使更多妇女参与海洋景观的一种方式（Munk-Madsen, 1998）。如今，女孩比男孩更倾向于离开自己的村庄去上学。鼓励妇女进入渔业也被认为有助于招募渔民到偏远的渔村。

万事通

通过关注渔民的知识，我们已经回顾了一些与海洋景观的使用直接相关的问题。然而，对渔民知识的全面描述应该包括涉及渔民渔获的更重要、更广泛的问题和活动。捕鱼是一项涉及多方面的任务，每个渔民都从事许多与捕鱼没有直接关系的其他工作。管理工作就是其中一个方面，渔民必须管理他的渔船、船员、份额等。他还销售捕到的鱼，当渔船在渔场时，买鱼的人打电话要求购买某种鱼，然后就达成了交易。当他往返于渔场时，还得自己做早饭、晚饭，因此渔民还是个厨师。渔民也持续接受教育，通过一边听收音机一边用手机和其他人交谈，不断进行自我教育，并计划下一步的行动。在海上时，机器设备可能会发生故障，因此渔民必须维护、修理机器等。最后，还有人事管理、安全管理和政治工作，更要做一个家庭男人。在海上时，渔民和妻子、家人经常聊天。

渔民绝对是万能的，他活动的许多方面，虽然没有直接联系，但仍然是家乡海洋景观的重要组成部分。正是海洋景观的多样性，将所有其他活动结合在一起。

挪威北部沿海渔业现状

挪威沿海渔民在政治上很强大，特别是在 20 世纪，当时制定了大量的制度来保护他们的生活方式。例如，随着拖网渔船技术在 19 世纪末期的发展，英国、苏格兰和德国在 19 世纪末 20 世纪初拥有大约 1500 艘蒸汽拖网渔船（Christensen，1991）。但是在挪威，和加拿大的情形一样，沿海渔民的反对阻止了拖网渔船技术的发展（Apostle et al.，1998）。挪威当局通过了几项支持沿海渔民利益的法案。结果，直到 20 世纪二三十年代，当国际拖网渔船队大幅扩张时，挪威拖网渔船仍然不到 20 艘（Sagdahl，1982）。

然而，二战后，冷冻技术和工业化被认为是有前途的。挪威北部渔业的现代化和工业化进程已经开始，这是由政府发起的。最终，挪威的拖网渔船队规模扩大，但是没有政府期望的那样大。沿海渔民拒绝拖网渔船作业，他们没有遵循二战后政府提出的重新安置计划。从挪威北部撤退后，德军几乎烧毁了北特罗姆斯和芬马克郡的所有房屋和公共建筑。在重建该地区的过程中，当局试图将传统沿海社区的人们重新安置。他们想把定居点集中起来，但当地居民拒绝了，他们只是想在偏远的沿海地区和岛屿重建自己的房子（Brox，1966）。

因此，二战后的现代化计划没有成功。相反，挪威围绕沿海渔业建设了大量道路、电力和公共服务基础设施。尽管这些基础设施已经减少，但沿海捕鱼文化仍然与工业渔业文化并存。沿海渔业确实享有政治支持，被视为许多沿海社区的社会和经济支柱，而北方的就业和定居仍被视为国家政治目标。但自从 1990 年实行个人捕捞配额和新的捕捞规则以来，沿海渔民的境况更加艰难。因此，在过去十年中，积极捕鱼的渔民数量稳步下降。1986 年，特罗姆斯和芬马克两郡共有 3500 艘小型鳕鱼渔船；1996 年，也就是 10 年后，只有 2200 艘从事捕鱼活动（下降了 37%）。然而，总捕鱼量仅下降 11%。可能是由于挪威 1996 年的总渔获量比 1986 年增长了 30%，这两个郡的减少量并不大。但另一个因素——新规定为渔民提供了新的扩张动力——同样重要。由于必须根据捕鱼配额来获得未来的捕鱼权，渔民不能再让个人的需要决定自己的努力。相反，小规模捕鱼的渔民的渔获量，在过去总会有很大的波动，但现在更加稳定。可以说，渔民过去捕鳕鱼，现在他们努力争取捕鱼配额（Maurstad，2000a）。

小规模捕鱼的渔民也在空间和资源上与沿海地区的其他利益集团竞争。特别令人感兴趣的是，挪威政府正计划大幅度增加其渔业农场的生产。当小规模捕鱼的渔民、大型船只、渔业、旅游业等在海洋景观中留下了不同的印记时，海洋景观知识就取决于如何使用这些知识。如果渔民不再使用这个地区，我在这里所谈到的知识就不能由其他产业传承，将会失传。

知识失传也有其他原因，如年长的渔民去世，很少或无法招募年轻人从事渔业，或者是村庄圈地或被遗弃。我们可以假设，由于这些因素，大量关于沿海海洋景观的知识消失。虽然挪威政府现代化项目的转型因当地居民不愿遵守而停止，但 19 世纪五六十年代的项目确实导致了大规模移民。近几十年来，国家渔业基础设施缩减。自 20 世纪 80 年代以来，已经有几家渔场被迫关闭。邮局和其他公共服务设施也减少了。挪威北部海岸许多较小的社区被关闭或被遗弃。然而，一些从原来的居住地搬来的渔民继续在他们出生的老村海岸附近捕鱼。但是由于年轻人很少被招募从事渔业，有关当地海洋景观的知识储备逐年减少。

海岸也是一条航运通道。近年来，在当地人的后院发现了几艘沉船的残骸，许多废船和小船仍然在那里，造成海洋景观和海岸景观审美价值的丧失。俄罗斯西北部计划增加石油活动，并计划运输核废料到俄罗斯进行处理，这使人们担忧传统渔场会因石油泄漏和核污染而关闭。

因此，未来的小规模渔业和现有的海洋景观知识面临若干威胁。然而，小规模捕鱼的渔民也许能够应对这些新的挑战。小规模捕捞是北方文化的一个固有部分。对许多人来说，这不仅是一份工作或一个季节性的职业，而且不会很快消失。这是它的主要力量来源。但是，从小规模捕捞活动的知识传播不畅、保护不力的意义上说，这种活动在过去和现在都是一种"无形"的活动。例如，新规章的意外效果必须被看作当局对小规模渔业缺乏了解的结果。由于当局必须处理的主要问题是渔业资源突然短缺，他们不可能打算增加小规模捕鱼的渔民，也没有必要这么做，因为小规模捕鱼的渔民中不存在不盈利的问题。

保护无形的海洋文化景观

由于小规模捕鱼活动不受当局关注，与海洋景观有关的知识它更看不到。这些知识主要是不成文的，通过实践保存，并在渔民之间口头传授。这意味着监管当局很难理解、获取并在其监管实践中应用这些知识。更重要的是，这意味着特定海洋景观知识只有在渔民社区得以保持，这一文化海洋景观才存在。当渔民不再使用海洋景观时，它就会变成一片未开垦的"海洋荒野"。海岸景观也同样如此。当渔民不再把沿岸和海底的山脉和地点作为捕鱼和航海的参考点时，关于地名、航行和当地情况的知识就消失了。海岸将变成"荒野"，就像我们之前通过虚拟的无声电影摄像机观察到的未被利用的海洋景观变成未开垦和未被识别的景色那样。所以，关键问题就是如何使文化海洋景观更加清晰可见。

保护海洋景观的法律和总体框架

最近的一系列国际公约规定，各国应在其国内法中写明保护和维护当地知识的必要性，因为这对此类知识的可持续利用非常重要（Posey，1994）。这与保护文化海洋景观密切相关。但据我所知，这些法律和公约尚未转变为保护文化海洋景观的任何具体政策或措施。1972年联合国教科文组织《保护世界文化和自然遗产公约》（The Convention on the Protection of World Cultural and Natural Heritage）将"文化遗产"定义为遗迹、建筑群或遗址（第1条），将"自然遗产"定义为在科学或美学角度上具有重要意义的领域（第2条）。文化景观保护的支持者认为，目前保护的定义忽视了重要的文化价值。按照布吉的定义，土著文化景观体现了关于精神、地方、土地利用和生态的传统知识（Buggey，2000）。公约没有把这些要点结合起来，它几乎不涉及任何关于文化景观、相关传统、故事、神话等的知识。鉴于《保护世界文化和自然遗产公约》对文化景观保护的不足，其现行形式也不足以保护文化景观。

挪威的法律确实考虑到了文化景观保护问题。1970年的《挪威保护法》（Norwegian Conservation Act）（6月19日，第63号）第5条允许保护"特色或美丽……自然或文化景观"。通过专门提及"文化景观"，《挪威保护法》似乎在保护文化价值方面比《保护世界文化和自然遗产公约》更进一步。然而，在挪威，根据《挪威保护法》，大多数遗址受到保护是由于其风景或荒野价值。以前过度捕猎的鸟类现在禁止捕猎，如海雀和鸸鹋，这已经实施了很长时间。近年来，双方共同努力，建立沿海海洋保护区，以保护鸟类筑巢地区。虽然保护海洋景观的自然资源，将海洋景观看成大自然的一部分是很重要的，但是这些当然不是文化海洋景观保护需要考虑的最重要的价值。因此，《挪威保护法》不足以成为保护文化海洋景观的一个工具。

1978 年的《文化遗产法》（Cultural Heritance Act）（6 月 9 日，第 50 号法律）听起来很不错。文化遗产被定义为"自然环境中人类活动的所有痕迹，包括拥有历史事件、信仰或传统的地方"（第 2 条），渔业文化的一些方面肯定可以在这些框架内得到保护。然而，参照《文化遗产法》的管理方法是保护海洋景观中的物品，如沉船，以及其他具有考古重要性的单一发现。正如我所说的，保护文化海洋景观不仅是保护历史遗迹和考古遗址。它涉及保护非物质物品，如渔民日常生活中的知识。如果《文化遗产法》用于保护文化海洋景观，就必须扩展人们对"什么是文化海洋景观"的认识。事实上，对文化海洋景观的保护首先取决于对文化海洋景观的认识。管理者首先需要一个形象，其次是管理的意愿。这个假设不仅适用于管理者，渔民也需要不同的海洋景观形象。他们通过实践了解大海，但他们不谈论文化海洋景观。正如我前面提到的，挪威语中甚至没有"海洋景观"一词。所以，海洋文化景观在现有的法律框架中缺乏保护就不足为怪了。但这种情况是可以改变的。

在过去的十年中，挪威越来越注重海岸带发展的规划和管理。1989 年，对《规划和分区法》（Planning and Zoning Act）（1985 年 6 月 14 日，第 77 号法律）进行了增补，包括采用直线基线法。到目前为止，这项法律主要用于促进发展，它允许地方市政规划使用城市海洋空间，如将渔场、娱乐区、工业废水等场所建到哪里。该法律可为提升对文化海洋景观的认识提供基础，原因有两个：

——《规划和分区法》正在制定中。虽然已于 1989 年启动，但对北部海岸带的规划直到 20 世纪 90 年代末才开始，当时挪威决定增加其渔场产量。今天，关于法律的未来形式和实施的辩论仍在继续，应该有可能将文化海洋景观的概念纳入该法的范围和管理者的制度化实践。

——根据《规划和分区法》，市政府寻求了解其管辖下的海洋景观当前的使用情况以及各种利益。法律规定，受影响的群体或个人应尽早参与规划过程，并且已经邀请当地渔民规划他们的捕鱼活动，特别是确定渔场。

因此，渔民作为海洋景观的主要使用者，已经获得了谈论海洋景观的新舞台，为了管理者和更广泛的观众而将他们的实践概念化。当涉及管理文化海洋景观时，这种将海洋景观可视化的用户方法尤其重要，原因将在下面讨论。

管理方法

近年来，进行国际资源管理研究的学者对当地渔民的知识越来越感兴趣。关键问题是将这些知识纳入主流渔业和生物研究。这样做一举两得。首先，渔民对当地海洋环境的认识应该能扩展科学生物知识，并据此提出管理建议。其次，当地渔民通过可持续收获，可以成功地处理复杂的自然与文化之间的关系（Coward et al., 2000; Durrenberger & King, 2000; Dyer & McGoodwin, 1994; Freeman &

Carbyn，1988；Inglisl，1993；Maurstad & Sundet，1998；Neis，1992；Neis & Felt，2000；Newell & Ommer，1998；Pinkerton，1989，1999；Wilson et al.，1994）。

在许多案例研究中，研究人员积极寻求渔民作为顾问，了解对科学和管理至关重要的具体事物的知识。然而，共同管理领域的学者认为，渔民不应该只是作为顾问被咨询，渔民和政府机构之间应该有真正的权力平衡。否则，渔民可能会觉得他们正"被政府占便宜"（Pinkerton，1989：4）。共同管理的过程可能以象征性的姿态和信以为真为特征（Jentoft，2000）；或者正如我在别处所说的（Maurstad，2000b），渔民期望自己在合作中被视为"渔场博士"，而事实上，他们不过是生物学家的研究助手。

谈论海洋景观时这些观点尤其相关。如前所述，渔民对渔场以及如何使用渔场的知识可能被视为生产秘密。个别渔民所掌握的知识可能使他比其他当地渔民具有竞争优势。同样，一个渔民社区的海洋景观知识可以提供比其他邻近社区更有竞争力的优势。如今，对这些秘密没有法律保护。一些模糊的非正式规则，用于指导人们获取知识以及获取在本地使用这些知识的权利。这些知识是口头的，渔民发现它们有价值时，就把它们传播给其他人。知识只有在一定的社会语境中作为特定社会活动的一部分才有意义。以书籍或任何其他书面和出版物形式披露渔场信息确实有可能改变渔业的非正式规则，因为书本干扰了知识的传递过程和行为的现有规则。从书店可以买到的、人人都可以从书上获取的捕鱼知识是获取当地捕鱼信息的一种全新的方式。人们在阅读关于渔场的书之前，不必证明自己有价值，也不必按照文化规定的标准做事。当通过书本可以获得知识时，对那些最初拥有和分享知识的人的义务可能变得不那么严格和有效，甚至可能完全缺失

（Maurstad，2002）。

在将海洋景观知识形象化的问题上，宣传渔民知识的后果是一个明显的两难问题。在沿海开发的过程中，各种利益需要澄清，如果渔民不说出来，他们可能变得比今天更加不被关注和边缘化。如果他们决定说出来，他们可能会失去进入某些渔场的机会，因为各种竞争者可以利用这些知识为自己谋利。在一篇文章中，我讨论了各种解决办法以期解决这一两难问题，如记录有关海洋景观的有价值的知识，同时保护个别渔民的资产（Maurstad，2002）。在结论中，我认为最值得总结的教训是渔民与管理者之间的关系必须改变。管理者要多向渔民请教，渔民应该积极地参与合作和管理。他们应该公开他们的知识，经常会面讨论以下问题：第一，他们了解的海洋景观知识；第二，如何利用这些知识；第三，谁来利用这些知识。

研究人员也发挥了作用。除了在理解、记录和描述管理过程的各个方面所起的一定作用之外，研究人员还可以帮助促进渔民知识图谱的绘制。正如托比亚斯认为的，在引用加拿大的许多测绘项目时，良好的研究方法至关重要，因为在加拿大，土著参与测绘风景，作为他们职业的证据，以便在法庭中应用（Tobias，2000）。土著在法庭上为自己辩护时，已经认识到糟糕的数据甚至比没有数据更差。谈到介绍有关海洋景观的知识时，方法论也是一个问题。由于沿海地区用户众多，空间上的冲突大量存在，良好的绘图项目对于渔民获得海洋景观的权利和知识的合法性至关重要。

然而，科学家的行为引发了一系列其他争论。由于渔民的海洋景观知识是口头的，也是口头传播的，将知识从口头形式转化成书面形式肯定会影响知识，我们却不知道如何影响，而且带来的后果目前我们也无法预料（Maurstad，2002）。此外，科学不仅仅是一个客观的知识报道者。当科学有助于将海洋景观概念化时，它也有助于创造海洋景观（Maurstad，2000b；Holm，2003）。上述渔民与管理者之间的合作方式也应包括科学家，但重要的是渔民不能仅满足于成为科学家和管理者的研究助理。什么是文化海洋景观？谁能获取文化海洋景观知识？如何保护文化海洋景观？这些问题不能通过赋予渔民地位而立即解决。我们也不可能非常容易地理解口头文化书面化的后果。然而，将渔民纳入管理和知识生产的合作方式促成了更高质量的讨论，并使渔民在他们关切的这些重要问题上有了发言权。

试图让渔民参与关于如何保护海洋的辩论时，另一个考虑因素是大多数当地居民包括渔民对"保护"的概念有着复杂的感情。最近的保护计划促进了对当地居民之前开发利用的地区和资源的各种形式的保护。当地人认为这些计划是文化冲突的根源；来自南方的"受过教育的"规划者来到北方"保护荒野"。当地人抱怨规划者不理解他们对资源和地方的文化利用（Sandersen，1996）。渔民认为自己值得保护，因为他们的小规模渔业有经济价值，他们在保护挪威民间传统文化方面起着作用。他们坚持认为，他们利用自然比不利用自然能更好地保护自然。当他们使用景观（或海洋景观）时，他们充当看护者；但是没有看护者时，其他利益集团可能掠夺自然。因此，当地人很可能对保护海洋景观并没有多大热情。但是，当涉及保护他们的渔业文化时，情形可能大不一样。因此，使渔民进入管理层可能有助于采取新的方法来保护海洋景观，因为这有利于保护渔民自己的文化。

1985 年《规划和分区法》是为实现这些目的制定的。它的重点，在我看来，是规划海洋景观的使用，它规定用户应该参与规划过程。未来的重要问题是文化海洋景观意识如何发展，以及保护决策权在谁手里。目前法律仅仅规定了顾问对用户的作用。甚至市政府也没有真正管理海洋的权力，但可以制订地区分配计划，国家和当地渔业部门进行资源管理决策，而国家和当地环境部门决定哪些文化需要保护。因为保护文化海洋景观与捕鱼活动密切相关，所以这里有几个难题。一个是当地政府的权力。目前，许多城市财政开支过大，如果景观保护阻碍其他产业的发展，它们很可能会在保护文化海洋景观上犹豫不决。虽然一般认为当地政府对当地海洋景观最为了解，但州政府可能是保护海洋景观的更好促进者，当然前提是州政府有保护景观的意愿。另一个困境与上述划分的部门利益有关。无论是在国家层面还是在区域层面，政府机构似乎都不同意使用或保护的问题。关于海岸带计划，郡渔业主任可参照一系列国内法律对市政当局的计划提出异议，也包括 1985 年《规划和分区法》。因此，郡长也可以反对他们的计划。奥斯兰德在管理渔业的机构工作了 15 年，他说，市政当局经常感到上级政府机构把规划过程当作他们为原则而斗争的舞台（Osland，2001）。

因此，真正的共同管理很难实现，要平衡使用和保护，平衡各类用户和管理机构的利益。关于保护文化海洋景观，《规划和分区法》可以帮助提高对文化海洋景观的认识，因为关于如何使用海洋的讨论正依据法律进行。在后一阶段，当具体讨论哪部法律应当负责保护文化海洋景观时，应进一步讨论该法律与《文化遗产法》的关系。无论如何，这两项法律都需要增补，即《文化遗产法》应当包括当代渔业文化和渔民对海上捕鱼活动的知识；《规划和分区法》应增进对文化海洋景观的认识。

结　论

渔民拥有大量的知识，并且这些知识与海洋的利用直接相关。渔民知道如何通过海岸景观以及海洋景观的参考点穿越海洋景观。他们了解海底，这有助于他们顺利航行。他们也知道潮汐、水流和海风，这些都是外人或知识匮乏的人看不见的。

与普遍持有的观点相反，海洋景观的价值远不止如画的风景。尽管海洋景观更加难以解释和记录，但它的价值与陆地景观非常相似。与陆地景观一样，关于海洋景观的知识几乎完全通过捕鱼活动、记忆和口头故事即通过文化传播的方式来维持。因此，它是无价之宝。如果海洋景观变成了"未开化"的大海，关于海洋景观的知识就消失了。不同的是，历史景观可以通过考古发掘和/或从书面资料中提取过去的某些信息，但是遗失的文化海洋景观知识几乎没有办法恢复。

此外，这些知识远远超出了沿海渔业社区经济和社会福利的实际需要。它对渔业科学和管理也极为有用。这是谈论海洋景观的另一个原因。目前，基于某些历史、荒野美学或科学的原因，陆地景观可以得到保护。令人惊讶的是，人们对海洋景观缺乏意识，尤其在陆地景观和海洋景观的文化方面。因此，拓展"景观"的概念可以提高人们的认识，并有助于引起人们对人类活动与自然环境之间关系的关注，无论是在海上还是在陆地上。

保护海洋景观确实是一个巨大的挑战，因为它非常像保护无形的东西。对大多数人来说，海洋景观的特殊用途和价值仍然未知。文化景观大多也是无形的，文化海洋景观更是如此，因为海洋景观缺乏人类存在的任何物理标记，并且只存在于人类的思想、记忆和知识中。因此，提高公众对世界文化遗产中文化海洋景观的意识非常重要。尽管在一定程度上挪威法律确实保护了景观包括文化景观，但是人们对海洋意义的认识似乎只停留在海边。正在进行的海岸带规划有望改变这种情况，因为规划就发生在当地，非常接近当地海洋景观，而且可以使渔民直接参与其中，并陈述他们的担忧。当这些得以长足发展时，就有希望扩大海洋认知的范围。

致 谢

首先，我要感谢所有愿意和我分享海洋景观知识的渔民。他们促成了本文的完成。其次，我还要感谢挪威研究理事会（Norwegian Research Council）为我早先在挪威北部进行的小规模渔业研究提供的资金支持。最后，我要感谢我的同事，特别是伊戈尔·克鲁普尼克（Igor Krupnik）、特尔杰·布兰腾伯格（Terje Brantenberg）和多纳·李·戴维斯（Dona Lee Davis）。感谢伊戈尔和特尔杰对我的鼓励，也感谢他们为我的研究和写作提出的很多有益的建议。感谢多纳对最后一稿的重要评论。非常感谢他们富有建设性的意见。

参考文献

Apostle，Richard，Gene Barrett，Petter Holm，Svein Jentoft，Leigh Mazany，Bonnie McCay and Knut Mikalsen

1998 *Community，State，and Market on the North Atlantic Rim：Challenges to Modernity in the Fisheries.* Toronto：University of Toronto Press.

Bjørnå，Hilde

1993 *Fra konkurranse til samarbeid. En studie av samhandling mellom fartøy på fiskefelt* (From competition to cooperation：A study of interactions among fishing vessels at fishing sites). Tromsø：Hovedfagsoppgave i Samfunnsvitenskap，Universitetet i Tromsø.

Brox，Ottar

1966 *Hva skjer i Nord-Norge? En studie i norsk utkantpolitikk* (What's happening in North Norway：A study of Norwegian rural politics). Oslo：Pax Forlag.

Buggey, Susan

1999   An Approach to Aboriginal Cultural Landscapes, HSMBC agenda paper 1999 – 10. See: *http: // parkscanada. pch. gc. ca/aborig/HSMBC/ hsmbcl _ e. htm.*

2000   An Approach to Aboriginal Cultural Landscapes, Definition of Aboriginal Cultural Landscapes *http: //parkscanada. pch. gc. ca/aborig/aborig 20_ e. htm.*

Christensen, Pål

1991   En havenes forpester-et kjempestinkdyr. Om trålspørsmålet i Norge før 2. verdenskrig ("An ocean pest, a gigantic skunk": On the trawler issue in Norway before World War II). *Historisk Tidsskhft*, 70 (4): 622 – 35.

Coward, Harold, Rosemary Ommer and Tony Pitcher, eds.

2000   *Just Fish: Ethics and Canadian Marine Fisheries.* St. Johns, NF. : Institute of Social and Economic Research, Memorial University of Newfoundland.

Davis, Done Lee

2000   Gendered cultures of conflict and discontent. Living ' the crisis' in a Newfoundland community. *Women's Studies International Forum* 23 (3): 343 – 53.

Davis, Dona Lee and Jane Nadel-Kiein

1988   To Work and to Weep: Women in Fishing Economies. *Social and Economic Papers* 18. St. John's, NF. : Institute of Social and Economic Research, Memorial University of Newfoundland.

Durrenberger E. Paul and Thomas D. King, eds.

2000   *State and Community in Fisheries Management: Power, Policy, and Practice.* London: Bergin & Garvey.

Dyer Christopher L. and James R. McGoodwin, eds.

1994   *Folk Management in the World's Fisheries: Lessons for Modern Fisheries Management.* Boulder: University Press of Colorado.

Eythórsson, Einar

1993   Sami Fjord Fishermen and the State: Traditional Knowledge and Resource Management in Northern Norway. In *Traditional Ecological Knowledge: Concepts and Cases*, J. T. Inglis, ed. , pp. 133 – 42. International Program on Traditional Ecological Knowledge/International Development Research Centre. Ottawa: Canadian Museum of Nature.

Freeman Milton M. R. and Ludwig N. Carbyn, eds.

1988   *Traditional Knowledge and Renewable Resource Management in Northern Regions.* Canadian Circumpolar Institute Occasional Publication No 23. Edmonton: University of Alberta.

Gerrard, Siri

1983   Kvinner i fiskeridistrikter: Fiskerinæringas "bakkemannskap" (Woman in fishing areas:

the "groundcrew" of the fishing industry)? In *Kan fiskerincæringa styles?* B. Hersoug, ed. , pp. 217 – 41. Oslo: Novus Forlag A/S.

Hauan, Marit Anne

1995　Om å kappseile med Draugen. Naturmytiske vesen og mannsrollen i den nordnorske fiskerikulturen (Sailboat racing against Draugen: Mythic-natural creatures and the male role in northern Norwegian fishing culture). In *Mellom sagn og virkelighet*, M. A. Hauan and A. H. Bolstad Skjelbred, eds. , pp. 49 – 61. Stabekk: Vett og Viten A/S, Stabekk.

Holm, Petter

2003　Crossing the Border: On the Relationship between Science and Fishermen's Knowledge in a Resource Management Context. *MAST*2 (1): 5 – 49. Norwegian College of Fishery Science, Tromsø, Norway.

Hovda, Per

1961　*Norske Fiskeméd. Landsoversyn og to gamle médbøker* [Norwegian fishing *méd* (fishing ground identified via reference to landscape features): National review and two old *méd* books]. Stavanger, Oslo, Bergen, Tromsø: Universitetsforlaget.

Inglis, Julian T., ed.

1993　*Traditional Ecological Knowledge: Concepts and Cases.* International Program on Traditional Ecological Knowledge/International Development Research Centre. Ottawa: Canadian Museum of Nature.

Jentoft, Svein

1989　*Mor til rors. Organisering av dagligliv og yrfkesaktivitet i fiskerfamilier* (Mother at the oars: Organizing daily life and occupational activity in fishing families). Tromsø: Norges Fiskerihøyskole.

2000　Co-managing the Coastal Zone: Is the Task Too Complex? *Ocean and Coastal Management* 43: 527 – 35.

Maurstad, Anita

1997　Sjarkfiske og ressursforvaltning: Avhandling for Dr. Scientgraden i Fiskerivitenskap (Small-scall fishing and resource management: Doctoral Thesis in Fishery science). Tromsø: Norges Fiskerihøgskole, Universitetet i Tromsø.

2000a　To Fish or Not to Fish—Small Scale Fishing and Changing Regulations of the Cod Fishery in Northern Norway. *Human Organization* 59 (1): 37 – 47.

2000b　Trapped in Biology: An Interdisciplinary Attempt to Integrate Fish Harvesters' Knowledge into Norwegian Fisheries Management. In *Finding Our Sea Legs: Linking Fishery People and Their Knowledge with Science and Management.* B. Neis and L. Felt, eds. , pp. 135 – 53. St John's: ISER, Memorial University of Newfoundland.

2002　Fishing in Murky Waters: Ethics and Politics of Research on Fisher Knowledge. *Marine*

Policy 26. 159 – 66.

Maurstad, Anita and Jan H. Sundet

1998   The Invisible Cod: Fishermen's and Scientist's Knowledge. In *Commons in Cold Climate*: *Reindeer Pastoralism and Coastal Fisheries*. S. Jentoft, ed. , pp. 167 – 85. Casterton Hall: Parthenon Publishing.

Munk-Madsen, Eva

1998   The Norwegian Fishing Quota System: Another Patriarchal Construction? *Society and Natural Resources* 11: 229 – 40.

Neis, Barbara

1992   Fishers' Ecological Knowledge and Stock Assessment in Newfoundland. *Newfoundland Studies* 8 (2): 155 – 78.

Neis, Barbara and Lawrence Felt, eds.

2000   *Finding Our Sea Legs: Linking Fishery People and their Knowledge with Science and Management*. St John's: ISER, Memorial University of Newfoundland.

Newell, Dianne and Rosemary E. Ommer

1998   *Fishing Places, Fishing People: Traditions and Issues in Canadian Small-Scale Fisheries*. Toronto: University of Toronto Press.

Nævestad, Dag

1992   *Kulturminner under vann* (Cultural heritage under water). FOK-programmets skriftserie nr. 1. Oslo: NAVFs program for forskning om kulturminnevern.

Osland. Anne B.

2001   Integrert kystsoneplanlegging: skjebnefellesskap eller egnet verktøy for verdiskapning i kystsonen (Integrated coastal zone planning: our shared future, but it is a suitable tool for adding value to the coastal zone)? *Plan* 2: 30 – 44.

Pinkerton, Evelyn, ed.

1989   *Co-operative Management of Local-Fisheries: New Directions for Improved Management and Community Development*. Vancouver: University of British Columbia Press.

1999   Factors in Overcoming Barriers to Implementing Co-management in British Columbia Salmon Fisheries. *Conservation Ecology* 3 (2): 2; [online] URL: http: // www. consecol. org/vol3/iss2/art2.

Posey, Darrell A.

1994   Traditional Resource Rights (TRR): de facto Self-determination for Indigenous Peoples. In *Voices of the Earth: Indigenous Peoples, New Partners and the Right to Self-determination in Practice*, Leo van der Vlist, ed. , pp. 217 – 40. The Netherlands: Utrecht International Books/The Netherlands Centre for Indigenous Peoples.

Sagdahl, Bjørn

1982   Struktur, organisasjon og innflytelsesforhold i norsk fiskeripolitikk (Structure, organization and influence in Norwegian fishery policy). In *Fiskeri-politikk og forvaltningsorganisasjon*, Knut H. Mikalsen and Bjørn Sagdahl, eds. , pp. 15 – 47. Stavanger, Oslo, Bergen, Tromsø: Universitetsforlaget.

Sandersen, Håkan T.

1996   *Da kommunen gikk på havet-om kommunal planlegging i kystsonen* (When the community went to sea: On municipal planning in the coastal zone). NF-rapport nr. l0/96. Bodø: Nordlandsforskning.

Tobias, Terry N.

2000   *Chief Kerry's Moose—a Guidebook to Land Use and Occupancy Mapping*, *Research Design and Data Collection*. A joint publication of the union of BC Indian Chiefs and Ecotrust Canada, Vancouver.

Wilson, James A., James M. Acheson, Mark Metcalfe and Peter Kleban

1994   Chaos, Complexity and Community Management of Fisheries. *Marine Policy* 18 (4): 291 – 305.

（朱坤玲　译）

西伯利亚亚马尔半岛文化遗产

—— 景观保存政策与挑战

纳塔莉娅·V. 费德罗娃[1]（Natalia V. Fedorova）

对个体的保护和使用，只有在一定时空内才会有效。（Shul'gin，1994：4）

亚马尔半岛（Yamal Peninsula）位于西伯利亚西部平原最北端。从地理、文化历史和经济等角度来看，它是一个特殊的地区。亚马尔半岛在莫斯科以东约 2500 公里（1550 英里）处，与俄罗斯欧洲部分的中心相隔两个时区，是俄罗斯北部最具活力的地区——亚马尔–涅涅茨自治区（Yamal-Nenets Autonomous Area）的最北端，油气产业发达。[2]这个十字路口是涅涅茨人（Nenets）的家园，拥有传统的、充满活力的驯鹿游牧文化，这使得亚马尔半岛在俄罗斯北极地区与众不同。因此，保护本土文化和经济及其留存的遗产应该在该地区"可持续经济发展"的政策制定中占据中心地位。

亚马尔半岛长约 750 公里（466 英里），是一条由南向北延伸的平坦冻土带。亚马尔半岛位于欧亚边界，基本上是欧洲在西伯利亚的最后一个前哨。往西，半岛通向布尔什泽梅尔斯卡亚苔原（Bolshezemelskaya Tundra）——涅涅茨人在这片广阔的土地上来回游牧。这个至关重要的纽带联结了欧洲东北部和西伯利亚西北部的大片地区，就像遥远的南部大草原连接起欧洲和亚洲中部一样。往东，亚马尔半岛连接起人口稀少的俄罗斯中部北极地区——吉丹半岛（Gydan）、泰梅尔（Taimyr）半岛以及拉普特夫（Laptev）和东西伯利亚海岸。再往东的科雷马河（Kolyma River）河口东，则是一个文化截然不同的世界，这一沿海地区有着海洋哺乳动物狩猎文化，与北美的因纽特文化有历史联系。

这里缺乏纵向流动的大河，因而对人类的定居进程和土著居民的家庭和经济产生了不可磨灭的影响。半岛是一个文化中心，是西伯利亚涅涅茨人游牧文化的核心区。这里有单一的、具有历史民族特点的景观，历史独特而深刻，经济自给自足。牧牛人一年到头带着驯鹿游牧，从北极的树木线直到贫瘠的极地冻土带。这种自给自足的经济在亚马尔半岛已经存在了几百年。然而，古代的经济和今天的经济有明显的区别。在第一个千年期间和第二个千年开始时，当地的生活方式是以游牧为基础的，以少量驯化的驯鹿作为交通工具，追逐野生驯鹿（Fedorova，2000，2000a）。如今，本地牧民常年迁居，有数量更多的驯鹿群，但由于野生驯鹿近乎灭绝，几乎很少狩猎。

由于持续、不曾间断的传统驯鹿放牧文化，亚马尔半岛及行政区划上的亚马尔地区在俄罗斯北极圈地区的地位非常特殊。从文化意义上讲，亚马尔半岛是亚马尔－涅涅茨民族自治区最"显著"的组成部分，也是最为公众熟知的标志。

问题陈述

面对依然活跃的亚马尔本土文化，我们应当提出一些重要问题：其在现代世界的生存和可持续发展的前景如何？其遗产在现代管理体制下怎样完好保存？其与俄罗斯北部经济发展有何关系？

本文的基本问题如下：

1. 是否存在有效的制度来保护亚马尔－涅涅茨自治区，特别是亚马尔半岛的文化遗产？

2. 如果存在这样一个制度，它的运作是否被纳入了"历史文化（民族志）景观"概念？

3. 如果这一制度已被纳入这一概念，那么这一概念如何反映在保护文化遗产的立法文件和日常实践中？

亚马尔－涅涅茨自治区的当代人口状况

亚马尔－涅涅茨自治区面积约 750300 平方公里（29 万平方英里），约有 500500 人（此处及后文中的数字来源于 Yaucal，2000：13，63－91，92）。该地区人口密度约为每平方公里 0.7 人（俄罗斯联邦人口密度为每平方公里 8.6 人），包括 7 个城市、8 个工业城镇和 103 个农村社区。行政首府是萨列哈尔德市（Salekhard）。

自 20 世纪 90 年代初中央控制的苏联经济崩溃以来，土著居民的基本经济活动——驯鹿养殖、捕鱼、驯鹿加工和鱼类产品等——已经发展为商业活动。20 世纪六七十年代的油气勘探是推动该地区经济发展的动力。然而，与此同时，油气产业也给当地土著居民的文化保护带来许多问题。在工业日益居于主导地位的经济格局中，这种丰富的文化能否存在下去是一个严肃的问题。

油气产业为当地带来了重要变化，这种变化不仅体现在社会和经济地位上，而且体现在人口构成上。根据 1939 年全国统一人口普查数据，仅仅 60 年前，该地区只有 45734 人，包括 15348 名驯鹿牧民（占总人口的 33.56%）。1959 年，即油气开发前夕，人口增加到 65000 人，其中 28000 人是土著居民。到 2000 年，地区总人口增长了近 800%，达到 506800 人。

在今天的当地居民中，俄罗斯人占 62.8%，乌克兰人占 5.8%，鞑靼人（Tatar）占 5.8%，而土著居民［涅涅茨人、汉特人（Khanty）、科米人（Komi）等］比重下降到 8%。当地的城市人口现在是 419600 人，主要是非土著居民。目前 87181 名农村居民中，只有 1/3 多一些是土著居民。在这些土著居民中，仍有 13285 人过着游牧生活。他们大多住在亚马尔半岛，即亚马尔区——亚马尔 - 涅涅茨自治区的七个行政区之一。亚马尔区管理局和当地基本服务设施（包括一座小型地区博物馆）位于区首府亚尔 - 塞尔镇（Yar-Sale）（3800 人）。

毫无疑问，在过去的 40 年里，由于俄罗斯人和其他移民的到来，当地人口数量发生了巨大的变化。这些新移民来到北方主要是为了获得更高的工资和其他福利，多数人并不认为自己或子女的未来与这片土地有任何联系。这些定居者通常用"大陆"或简单的"陆地"指代亚马尔和西伯利亚以外的俄罗斯地区。他们很多人在亚马尔—涅涅茨自治区生活了多年，把城市和村庄变成了自己的，但仍感觉自己像冬季孤零零地在极地站工作的工人，随时会被取代，然后回到"大陆"。

在最近十年（1991 年之后）里，另一批新移民出现，他们来自独联体国家和俄罗斯的军事和种族冲突地区。与之前的移民相比，这些人最初与亚马尔及其早期历史文化的情感联系更少。这一务实的、以经济为导向的新移民群体不可能考虑保护当地遗产的问题，更不用说保护自然和文化景观了。

然而，由于与原籍地的联系逐渐被切断，各移民群体被迫在该地区定居，历经几十年拥有了自己的职业生涯，建立了自己的家庭。他们的孩子已经长大成人，已经成为这片土地上的"土著"。因此，认可当地的"根"不仅对土著而且对所有新移民都日益重要。这种对地方文化遗产态度的显著变化在公共话语和人们的意识中开始明显地表现出来，20 世纪 90 年代尤甚。今天，这种转变也反映在当地媒体对各种历史文化话题和遗产问题的报道中，在某种程度上也体现在亚马尔－涅涅茨自治区政府和地方当局的立法中。

亚马尔文化遗产保护：立法依据与现实情况

自从亚马尔－涅涅茨自治区在 1992 年成为俄罗斯联邦的一部分后，保护亚马尔－涅涅茨自治区历史文化遗产的立法依据在过去十年里日益增多。在那之前，亚马尔－涅涅茨与苏联其他地区一样，以 1978 年的《关于保护历史和文化遗迹的统一法规》（All Union Law on Protection of Monuments of History and Culture）为依据，实行国家遗产法。

然而，1993 年颁布了第一部有关的区域法规——《保护历史和文化遗迹条例》（Regulation for Protection of Monuments of History and Culture）。该条例由地区行政长官第 117 号法令（Decree No. 117 of the Head of the Okrug Administration）通过，于 1993 年 5 月 22 日实

行。在该条例中，"保护辖区的历史和文化古迹"的责任由市镇和地区行政当局（市社区）承担。本质上，该条例只是建议地方政府增加地方文化部门的遗产保护专家人数。按照该条例的措辞，这项任务并非强制性的。

随着后来一系列行政机构的重组，情况变得更糟。例如，地区和区域文化部门重组为"文化行政部"后，又被重组为"文化、青年政策和体育委员会"，进一步削弱了政府增加遗产保护专家人数的法律义务。由于这些和其他原因，直到 2003 年，亚马尔 – 涅涅茨自治区 7 个地区中，只有两个有一些遗产保护专家作为管理人员。但是应当指出，缺乏专家的最主要原因与其说是 1993 年条例的非强制性措辞，不如说是该领域缺乏合格的专家。

1996 年，出台了另一部区域法规——《亚马尔 – 涅涅茨自治区历史文化评估执行条例》（Regulation for the Execution of Historical-Cultural Evaluation in the Yamal-Nenets Autonomous Area），早前在邻近的汉特 – 曼西自治区（Khanty-Mansi Autonomous Area）颁布的一项类似法律是该条例的基础。因为还没有得到矿业和自然资源部门批准，新规定尚未生效。在没有规定的情况下，在工业建设或其他经济发展的地区评估（或调查）历史文化很可能是罕见的，绝非常态。目前，这类调查主要取决于当地行政部门的态度，更确切地说，取决于考古学家和其他文化专家的坚持，因为他们通常会得到拟议政策的信息。

1998 年 10 月 16 日，亚马尔 – 涅涅茨自治区第 40 号法令《关于对亚马尔 – 涅涅茨自治区的历史、文化和建筑古迹的保护》（About the Protection of Monuments of History, Culture and Architecture in Yamal-Nenets Autonomous Area）颁布。新的亚马尔 – 涅涅茨自治区督察委员

会在首府萨列哈尔德市成立，负责"历史和文化遗迹的保护和利用"。督察委员会目前有一个尚未最终确定的当地历史文化遗产总清单。这个清单现在是卡片文件，但正在逐步变为一个数据库。

该数据库包括以下内容：

——考古遗迹，即遗址、埋葬地、古代祭祀场所等，共登记 269 项（截至 2002 年）

——当地历史遗迹。比如，1906 年迪米特里·I. 门捷列夫（Dimitry I. Mendeleev）建立的俄罗斯国家地理中心在 1985 年被指定为纪念地（有一个匾额）。另一个例子就是许多废弃的苏联时代早期的劳动集中营，比如位于废弃铁路上的"501 号工地"就是20 世纪40～50 年代苏联的一个巨大的劳动集中营，这段废弃的铁路就是由集中营的囚犯修建的。

——市政和建筑纪念碑，包括二战胜利纪念碑、建于 20 世纪 30 年代的建筑物、纪念标志和牌子、俄罗斯东正教和其他教派的寺庙等。

——自然和文化遗迹，即"历史和民族学视角下自然和人共同创造"的具有普遍价值的地点，包括当地工艺品中心。俄罗斯联邦立法将这类地方列入"历史遗迹"。

关于保护俄罗斯联邦历史遗迹的立法以及亚马尔－涅涅茨自治区的相应立法也包含"历史和文化遗迹"和"城市发展目标"等概念，但都不包含"民族文化遗迹"或"历史民族志景观"概念。但是，在亚马尔－涅涅茨自治区和其他一些地区，这些遗产具有特殊的重要性。

民族文化遗迹和历史民族志景观的地位和保存是任何地方土著居民的政策和政治都应考虑的关键问题。虽然古代的考古遗迹通常被认为无所属，但土著居民认为民族文化遗迹如村庄遗址、现代营地、墓地、还在使用的仪式场所和纪念地等是他们的所属物。对他们来说，这些活生生的遗址与当今景观的联系显而易见。

亚马尔－涅涅茨自治区目前有大量立法文件，理论上在保存和使用当地历史和文化遗产方面完全可行。那么，是否可以说一切都令人满意、地区数据库中具有历史文化价值的纪念地得到了很好的保护，并且正在积极确定新的地点并输入？不幸的是，事实并非如此。

问题不在于没有足够的法律来充分保护历史文化遗迹，而在于现有的制度根本不起作用。当然，这有很多原因，包括各级遗产保护机构缺乏资金和训练有素的人员。然而，更糟糕的是，普通民众和地方行政当局对他们必须保护的历史文化遗迹的价值认识不足。

我们以首府萨列哈尔德市的乌斯特－波鲁伊（Ust-Poluy）遗址为例。乌斯特－波鲁伊遗址可以追溯到公元前一世纪，曾是一个古老的举行部落间仪式的中心。该遗址以其独特的考古文物闻名于世，其中有大量珍贵艺术品，包括青铜和黄金艺术品。从两位俄罗斯考古学家瓦列里·N. 切尔涅索夫（Valerii N. Chernetsov）和万达·I. 莫斯津斯卡（Wanda I. Moszinska）开始，这一遗址出现在很多公开刊行的文章、书籍和目录中。这些作者通过长期的挖掘、发表的大量文章和做学术报告，使这一遗址为俄罗斯和外国专业读者所熟知（Chernetsov & Moszinska，1974）。

20 世纪 90 年代早期，来自俄罗斯科学院历史和考古研究所［乌拉尔分院（Urals Branch）］的考古团队开始了在乌斯特－波鲁伊遗址的一系列新发掘。根据当时的联邦遗产记录，亚马尔－涅涅茨自治区只有两处重要的历史遗迹。其中一处是被遗弃的曼加西亚（Mangazeya）镇，它是 17 世纪俄国要塞，也是西伯利亚早期殖民时期的象征。另一处就是乌斯特－波鲁伊遗址，隶属于萨列哈尔德市文化行政管理局，因此市政机构应当对遗迹的状况及其保护承担责任。然而，令我惊讶的是，行政人员既不知道这座遗迹的确切位置，也不知道该如何保护它。

由于多年的无知和忽视，切尔内索夫和莫斯津斯卡团队挖掘的遗址现在被土路和各种小型建筑工程严重破坏。遗址周围的沟壑被当地居民当成了垃圾场。此外，在很长一段时间内，该遗址一直吸引着业余"考古学家"或者实际上的"掘地者"。这些入侵者对遗址和考古价值造成了巨大破坏。总而言之，这座已经被指定为联邦最高保护级别的遗址，实际上就位于亚马尔－涅涅茨自治区文化管理部门的视线范围内，但没有人以任何方式保护它。乌斯特－波鲁伊遗址是亚马尔－涅涅茨自治区最著名的考古遗迹，是每一本历史教科书和当地旅游指南上都记载的遗迹，其保护现状尚且如此，更不用说偏远乡村社区或开阔冻土带的遗迹，谈论保护和记录遗迹的现状还有意义吗？

应该再次强调的是，这种情况不是由于缺乏必要的立法。背后的主要原因是地方保护机构的薄弱，以及各级官方机构及私人企业对联邦和区域保护历史文化遗产立法的漠视。许多管理人员和土地所有者根本不知道他们对这一领域的责任。要克服这种漠视或无视，一个有效的办法就是在发放经济活动许可证时，当地和市政遗产保护机构都参与进来。所有需要建设许可的地区，从大型油气管道到新建的牛棚，都应进行强制性的历史文化评估。在评估过程中，专业考古人员应该对该区域进行调查，确认应该被保护的重要的历史文化遗址。

不幸的是，在上述所有立法中，历史文化遗迹的确定、登记、保护和可能的使用等问题都完全体现在某些特定的遗迹上，即那些"个别的、高度地方化的地点"上（Shulgin，1994）。这些遗迹没有与周围的景观一起被评估。因此，周边景观在法律上没有得到保护，也没有因为其特殊价值或文化价值而被评估。

在过去的十年里，在亚马尔－涅涅茨自治区最南端的普尔区（Pur District）进行了定期的考古评估。一家当地的石油天然气公司——珀尼夫特格兹公司（Purneftegaz）为这项工作提供了资金。结果，仅在普尔地区就发现了 68 处新的考古遗迹和民族文化遗迹。当地油气企业、地方政府和普通民众逐渐认识到了传统土著遗址在历史文化景观方面的重要性。

珀尼夫特格兹公司并非唯一一家为考古评估提供资金的公司。自 20 世纪 80 年代末 90 年代初以来，托波尔斯克的一所师范学院考古民族志小组［由安德烈·U. 戈洛夫尼夫（Andrei U. Golovnev）博士领导］一直受到伦吉普洛坦公司（Lengiprotrans）的资助。伦吉普洛坦公司是一家大型政府企业，负责为鄂毕—波瓦连科沃铁路（Ob-Bovanenkovo Railway）的建设提供可行性报告。另一个例子是俄美联合遗产项目"活态的亚马尔"。这个为期三年（1994～1996 年）的项目对亚马尔半岛的历史和文化遗产做了大量记录工作。该项目由美国亚莫科欧亚（Amoco-Eurasia）石油公司资助，并在俄罗斯纳迪姆天然气股份公司（Nadymgazprom）的协助下开展工作（Fitzhugh，2000；Krupnik & Narinskaya，1998）。

事实上，我多年的经验证明，考古学家与大公司合作往往更容易，原因如下：

——媒体会从保护环境和（或）历史文化遗产的角度不断报道企业的行为。这种报道常常是至关重要的。

——立法控制和舆论压力会更有效地确保大型企业的遗产保护意识。

——在今天的俄罗斯，大型油气公司有能力提供资金，对进行工业建设和（或）矿产开发的地区做历史文化评估。

与繁荣的企业相比，市级和区级政府机构通常没有资金来资助历史文化工作。例如，在过去的三年中，普里乌拉尔斯克区政府（Priuralsk District Administration）一直在尝试启动一个项目来识别和注册龙格-伊根（Longot-Yegan）和什丘亚流域（Shchuchya Rivers）的考古遗迹。1999 年和 2000 年，这一项目因为缺乏资金两次停止。由于同样的原因，1994 年在亚马尔-涅涅茨自治区的舍沙克（Shuryshkar）地区开展的一项类似调查也未完成。遗憾的是，这种项目仍在不断受阻。

民族文化遗迹

"活态文化遗迹"是历史文化遗产的一个特殊类别。这些古迹有祭祀场所（神龛、祭祀场所等）、复合墓地（如墓地、分开的坟墓、地上埋葬处）、包括驯鹿牧人营地在内的定居点、对当地居民有特殊价值的民族景观等。当这些人类遗迹继续发挥作用时，都有一个特定的、区别性的特征：它们可能在日常活动过程中被无意地移动或被入侵者有意破坏。

正因为这些文化还存活着，研究、记录并尽可能保护它们才变得复杂——当地居民往往不愿分享它们的信息。祭祀场所可能是一些人的禁忌。外来研究人员的调查甚至访问常会引起土著居民的负面反应。此外，在目前的俄罗斯考古实践中，这些"活态文化"的痕迹"太年轻"，考古学家无法研究。比如，俄罗斯民族志学者几乎从不参与当地墓地的地图绘制和详细记录，但对这些墓地绝对有必要采取保护措施。

亚马尔负责遗产登记和保护的地方机构资源

亚马尔－涅涅茨自治区负责历史和文化遗产登记和保护的主要机构是"自治区历史和文化遗迹保护和使用监察局"，隶属于自治区的文化、青年政策和体育处，位于萨列哈尔德市。它长长的名称充分反映出这一机构的本质：该机构目前仍是冗杂的行政官僚体制中一个并不独立的存在。该机构根本没有权力也没有机会制定任何独立的政策，当涉及大的建筑或油气公司的争端时尤其如此。

然而，与过去相比，也有一些显著的变化。1999 年，在这块面积约 75 万平方公里（几乎相当于阿拉斯加州面积的一半）的土地上，只有一名员工负责历史文化遗迹的记录和保护工作。现在，该局有六名正式雇员，包括监察局局长、建筑、历史和文化遗迹登记和保护方面的两名专家、两名遗迹考古人员、一名档案管理员（2002 年数据）。然而，地区层面的人员配置情况较差，七个地区中只有两个地区有专人负责历史保护工作。

显然，这些极为有限的人力资源完全不足以进行登记和保护古迹的系统工作。而亚马尔－涅涅茨自治区因为有大片地区不通公路，同遥远的北极各地区联系困难，而且永久定居地为数不多，所以情况就更加复杂。随着远离人口密集区的主要工业不断发展、资源的匮乏，需要出台新的具体措施，以加强对遗产和历史文化景观的保护。

2001 年，在亚马尔－涅涅茨自治区科学研究联合委员会的要求下，启动名为"亚马尔－涅涅茨自治区历史文化遗产的识别、研究和使用计划"的项目。项目实施者是叶卡捷琳堡的俄罗斯科学院乌拉尔分院的历史和考古研究所，由两位考古学家——康斯坦丁·G. 卡拉沙洛夫（Konstantin G. Karacharov）博士和纳塔莉娅·V. 费德罗娃（Natalia V. Fedorova）博士作为该项目的主要研究人员（Fedorova，2000a）。该项目在纲要中回顾了联邦和自治区各级政府现有的遗产保护立法文件，对该地区的文物保护现状进行了分析，并提出了一整套措施，从而完善了对亚马尔－涅涅茨自治区遗址和历史文化遗产保护。

在 2001 年 8 月第 11 届国际石油和天然气工业、能源和通信创新技术大会上，美国的康斯坦丁·卡拉沙洛夫博士介绍了该项目。关于土著问题的特殊工作坊首次列入了大会议程。卡拉沙洛夫博士在圆桌讨论中谈到了名为"油气开发下北方人民的文化和生活方式"的亚马尔遗产项目。不巧的是，在大会最后一次全体会议对大会工作坊进行总结时，这个特殊的工作坊被忽略。该小组主席、人类学家安德烈·戈洛夫尼夫博士甚至没有机会介绍他对小组审议工作深思熟虑的总结。

然而，尽管遭遇种种挫折，该项目负责人希望出台新的法规文件来实施我们的建议，期望公众对历史文化遗产的态度能够改变，也希望亚马尔－涅涅茨自治区遗产保护机构能够更有效地工作。鉴于此，我们提出进行历史文化遗址的鉴定和清查活动。

这些活动由当地土著担当重要角色。活动包括收集通讯者居住地考古和民族文化遗迹信息、填写问卷、标识地图、描述外观和状况等。该计划书还提出了一份类似的关于调查祭祀仪式地点的问卷。据我所知，2001 年夏天，一个参与记录自治区塔兹地区（Taz District）祭祀仪式的小组使用了这份问卷。

亚马尔遗产保护工作现状

我从 1994 年开始就在这个地区做现场考古，对亚马尔半岛的许多历史文化遗迹的现状非常熟悉。在此期间，我不仅有机会进行实地调查以确定考古学和民族文化的新遗址，而且参与了许多遗址的发掘工作。几年来，我们的实地考古团队与当地的涅涅茨人进行了密切合作，他们的避暑帐篷就在我们营地附近。

在对亚马尔古文化的长期研究中，在与今天的涅涅茨人的日常生活接触中，人们认识到北方的环境是一个整体。换句话说，北极的自然环境和人文环境是一体的。河流、苔原、湖泊、鸟类和鱼类、矮苔原桦、我们发现的古代遗迹、现代涅涅茨人与他们的远祖使用的同一个遗址，所有的这些都是一体的。我开始认识到，没有任何考古遗迹仅仅是基于自身的价值而存在的。它们都是统一的历史民族景观的组成部分，如果不在这块土地上生活一段时间，就不可能理解古代或现代的文化发展。

2001 年 8 月，我们的研究小组在亚马尔半岛最南端的亚尔－塞尔附近的文加－亚卡河（Venga-Yakha River）下游地区进行了调查。该调查罕见地由地区青年事务、文化和体育事务委员会（类似于上文提到的亚马尔－涅涅茨自治区负责遗产保护的部门）进行，目的是认定并保护当地的文物古迹。毫不奇怪，这个罕见的部门的负责人是训练有素的考古学家康斯坦丁·奥谢普科夫（Konstantin Oshchepkov），他也是专业的博物馆工作人员。他是我的一个老朋友，也是和我志同道合的人，他重视所有与当地遗产有关的东西，如考古遗址、民族文化、历史以及其他。事实上，他是唯一一位试图管控亚马尔半岛工业扩张的政府管理人员，要求这些新建筑和油气开发企业至少要通过历史文化评估。

在两周的时间里，我们在文加－亚卡河左岸大约 3 公里的地方发现了十多个古代定居地，准确地说，是古代定居者的建筑群。所有这些遗址都有一个相似的特征：它们位于基岩床的高处，因而坐落在冰河时代形成的天然的小型沙质山丘上。这些遗址因季节变化而位置各异，我们确认了至少三类定居地：一类是夏季定居地，建在高高的、面向河流的迎风地带（遗迹看起来像是很浅的圆坑）；另一类是冬季定居地，建在高地的背风面，带有明显的走廊式出口；其余则是建在高台上的移动帐篷，与现代驯鹿牧民的帐篷非常相似。

定居点的年代测定是通过挖掘时收集的文物——主要是陶瓷和石器的碎片完成的。最大的发现与青铜器时代有关，当时是文加－亚卡河沿岸人口最密集的时期。文加－亚卡河中有大量鱼类；此外，成群的野生驯鹿通常会在季节迁徙时穿过山谷。因此，这些地方成为一个非常适合狩猎和渔业的地区，具有青铜器时代的典型特征。

我们发现的定居地与周围的环境契合，应该认为它们共同代表了一个紧密联系的综合体，一个独特的自然考古景观。

如今的亚马尔半岛，有100多处不同时期的考古遗迹为人所熟知。最古老的尤里别伊（Yuribey）1号遗址，可以追溯到约9000年前的中石器时代。许多新石器时代和青铜器时代的遗址为人所知，但目前更多的遗址与铁器时代——公元前3世纪到公元14世纪有关。就像我们在2001年发现的文加－亚卡河沿岸的遗址，遗址都嵌入在景观中并与之融合，离开景观就无法研究和保存。

活态、民族文化遗址是历史遗迹的一个特殊类别。就像历史文化遗迹一样，它们与自然景观的联系是毋庸置疑的。更准确地说，它们正是通过存在才完全与某种景观联系在一起。例如，神圣的地点经常与某些自然特征联系在一起，墓地经常修在偏远的高地上。然而，直到最近几年，涅涅茨人或其祖先留下的文化遗址才开始被登记和保存。

2001年夏天，一个由加林娜·P.哈鲁奇（Galina P. Kharyuchi）、

迈克尔·N. 奥科特托（Michael N. Okotetto）和莱昂尼德·A. 拉尔（Leonid A. Lar）组成的小组完成了主要工作，确定和描述了塔兹地区的圣地。田野工作者鉴定并记录了一些 18～20 世纪初的土著墓地。2001 年，对一个在 1909 年首次调查的土著墓地进行了详细研究，成果几经延迟终于出版（Murashko & Krenke, 2001）。我相信其出版将促进对许多类似地点的进一步研究和保护。目前，当地的墓地处境极其糟糕，除了不受控制的油气勘探造成的破坏外，还受到许多古董收藏家和盗墓者的威胁（Fedorova, 2000a: 11）。许多古老的墓地中都有大量青铜器、玻璃、金属炊具和器皿，它们散落在地表，很容易被找到。

拥有宝贵历史遗迹的民族文化景观遭到破坏或被现代建筑改造后就会变得毫无意义，对当地土著居民的价值也随之消失。我们在 2001 年就目睹了这样的情况（以前也多次见过）。小组在现代的萨勒迈勒（Salemal）村发现了一个 19 世纪早期的公墓。据报道，村里没有人了解这个墓地，甚至连孩童不时挖出的人骨也没有引起大众的兴趣去面对这个问题。令人惊讶的是，这种情况发生在一个几百年来一直保存着祖先墓地的地区。显然，墓地似乎被遗忘的原因是它周围的民族景观的毁灭。在这个例子中，这种毁灭是由周围的现代化建筑引起的。

很明显，文化遗迹总是与周围的环境融为一体，在保护单个文化遗迹的背景下制定亚马尔遗产保护政策是没有意义的。因此，以历史文化（民族志）景观概念为指导的综合方法不仅可以更好地保护未来的古迹，而且有利于在真实的环境中进行研究。

新趋势与前景

本文对亚马尔半岛文化遗产的概述表明，近年来亚马尔的遗产保护发生了一些变化。一些促进当地历史文化遗产保护的新趋势也值得一提。

首先，在萨列哈尔德建立了北方土著人文研究中心，工作人员全部是当地土著，发挥了重要作用。该中心大约是在 10 年前建立的，对亚马尔土著圣地的记录和研究在其工作日程上占有重要地位。

其次，近年来对经济开发区进行遗产评估的倡议更多来自自治区和地区一级的部门，而不是来自商业企业或其他机构，特别是在油气开发区。例如，上文提到的龙格 - 伊根河地区正在进行黄金开采的勘探工作，而对此地区的调查就是由普里乌拉尔斯克政府启动的。很多土著民族部门的工作人员是当地土著居民。他们能够充分理解文化遗产中民族元素的价值，重视保护相对 "年轻" 的文化遗迹，即土著居民的生活场所和仍在使用的圣地。

最后，商业组织和天然气公司呈现出一个明显的趋势，那就是要求科学机构（例如学术机构和大学）对相关的开发领域进行历史文化评价。

这些趋势令人鼓舞，但发展规模仍然不够。

结　语

历史文化景观的概念与亚马尔半岛的整个环境以及古代和现代人类留下的许多印记是一个整体。理想的情况是，这一综合概念应该成为地方机构制定政策的基石，以规范文化历史遗产的保护和使用。然而，到目前为止，这些机构的工作一直仅限于记录和保护个别历史遗迹。很不幸的是，在保护当地历史文化遗产方面还没有有效的机构或体系来服务整个亚马尔 - 涅涅茨自治区，特别是亚马尔半岛。无论是遗产保护的定义，还是"历史文化景观"一词，都没有出现在地方政府机构的立法和实践中。然而，近年来，无论是整个俄罗斯还是亚马尔－涅涅茨自治区，在保护文化遗产方面出现了一些有益的新趋势，这也是我试图在本文中总结的。特别重要的是，当地人民在这一进程中日益活跃地参与到历史文化景观的保护中来。所有这些新趋势都给我们带来了希望，希望不久的将来会变得更好。

致　谢

本文得到俄罗斯国家科学基金第 01－01－00412a 号项目资助。感谢伊戈尔·克鲁普尼克（Igor Krupnik）提出的宝贵意见，也感谢娜塔莉娅·纳琳斯卡亚（Natalia Narinskaya）和康斯坦丁·奥谢普可夫（Konstantin Oshchepkov）提供的有关亚马尔遗产保护的地方政策和资源的信息。

注释

1. 乔治恩·辛克（Georgene Sink）翻译，伊戈尔·克鲁普尼克编辑。
2. 更多关于亚马尔目前的经济和行政地位的信息，参见加林娜·哈鲁奇（Galina Kharyuchi）的论文。

参考文献

Chernetsov, Valery N. , and Wanda I. Moszhinska

1974　*The Prehistory of Western Siberia*. Translated by Henry N. Michael. London and

Montreal: Arctic Institute of North America/McGill-Queens University Press.

Fedorova, Natalia V.

2000a   Sem'let Yamal'skoi arkheologicheskoi ekspeditsii (Seven years of the Yamal Archaeological Expedition: results from the past and a task for the future). *Nauchnyi vestnik. Bulletin* 3: 4 – 12. Salekhard.

2000b   Olen', sobaka, kulaiskii fenomen i legenda o sikhirtia (A reindeer, a dog, the Kulai phenomenon, and the legend of Sikhirtia). In *Drevnosti Yamala* 1, Andrei Golovnev, ed. , pp. 54 – 66. Ekaterinburg and Salekhard: Russian Academy of Sciences, Urals Branch.

Fitzhugh, William W.

2000   V poiskakh Graalia (Searching for the Grail: Virtual Archaeology in Yamal and the Circumpolar Theory). In *Drevnosti Yamala* 1, Andrei Golovnev, ed. , pp. 25 – 53. Ekaterinburg and Salekhard: Russian Academy of Sciences, Urals Branch.

Krupnik, Igor, and Natalya Narinskaya

1998   *Zhivoi Yamal/Living Yamal.* Bilingual exhibit catalog. Moscow: Sovetskiy Sport.

Murashko, Olga, and Nikolai Krenke

2001   *Kul'tura aborigenov Obdorskogo Severa vXIX veke. Po arkheologo-etnograficheskim kollektsiiam Muzeia antropologii MGU* (The culture of indigenous people of Obdorsk North in the nineteenth century. From materials of the archaeological-ethnographic collections, Museum of Anthropology, Moscow State University). Moscow: Nauka.

Shul'gin, Pavel. I.

1994   Unikal'nye territorii v regional'noi politike (Unique areas in regional politics). In *Unikal'nye territorii v kul'turnom i prirodnom nasledii regionov*, lu. L. Mazurov, comp. , pp. 35 – 43. Moscow: Institut Naslediia.

Yamal

2000   *Yamal: Na rubezhe tysiachelietiia/Yamal: On the Edge of the Millennium.* Salekhard and St. Petersburg: Artvid and Russian Collection (parallel Russian and English editions).

（孙厌舒　译）

挪威的萨米文化遗产

——地方知识与国家权力之间的关系

托法德·法赫 （Torvald Falch）

玛丽安·斯坎德费尔 （Marianne Skandfer）

芬诺－斯堪的纳维亚半岛 （Fenno-Scandinavia） 北部和中部的萨米 （Sámi） 人历史可以追溯到很久以前。就像所有的史前史一样，早期萨米人历史的诸多方面都是未知的。在挪威，从18世纪末到大约1980年，萨米人广泛、系统地被挪威化，加上自身缺乏书面文字记载，萨米人的近期历史不太为人所知或变得模糊不清。自1978年以来，所有百年以上的萨米文化遗址和古迹都受到法律保护。自1994年以来，萨米文化遗产的管理工作一直由萨米议会承担。

在本文中，我们试图描述萨米文化遗产管理如何强调活态的地方知识的重要性，这既是一个长期目标，又是推动文化遗产保护的一个策略。我们还会阐释此项管理与挪威政府权力体系的关系。一个制度化的本土文化遗产自我管理体系是非常特殊的。我们将以萨米文化景观为例，介绍萨米文化遗产管理是如何组织、运作和记录的。尽管挪威的萨米文化遗产管理在制度上是相当特殊的，但仍有理由对此制度进行评估，以确定这种制度化是否给予萨米人应有的权利去保护他们的文化遗产并发挥其所希望的作用。

挪威萨米文化遗产管理组织

1990 年，挪威文化遗产管理组织重组为一个权力更分散、更明确的行政组织。负责文化遗产管理的行政机构从特罗姆瑟（Tromsø）、特隆赫姆（Trondheim）、卑尔根（Bergen）和奥斯陆（Oslo）的四个区域博物馆转移到 19 个郡行政机构的文化部门。奥斯陆文化遗产理事会成为专门负责制定连贯的国家政策和执行协调合作任务的中央机构。同时，萨米文化遗产管理与国家文化遗产管理也有一定的分离。然而，直到 1994 年独立的萨米文化遗产管理机构才开始运作，其权力和责任相当于郡遗产管理机构。机构重组是挪威议会通过宪法第110 条修正案的结果，也是 1987 年建立萨米议会和赋予萨米人其他权利的结果。挪威宪法要求政府赋予萨米人权利并予以保障，使萨米人能够发展他们的语言、文化和社会生活。

在宪法修正案和萨米法案获得批准后，萨米议会于 1989 年成立，成为萨米人自己选出的行政机构。1994 年，萨米文化遗产管理由萨米议会提名的萨米文化遗产委员会负责。萨米文化遗产委员会隶属于萨米议会，也受挪威环境部和文化遗产理事会管理。萨米文化遗产管理由萨米文化遗产委员会具体安排，该委员会在斯纳萨（Snåsa）、阿吉卢科塔（Ájluokta）和特罗姆瑟设立了区域办事处，并在瓦朗格伯顿（Varangerbotn）设立了一个区域办公室和一个主要负责协调的行政机构。2001 年 1 月，萨米遗址的管理权从萨米文化遗产委员会转移到萨米议会。迄今为止，挪威《文化遗产法》授予的权力是萨米议会拥有的唯一权利。

萨米文化遗产管理部门随着萨米人政治和文化意识的增强日显重要。20 世纪 70 年代和 80 年代，挪威政府计划并完成了萨米地区的几个大型开发项目，其中包括位于芬马克郡阿尔塔 - 克托基诺河（Alta-Kautokeino River）流域的一座水电站。对这一地区的侵占影响了对萨米人文化、语言和生活方式的保护和发展，使萨米人意识到共同决定权的重要性。水力开发的结果是 1973 年设立了特罗姆瑟博物馆（Tromsø Museum），现在属于特罗姆瑟大学（University of Tromsø）。1978 年的《文化遗产法》首次赋予具有 100 多年历史的萨米文化遗址保护地位，挪威在 1992 年修订了法律，将文化景观纳入萨米文化遗产的核心理念。《文化遗产法》明确规定，所有超过历史 100 年的萨米遗址都自动受到法律保护，包括与宗教或历史相关的遗址。相比之下，虽然文化景观不受法律自动保护，但它们被认为是文化遗产和身份的一部分。萨米议会有权暂时指定萨米文化遗址或遗迹，但如果其他区域的文化遗产机构不同意，萨米文化遗产委员会将做出最终决定（Holme，2001：142）。

实际管理

文化遗产委员会是管辖《文化遗产法》规定的所有文化遗址和遗迹的权威机构。萨米议会对提出的项目做了声明，收回了萨米定居区的土地。现在，九名行政人员有责任就受保护的萨米文化遗迹以及有价值的萨米景观提出书面反馈意见，规划侵蚀地区的维护、保护遗址和景观并用于研究或公共目的。该部门每年大约接受咨询 1800 次。

挪威早期的调查和遗迹登记项目，没有注意到萨米文化遗址和各类萨米文化背景的遗迹，没有对萨米文化遗产进行系统整理。在早期和当代萨米人聚集的大片地区，对萨米文化遗产及其相关环境的记录仍不完善。因此，实地考察、对具体发展项目进行登记和采访是文化遗产管理的一个重要组成部分。例如，在2000年进行的实地考察中记录了343处未知的萨米文化遗址和分散在173个地方的遗迹（Sametinget，Samisk Kulturminnerad，2000）。

研究人员有时难以记录萨米文化遗址、早期萨米人存在的证据或生活方式。1900年之前，萨米人几乎没有关于日常生活和文化的记录。第二次世界大战期间，挪威被纳粹德国占领（1940～1945年），特别是在德国占领北部的最后一年，萨米人聚居区的所有建筑几乎都被摧毁，人口被迫迁移。1945年以后，北部地区像北欧其他地区一样，科技和物质上的快速发展，使人们的日常生活和活动发生了根本性变化，也导致了大量有关景观利用和手工艺制造等传统知识的逐渐丧失。因此，对萨米议会来说，活态传统和人类记忆是理解物质文化遗迹的重要来源。当地的老年人可以具体详细地解释物质生活和广泛的文化景观。这种方法也许被很多人指责为把萨米文化当作一种静态的、不能发展的文化（Olsen，1986），但即使缺乏所谓的"科学基础"，我们也不能否认关于萨米社会过去生活的口述。当地萨米人对景观的理解提供了有关文化遗址、遗迹和景观的信息，因为活动、事件、信仰和传统都属于物质遗迹（Skandfer，2001）。因此，在不了解当地状况的情况下，这种方法对于作为文化遗产管理者的我们非常重要，我们需要这种方法对所假设的东西进行比较和纠正，因为我们一般会在普通知识和认知的基础上解读有关文化遗址和遗迹的活动。对于生活在当地的现代人来说，当地人的认识往往比外来的解释更有意义和价值。

在过去几年中，萨米议会对待文化遗产的当地区域性和公共（科学性）知识的态度出现了转变。当地社区要求记录它们的文化遗址，包括圣地，这样文化遗址就可以公开或供公众使用与研究。我们看到，越来越多的当地人对文化遗产知识感兴趣，并认可萨米议会管理萨米文化遗产的努力。无论是在萨米社会还是在全国，找到合法的萨米文化遗产的管理形式都是一项巨大的挑战。

除了法律授予的行政权力外，萨米议会的文化遗产管理部门还负责一些特别项目，如保护萨米建筑和记录挪威、俄罗斯和芬兰的东萨米人历史。

萨米文化景观和当地人对景观的理解

因为在时间和地点上跨度很大，萨米文化遗产是一个宽泛的概念。如果在有文字记载的历史传统或活态萨米传统中，一些文化遗址在萨米文化背景下被明确使用过，那么这些文化遗址就可以被认为是萨米文化遗产的一部分。口口相传的萨米人的传统知识也可以被视为萨米文化遗产，而这些知识更含蓄地将萨米人与萨米文化联系起来。文化遗产可以是物质的，如资源开采或宗教活动。在那些失去了传统和习俗的地方，只有文化遗址才能证明早期萨米人的存在。某些文化遗址也可能与史前萨米文化有关，形成了我们熟知的萨米文化特征（Samisk Kulturminneplan，1998 - 2001：1）。"文化环境"概念强调地点概念，包括空间、时间和文化单位，而文化景观是包含多种文化环境的大型地理或地形单元。

景观的使用尤其取决于人们对土地的了解以及他们和土地的关

系。萨米文化源于一种生活方式，这种生活方式与他们对土地的使用密切相关，与生存和宗教信仰密切相关。萨米文化景观体现了萨米人对土地的了解（Bjøru，1994：32）。高克斯塔德（Gaukstad）阐述了实践经验与历史意识之间的相互作用（Gaukstad，1994：38）。提姆·英高尔德认为这些文化景观可以被称为"活动景观"（taskscapes）（Tim Ingold，1987）。萨米文化景观包括许多类型，从最古老的狩猎、捕鱼、捕鲸、捕海豹等到不同的驯鹿景观。从 16 世纪的小规模驯鹿放牧到 20 世纪的大规模驯鹿放牧，萨米人扩展了在沿海和主要河流的捕鱼、狩猎和耕种活动。土地包括沿海、内陆地区、山地高原、森林和河谷。它们为适应当地环境的变化提供了基础。萨米人有不同的生活方式，也有对景观不同的理解和使用方式。尽管存在差异，但在故事叙述、景观形式、地名传统以及关于环境的知识传播方面都有相似之处。这使我们讨论一种独特的萨米土地利用形式成为可能（Gaski，2000：18）。

萨米语拥有丰富和详细的术语来描述景观变化和陆地形式。因此，语言成为描述地形的工具，仅仅几个词就可以描述广大的区域。一个地方，无论是陡峭的、可通过的、森林覆盖的、被风吹过的，还是在广阔的领土上被遮挡的，它的名字可以迅速准确地显示出以上特征。得益于萨米语的这种特征，不同景观区域之间的驯鹿迁徙路线变得清晰起来（Mathisen，1997）。萨米地名可以告诉人们由于动物们经常在那里遇到的特殊天气状况，人们如何使用或理解某些景观元素，人们曾经在哪里生活，在哪里捕鱼或狩猎，水源在哪里，驯鹿在不同的时节在哪里停歇，死者埋葬在哪里（J. Jernsletten，1994：234）。当地居民强调，在开阔地带"萨米方式"的旅行是不允许在土地上留下任何清晰的痕迹的。另一种普遍的态度尤其是老年人的态度是任何建筑物最好按照与自然相和谐的方式建造，并且今后可以重新融入自然。因此，往往不是文化遗址本身而是与文化遗址有关的事件和活动被评价为当地景观中最重要的因素。

某些景观与萨米人的传统生计直接相关，如放牧驯鹿、狩猎、捕鱼、诱捕、耕种或照料家畜，由此文化遗址和这些活动相关得以确认（Schanche，1995）。这些景观可以包含不同类型的小屋和房基、房屋、帐篷、居住区、存储方法和捕获、标记或给驯鹿挤奶的建筑。景观本身也可以包含萨米人的生活方式中具有价值和意义而看不到人类影响的因素，比如与驯鹿迁徙有关的牧场或路径，与萨米人生活有关的自然资源（如莎草沼泽或枪木），或者海上发现的以前使用过的渔场标记。

比如，圣山、石头、森林和湖泊在很大程度上都与萨米人的精神和神话相联系。基督教传入前萨米人的宗教是狩猎、采集者的宗教，以灵性论包装的自然思想为标志（Hultkrantz，1965）。自然提供了可以收获的自然资源，也使萨米人产生了精神层面的信念。萨米人认为应该带着祭品到圣石祭祀以求得狩猎或捕鱼的好收成，一个人应该尊重圣山，因为它们是神圣生命的居所。他们还认为，坟墓也应同样受到尊重和谨慎对待。死者甚至比生者更像是景观的一部分，通过物质存在和文化传统铭刻在景观中。以前，人们习惯向驯鹿场表达愿望，请求允许在某些地方搭起帐篷过夜（Oskal，1995：145）。在整个萨米地区流传着鬼魂帮助人类的传说，或是因为在某些地方举止不得体而大祸临头的故事。这些故事都很受欢迎，构成了关于当地环境的集体记忆和知识（Nergaard，1997：72）。许多故事、传说和对景观的态度都起源于萨米人的宗教传统，至今在当地萨米社会仍然有影响。

萨米文化遗产管理是在景观中联系和保存人类遗迹的一种方式。

它使当地的萨米人有机会从长远的视角看待他们的土地，并欣赏现代人在传统的基础上添加的痕迹。在对萨米文化遗产的管理中，文化环境的价值也取决于文化归属和观点（Samisk kulturminneplan，1998~2001：1）。萨米文化遗产管理强调当地知识的重要性，因为文化遗产是争取文化生存和承认的中心资源和参考点。当地故事和当地知识往往是萨米人可以讲述他们自己故事的唯一叙事方式。这种遗产管理形式允许对遗址和景观有不同的甚至相反的理解。对当地知识和理解的包容的态度可以被视为文化遗产管理中对社区的道德承诺（Skandfer，2002）。

在萨米社区，有关文化遗址和文化环境的知识对个人的身份建立和自我理解非常重要。文化知识是传统、历史和文化传统的承载者，也是景观的经济、社会和宗教意义的承载者。这些知识包括萨米人如何在过去联系并利用环境，同样重要的是，也包括萨米人如何与今天的环境联系起来。传统上，萨米社区世世代代共享一些知识和文化观念，这是传统的故事。这使年轻一代融入这片土地，学会利用土地生活并管理自己。他们成为这一知识的受益者和使用者（Gaski，2000；J. Jernsletten，2000；N. Jernslettert，1994；Nergaard，1997）。

文化景观是文化建设，它是人为的，是透过人的视角观察的。因此，它不仅是一种有形的存在，而且是不同文化群体的印记。当地的知识和当地人的态度对于如何理解和欣赏文化景观是至关重要的。也许只有对景观有深入了解的人才能理解当地的传说故事对文化景观的重要价值和意义。这包括有关诱捕松鸡的好场所的知识，或是可以改善视力的宝贵泉水所在地的知识。当不同的文化群体在不同的历史时期使用相同的景观时，这种文化关联同样适用。在萨米人占少数的地区，这些故事也可能是已被他人遗忘的有关景观的故事。

关于这方面的问题也可以以萨米议会在 1997 年对萨米文化遗址的调查为例。当时要在萨米人定居区南部的特伦德拉格（Trøndelag）地区建立和扩建国家公园，发现一种情形：萨米人的居住地、给驯鹿挤奶的牧场、泉水水源等文化景观都被登记在册，但是与这些地方有关的驯鹿牧场却消失了。实际上，在这些景观中，夏季的高山牧场与附近的挪威农场相连。绝非巧合的是，驯鹿聚集和给驯鹿挤奶的牧场只在没有挪威农场的地方还保存着。1742 年，施尼特勒少校（Major Schnitler）在蒂达尔（Tydal）旅行时发现，许多肥沃的萨米牧场已被挪威农民占用，用来生产乳制品（Fjellheim，1998：44）。

驯鹿景观：萨米文化景观

我们想以萨米文化景观的一种特殊类型为例，概述驯鹿放牧景观及其附属文化遗址。人类活动和放牧习惯是驯鹿放牧的标志。驯鹿会寻找它们知道的牧场（Paine，1994：44），因此是景观中一个稳定的元素。通过观察驯鹿的习性，萨米牧人了解了驯鹿群与土地之间的动态关系，在人类、动物和景观的关系上形成一个世世代代的连续体（Henriksen，1986：68，载于 J. Jernsletten，2000：81）。

冬季，在大部分放牧地区，驯鹿群都选择待在内陆，彼此相隔较近。驯鹿放牧家庭的冬季住所位于地形隐蔽处，通常是在一个小山谷里。为了避免在秋末冰冻时产生的薄雾和在冬季结冰时可能产生的融雪，居住的地方位于离大河或湖泊稍远的地方。整个社区的居民——孩子、女人、男人、年轻人和老人都居住在一起。这些建筑通常比其他季节的建筑坚固。驯鹿放牧的传统冬季建筑是木屋，要么是用弯曲的桦木作为框架建成，上面覆盖着桦树皮和厚厚的草皮，要么是用整块木料建成。即使是年代最近的木屋地基在今天也几乎看不到了，只留有浅浅的圆形或椭圆形的草皮，中间有一个石砌的灶台。据文献记载，在今天的挪威、芬兰和俄罗斯交界处的东部萨米地区，萨米人每5~10年必须更换他们的冬季住所，以确保获得柴火。

社区的所有成员每年都要在冬季居住较长一段时间，以便与政府和教会有更广泛的接触。教堂和当地治安处建立后，居住地也逐渐发展出乡村的特色。今年开始使用的一些老旧住所是挪威的卡拉绍克（Karasjok）和考特凯诺（Kautokeino）以及瑞典的人口众多的"萨米村"。

在北部的萨米地区，早春时节（三四月）驯鹿通常开始朝向海岸活动，萨米牧民紧随其后。迁徙是沿着驯鹿的足迹越过山脊、沿着流域进行的。社区分成几个小单元，所有的成员长途跋涉。河流和湖泊还结着冰，驯鹿拉着雪橇，牧人一路驱赶照料着驯鹿群，居住的地方只是沿着通往海岸的长路或产犊场。在冰雪覆盖的冬季，当很难找到石头来砌炉灶时，他们像瑞典内陆的居民建造住宅那样使用木条，甚至用雪橇把石头运来。那些暂住地今天几乎不可能找到了。

他们在产犊场周围搭起帐篷，在他们离开之前往往要在帐篷里住几个星期。生产需要温暖安全的环境，如此寒冷的春夜不会对新生的幼崽造成威胁。因此，春天的住所一般在森林中，接近树木线，在森林的边缘，最好是靠近光秃秃的山顶，那里的积雪仍然可以承载驯鹿、雪橇和滑雪板。由于初春的雪可以饮用，所以住所可以安置在不靠近水源的地方。萨米人建造了石砌的炉灶，用木框建一个小屋，或者搭一个帐篷，在上面搭一条毛毯。在某些地方，冬天的家当一直被保存到下一个秋天。在这些地方的冰碛石或碎石坡上可以发现储存食物的洞穴，这些地方早早就没有了雪，春天也没有霜冻。在这里，秋天储存肉、奶酪和酸奶。春天和秋天的居住地一般紧挨在一起，因为物资和设备必须在往返夏季地点的途中储存和回收。有些萨米人离夏季居住区有相当一段距离，而有些人很近。

他们在夏季居住地一直住到深秋。夏天的帐篷搭建在靠近流水或方便钓鱼的地方，并且可以很容易地去山上或岛上的驯鹿场，在那里驯鹿不太会被昆虫叮咬。在这些住所中，经常可以找到石砌的炉灶。最近在特罗姆斯中部即挪威萨米人聚居区挖掘出一些这样的炉灶，表明许多居所的历史长达几百年（Sommerseth，2001，2004）。数据表明，稳定的景观利用可以使当地人对景观的理解和认识世代相传。另一个古老的夏季居住地的标志是肥沃的、多年生的草场，靠近壁炉处长着老树。这是驯鹿挤奶场。在挤奶的过程中驯鹿会被绑在树上，但其他时候都和自己的幼崽自由玩耍。在这些夏季居住地还有一些活动，却没有留下很明显的痕迹，如用主人的记号标记小牛，捕鱼，采集鼠尾草、赤杨皮和浆果等。

秋天，萨米人搬到冬季居住地。10月是繁殖期，不能驱赶驯鹿。晚秋是屠宰季节，所以在开阔地带设置了引导和屠宰的围栏。在积雪覆盖大地之后，所有的雪橇排成一列，开始前往冬季住所的长途跋涉。

当地萨米社区的很多知识被留存下来，比如什么时候驯鹿群可以在某一地区迁徙，所有权是如何标记的，水和洗涤场所在哪里，根据天气情况和季节哪个牧场更好一些，肉类、牛奶、皮革或树皮是如何加工、储存和使用，住宅是如何建造的，等等。

萨米文化遗产管理委员会意识到了获取和保护当地知识的必要性，并将其大部分资源用于这一工作。但必须认识到，对相关活动和事件的书面描述和地图绘制也会对知识的传播产生影响。

萨米文化遗产和当地知识的管理

在讨论萨米文化遗产管理时，特别强调了身份管理的意义。文化遗产从历史的视角赋予了萨米人身份，这对文化合法性和凝聚力都很重要（Sametingsplanen，1991：10）。今天人们与过去的文化痕迹之间的关系被理解为与知识和文化自我维系有关的情感维度。因此，萨米议会认为，萨米文化遗产管理是一种工具，强化了萨米人之间的关系和他们的文化特征（Schanche，1994）。强调身份，找到文化遗产的意义，意味着萨米议会在文化遗产管理的过程中必须与了解文化遗址及其意义的当地社区不断沟通。了解当地知识、故事和景观使人们意识到，还有一些人不了解这些，或者没有以同样的方式对待文化景观。共同的知识和文化使人们拥有共同的世界观和发现人与人之间差异的手段。身份是通过个人对文化景观的理解以及通过平衡与他人的关系形成的，经常是矛盾的（Gaski，2000：18－19）。

在主张对萨米文化遗产进行自我管理的过程中，当地知识可能已经上升到了最突出的位置，因为萨米当地知识与挪威文化遗产管理体系是直接对立的，对萨米文化遗产的保护更多地取决于其合法性的要求，而不只是为了保护挪威文化遗产。萨米社区模糊的地理边界意味着萨米人经常需要定义什么是"萨米"，挪威文化遗产不曾或很少有这种需求。国家的史前史叙事框架似乎不承认萨米史前史（Hesjedal，2001：291）。因此，认识萨米史前史是极其困难的，因为这意味着对挪威史前史的初步解构，需要在挪威政府系统的框架内完成。

作为对挪威文化垄断的一种抗衡，萨米当地的景观知识强烈主张萨米文化的独特性（Kalstad，1991：8）。因此，重视地方知识也可以被视为间接地颠覆了很多人预先设定的观念，即多数民族的代表科学，少数民族的知识则是传统和地方性的（Schanche，1993）。

因此，文化遗址所处的环境对理解和接受文化遗址与萨米人史前史至关重要。除此之外，文化遗址和当地社区之间存在平衡。萨米社区和当地知识对建立地方的文化联系也至关重要。同时，文化遗址是萨米史前史和历史遗迹在这一地区的物质表现，是形成萨米文化和社会的基础。

莫肯-布拉廷：挪威一个农业区的驯鹿放牧历史

莫肯山（Mauken）和布拉廷山（Blåtind）位于瑞典和挪威边境，坐落于内特罗姆斯。18 世纪末，这一地区首次被来自挪威南部的斯堪的纳维亚农民殖民，流传着关于开垦田地和建立农场定居点的故事。今天的人们非常熟悉那里独特的南挪威文化：方言、与众不同的建筑和音乐传统。然而，书面资料显示，这个地区的萨米历史至少可以追溯到几百年前。冬天居住在瑞典的萨米驯鹿牧人仍然把挪威国家边境的山区作为夏季牧场。但在 20 世纪 20 年代，挪威当局关闭了莫肯-布拉廷的牧场。50 年代以来，该地区被用于军事训练，但由于它曾是驯鹿牧场，60 年代挪威的萨米牧人每年都在莫肯-布拉廷周围建立定居点，而萨米人悠久的历史在对该地区的介绍和理解中却被忽略了。

1998～2001 年，挪威国防部计划扩大并连接莫肯和布拉廷附近火炮的射程，因此萨米议会在规划的范围内调查了萨米文化遗址（Skandfer，1998；Sommerseth，1999 - 2001，1999）。1989 年和 1990 年的调查显示，军事活动会给法律保护的文化遗址造成很大损害甚至破坏，火炮射程的扩大和连接可能进一步威胁到很多迄今尚未登记的萨米文化遗址。从文化遗产保护的角度来看，这项计划不可实施。然而，这项计划在 1996 年得到挪威议会的批准，1998 年冬国防部开始实施这项计划。1998 年春，萨米议会履行司法行政义务，对文化遗产管理进行信息登记，处理了大量数据，并于 2001 年秋天完成。一份总结报告显示，133 个地点分布着 214 处登记在册的建筑（Sommerseth，2001）。大多数地点与萨米人驯鹿放牧的传统直接相关，还有一些发现可以追溯到石器时代的渔猎经济。其他文化遗址是萨米农场建立后的历史遗迹。这些注册的遗址和已发掘的考古资料现在是特罗姆瑟大学"从驯鹿狩猎到驯鹿放牧"博士项目的一部分（Sommerseth，2004）。

大多数登记在册的建筑都是石制炉灶，砌在萨米人帐篷中间，其中一些被挖掘出来。研究发现，有些炉灶连续使用了好多年，并且在同一地点发现的炉灶相差几百年。该地区出土的最古老的文物可以追溯到 15 世纪（Sveen，2000；Sommerseth，2001）。时间和季节性使用的信息意味着 15 世纪这个地区至少有两条独立的驯鹿群迁徙路线，正如别人记载的那样，这使萨米人在内特罗姆斯放牧驯鹿的传统可以追溯到很久以前。结果也支持 17 世纪和 18 世纪的书面记录中对萨米人在莫肯－布拉廷地区活动的描述。调查还显示，萨米人驯鹿聚居地与古老的狩猎和捕鱼营地有一定的相关性，萨米地区的许多其他地方也是如此。这表明以放牧驯鹿为生的萨米社区的当地景观知识与渔猎所理解和使用的景观有密切联系。在年长的萨米驯鹿牧人和与驯鹿一起旅行的人帮助下，我们可以看到萨米人春天、夏天和秋天的居住地。知识从上一代传给下一代，从而教会萨米人如何看待景观和社会活动。可以说，关于萨米驯鹿放牧的数千年的历史与当地萨米人的自我理解与解释有关。同理，当今萨米人的自我认识与他们对这些古老文化遗址的普遍看法有关。

萨米议会组织的研究揭示了萨米人内部被忽视和几乎被遗忘的过去。早在 1923 年挪威和瑞典边境关闭之前，莫肯－布拉廷地区的移民路线就已形成，使用此地区的萨米人被排除在历史之外，这仅仅是因为此边界对居住在瑞典的萨米人关闭。目前居住在附近的挪威移民既不知道萨米人的地名，也不能说出萨米人以前生活的地方。然而，现代驯鹿经济与悠久的传统之间深厚的历史渊源和文化关联，为评价和承认萨米人的存在和萨米人的权利提供了基础。萨米议会的工作使国防部调整了计划，以便在未来保护萨米文化遗址。萨米议会的工作会提高本地人对本地区漫长的萨米历史的意识（这种意识在过去 200 年里被挪威农业文化景观掩盖），同时可以增加萨米社区有关自己历史的知识。目前来说，他们对这些知识知之甚少或根本没有渠道获得。

文化自我概念的管理

在管理文化遗址方面，萨米议会很重视对当地知识的管理，这也是本文的一个重要主题。在日常努力中，我们意识到知识管理不仅是给予，更重要的可能是接受。文化管理是一种有意识的选择行为。文化遗址的地方意义、存在和持续使用对这些选择行为至关重要。对萨米文化遗产当地知识的关注，使这种管理具有一种社会邻近感和直接意义。在管理萨米文化遗产方面，萨米议会在很大程度上确保当地萨米社区有机会讲述并认识自己的历史，形成自己的身份，从而在影响自己的生活和文化的事务上有更大选择权。这样，萨米文化遗产的保存将有助于促进文化的维护和发展的平等。这也减少了文化自卑和文化统治，使文化和历史分配成为共同的利益。萨米议会不能单独宣布什么是"真正的"萨米人，或者萨米人对自己文化的理解应该是什么。萨米议会的角色就是使萨米人可以通过过去和现在来认识自己，个人的身份和自我意识是一个持续的变化和重新解释的过程，而文化遗址本身就是重要的参考点。

在保护萨米文化遗产方面，优先考虑当地的知识是一个重要的目标，因为文化遗址的意义主要是在当地社区。但是，由于权力结构对萨米人的限制，优先重视当地知识也是文化生存和自我意识斗争的一种策略。

挪威政府体制和萨米人的声音

政府体制告诉我们权力是如何在国家中组织、分配的。简略地说，挪威的制度是建立在王国、郡和区的基础上的。挪威的正式权力是有组织的，并在这三个层次上划分。说到文化遗产，环境部和文化遗产理事会代表国家作为总指导和管理机构，郡代表地区管理和执行，区代表地方筹备和执行。所有的公共管理都离不开一个正式的政治机构，文化遗产管理也不例外。

政治被称为价值的权威分配（Easton，1953：127-132），因此文化遗产和文化遗址是管理和分配的价值和福利。遗产管理不仅是保护和管理价值，而且是关于以遗产文物、遗址和地点为代表的物质的历史（Smith，1994）。因此，文化遗产理事会遇到以不同的利益群体和当地社区为代表的文化遗产价值观，同时文化遗产管理也会行使政治权力。权力的系统化、结构化和制度化会极大影响它们的目标和决定。

在挪威政府体制权力划分的这个简单框架中，我们没有提到萨米议会。萨米议会是由挪威的萨米人选举产生的，有权自主选择所关心的问题，但在文化、工业、语言和教育方面分配资金的权力有限。此外，萨米议会还被授权管理与萨米文化遗址有关的《文化遗产法》。萨米议会的设立是在挪威政治制度中提高萨米人声音的一种努力。然而，很难描述萨米议会在挪威政府体制中的地位，也很少有人试图去描述它。

从法人社团的角度看，萨米议会可以被理解为一种政治设计。法人社团系统被描述为通过遵守选举规则和提出方式，由国家建立和确认并授权代表某特定领域利益的系统，这种描述与萨米议会对中央政权作用的描述惊人地相似。社团主义在本质上讲很难解释清楚，因为很难说是这个组织控制着政府还是政府控制着这个组织。为了确保萨米人的政治权利，政府保障萨米人的结构影响力。萨米议会成为促成组织有效协调的机构，旨在推进和巩固萨米政治，包括萨米文化遗产政治。萨米议会的建立在许多方面可以被理解为确保更有效地管理萨米人的一个途径。在这一语境下，国家努力实现对潜在可能性的结构性控制。这就是萨米文化遗产中萨米人目前取得的权力。

文化遗产管理并非脱离政治制度、价值斗争和价值分配，因此管理也被称为采用不同手段的政治。文化遗产管理是文化和环境政治的一部分，是围绕历史和身份的斗争与辩论的一部分。遗产管理者的利益是众多利益之一，与无辜、中立的旁观者的利益相去甚远（Smith，1994）。将遗产管理置于政治机构中，就有可能出现相互竞争的遗产价值。授予萨米议会文化遗产管理权，也就是认可萨米人有权平等地参与文化遗产的价值分配。萨米议会的建立使萨米人能够从事文化维护和发展工作。萨米议会在文化遗产管理方面也有一定的权力，这一权力不仅能实现其利益，而且有助于形成自己的观点和偏好（Føllesdal，1999）。

如前所述，萨米议会的双向作用造成了萨米议会与政府关系的紧张，因为这种紧张关系可能涉及政府的认可和资源分配，对萨米文化史的分量和地位会有影响。萨米议会是一个独立的民主选举机构，但在文化遗产管理方面只是一个从属性的郡级管理机构。实际上，萨米议会的政治和专业意见与决定由环境部和文化遗产理事会审查，环境部把萨米议会作为下属行政机关。例如，文化遗产理事会有权免去《文化遗产法》赋予萨米遗址和其他文化遗址的遗产自动保护，从而可以对景观进行有计划的侵占。这一豁免权是萨米议会和郡政府在考虑其职责范围的基础上推荐赋予的。无论是原则上还是实践中，萨米议会在此类事项上的作用并没有超越郡政府的权力。萨米议会作为土著的代表机构，负有国际义务，在实际管理中却显得无足轻重。

萨米议会在文化遗产管理方面在政府体制中扮演着模棱两可的角色。一方面，《文化遗产法》明确指出，经环境部和文化遗产理事会审查，萨米议会被授予文化管理权；另一方面，成立自主管理文化遗产的萨米议会是萨米人的愿望，希望承认萨米人是一个民族，并赋予他们管理自己文化遗产的充分权利。这是一个两难的问题。因此，萨米议会极度渴望与政府建立平等的伙伴关系，在文化遗产管理领域与政府进行磋商，甚至向政府妥协。本着达成协议或共同的目标，政府和萨米议会正在讨论相关的程序。

对于萨米文化遗产管理来说，在挪威政府体制中强调萨米人的声音是十分困难的。即使萨米议会被授权管理文化遗产，但其管理也必须在挪威政府系统的范围内运作。萨米议会的经济资源完全由挪威国家议会管理，到目前为止，即使是在相同的地理区域（尽管事实上这两个位于最北端的人口，北方的萨米人历史比挪威的历史更长、更广阔），萨米议会为保护萨米文化遗产所拥有的资源要比挪威文化遗产系统少得多。萨米议会必须在法律和规章确立的框架内运作，而萨米议会对这一框架几乎没有影响。即使在文化遗产保护领域萨米议会拥有相当大的权力，它也必须对具有明显的挪威文化特征的政府体制进行单方面调整。萨米人通过萨米议会获得了发言权，但议会仍然隶属于挪威的政府系统，这个系统决定什么是有价值的、具有国家意义的文化遗产（Andreassen，2001）。

挪威文化遗产政治分为三个层级，最重要的是国家层面，其次是地区层面，地方层面最不重要。从这些类别中产生了资源优先分配。这种价值层次本身就足以成为讨论的理由。然而，我们需要注意这些价值类别与挪威政府系统的主要层级存在明显的巧合。这种巧合绝非偶然。对文化价值的分类没有固定的程序规则。但我们有理由认为，文化遗址或环境归属于哪个层级取决于发起人或申请者来自哪个政府层级。这又与政府系统的文化特性有关。不知萨米文化遗产属于哪一个层级？

如上所述，在萨米文化遗产管理中强调当地的萨米知识既是一个重要的目标，也是一种选择策略。这是赋予萨米文化遗产某种公认价值的唯一可能，因此有理由相信这是一个战略。然而，萨米文化遗址主要在地方层面获得合法性，在其他层面仍然需要提供"证明"才能使别人接受某种文化遗址与萨米文化的联系。因此，该战略在某种程度上可以理解为已被萨米议会采用。如果萨米文化遗产变得不重要或者不那么重要，萨米议会在遗产管理中强调地方知识的影响在某种程度上可能反而是有害的。

岩画：景观的萨米与非萨米视角

岩画是受到高度重视的文化遗产，政府投入了极大的人力和物力。大多数岩画都被认为是古老的艺术，不属于任何一个民族，因此岩画被认为与萨米文化无关。然而，在许多情况下，萨米人是已知的在史前某些地区生活的唯一少数民族。在过去的几年里，萨米生活和定居区登记了新的岩画。

2001 年夏天，在波尔桑格（Porsanger）区的一个萨米社区发现一些岩画。萨米议会宣布了这一发现并负责记录和保存，还动员当地萨米人积极参与。萨米议会也在萨米文化历史的框架下对这些岩画进行了解释。尽管如此，文化遗产理事会早前指出，岩画很难被认为是萨米文化遗址或与萨米人有任何关系。

2001 年夏天，在斯汀吉尔（Steinkjer）区的波拉（Bøla），人们发现了一块岩雕，上面一个人立于滑雪板之上。在此之前，这个地方也发现了其他岩雕，其中一块上面是一头大型驯鹿，人们称其为"波拉驯鹿岩雕"。滑雪、驯鹿放牧和狩猎在很长一段时间内都与萨米人有关，但这些岩雕可能太古老了，以至于人们很难认为它们反映了萨米人或挪威人的生活。没有人告知萨米议会这个滑雪板上的新发现，也没有出台与采取任何关于波拉驯鹿岩雕的决定和措施。这种管理"休克"带来的直接的影响是萨米人看不到自己与这些文化遗址之间的情感联系，因此不可能将驯鹿与萨米文化和萨米人联系起来。在很大程度上，住在这个地区的萨米人的身份和独立性可以与岩画联系在一起，最简单的原因就是岩画的艺术的主题是驯鹿。从史前到今天，我们所知的唯一依靠驯鹿为生的人是萨米人。

除了声明它具有"国家重要性"之外，文化遗产理事会将在多大程度上跟进发现的岩画将是一个令人感兴趣的话题。同样，人们可以猜测，如果萨米议会是一个具有重要的地方价值层面协调管理机构，那么波拉驯鹿岩雕能否得到中央及全国的关注。也许我们不应该得出消极的结论。然而，有时未知的动机和想法会不知不觉地影响一些潜在因素，从而影响他们的态度和行动（Haaland，2001）。挪威政府系统的文化特征是萨米议会在文化遗产管理中必须面对的一个潜在因素，这在萨米地区的岩画管理方面尤为明显。文化遗产理事会似乎认为岩画具有普遍价值，它在这种情况下强调不连续性和文化普遍性，而牺牲了文化的连续性和历史身份。萨米史前史的基础与几乎固化的、具化的、自然化的挪威史前史并不一致，由此形成的理解方式几乎不可能解构（Hesjedal，2001：291）。在对史前史的解读中，这种对"客观性"的狭隘的强调会进一步掩盖萨米人的历史。

结论：萨米人的过去 – 萨米人的力量

在本文中，我们试图讨论在挪威萨米文化遗产管理的组织机构、任务和内部运作。通过展示萨米文化景观的例子以及对景观的记录工作，本文旨在说明萨米文化遗产管理面临的实际挑战。

我们的调查显示，文化遗址的保护依赖于当地的知识，而萨米文化遗产保护在很大程度上是以这种方式进行的。与此同时，我们想强调萨米议会对地方知识的重视也是支持萨米文化遗产合法性的战略措施，而这在很大程度上取决于挪威政府体制的权力结构。

在萨米文化遗产管理中，优先考虑地方知识非常有利，但也存在一定的不足。因为研究资源、管理资源、博物馆及文化中心的限制，萨米文化史很难超越"地方价值观"。

萨米议会在这一文化价值观斗争中发出了自己的声音。在这一价值分配中,文化遗产管理是核心。但是,必须在现有挪威政府体制及相关机构中听到这种声音。我们认为,萨米人在自己的历史和身份形成方面获得了明确发言权,但这只能通过与政府而不是公众进行平等对话来实现。萨米历史只作为一种边缘的和地方的历史对挪威国家安全有利。代表国家的文化遗产理事会所认为重要的萨米史前史问题普遍化并与语境脱离,以致当地萨米人与自己的历史日益疏远,而在这场争夺文化和资源大战中,历史成为一种中立化的工具。

在挪威的文化遗产管理监督中,萨米议会难以发挥作用。它必须一方面与当地萨米社区对话,另一方面为了解和尊重萨米历史与政府进行斗争。萨米议会是地方知识和国家权力的中间人,萨米人的地方知识是萨米议会的真正资产,但并非国家的资产。萨米人的地方知识无法推动一个现代化、包容的萨米社区的发展,而这样的社区才是在一个成熟的民族国家建立具有凝聚力的萨米社会的真正基础。

虽然保护萨米文化遗产的权力很大程度上是由国家权力单方面决定的,但我们不应该低估从内部改善基础设施及其运作的能力。例如,1992 年列入《文化遗产法》的文化景观概念,在一定程度上是萨米议会和研究部门的专业研究成果。

萨米议会不断强调萨米史前史,并要求研究机构将萨米历史研究作为工作的出发点。事实上,萨米人已经有了一个独立的萨米文化遗产管理体系,有了文化管理的内部动力。2004 年底,关于挪威文化遗产管理政治的政府白皮书发表。我们有理由相信,它有可能消除目前严格的等级制度,让保护文化遗产的萨米人发出更强烈的声音。

致　谢

感谢伊丽莎白·I. 瓦尔德和伊利斯·汗（Iris Han）。他们当时都在史密森学会国家自然历史博物馆的北冰洋研究中心工作，伊丽莎白翻译了本文的挪威语初稿，并基于伊利斯·汗的工作订正了二稿。感谢特罗姆瑟大学考古学院布赖恩·胡德（Bryan Hood）对英文终稿提出的宝贵意见。最后，感谢考特凯诺北欧萨米学院（Nordic Sámi Institute in Kautokeino）院长欧德希德·斯干彻（Audhild Schanche）推荐本文编入本论文集。

参考文献

Andreassen, Lars

2001 Makten til å kategorisere-samepolitikk og vern av natur. *Dieòut* 2: 134 – 54. Ájluokta/Drag: Árran lulesamisk senter.

Bjøru, Heidi

1994 Hva er det med en kultur som etter hundre års intenst fornorskningspress enda er så sterk at den bokstavelig talt bryter i stykker norske typehus? *Ute-miljø* 1: 32 – 9. Oslo: Norsk anleggsgartnerforbund.

Easton, David

1953 *The Political System-An Inquiry into the State of Political Science.* New York: Alfred A. Knopf.

Fjellheim, Sverre

1998 *Samiske Kulturminner innen planområdet for nasjonalpark.* Fylkesmannen i Nord-Trøndelag, Rapport nr. 1. Steinkjer.

Føllesdal, Andreas

1999 Hvorfor likhet-hva slags likhet? Normative føringer på forskning om makt og demokrati. *Tidsskrift for samfunnsforskning* 15 (2): 147 – 72. Oslo.

Gaski, Lina

2000   Landskap og identitet. *Fortidsvern* 26 (2): 18 – 20. Oslo.

Gaukstad, Even

1994   Kulturlandskapsbegrepet. Kulturminnevernets teori og metode. Status og veien videre. Seminarrapport, Utstein kloster 8 – 11. mai 1989. In *FOK-NAVFs program for forskning om kulturminnevern*, pp. 135 – 144. Oslo: Norges allmenvitenskapelige forskningsråd.

Hesjedal, Anders

2001   Samisk forhistorie I norsk arkeologi 1900 – 2000 . Ph. D. Thesis, Stensilserie B, no. 63. Tromsø: Institute of archaeology, Universitety of Tromsø.

Holme, Jørn

2001   *Kulturminnevern. Lov. Forvaltning. Håndhevelse.* Oslo: Økokrim.

Haaland, Torstein

2001   *Tid, Situasjonisme og institusjonell utakt i systemer.* Internet. LOS-senteret. Bergen: University of Bergen.

Hultkrantz, Ake

1965   Type of Religion in the Arctic Hunting Cultures: A Religio-Ecological Approach. In *Hunting and Fishing: Nordic Symposium on Life in a Traditional Hunting and Fishing Milieu in Prehistoric Times and up to the Present Day.* Hvarfner, Harald, ed. , pp. 265 – 318. Luleå: Norrbottens museum.

Ingold, Tim

1987   *The Appropriation of Nature: Essays on Human Ecology and Social Relations.* Manchester: Manchester University Press.

Jernsletten, Jorunn

2000   *Dovletje jirreden: kontekstuell verdiformidling iet sørsamisk miljø.* Unpublished Masters thesis. Tromsø: Institute of religion science, University of Tromsø.

Jernsletten, Nils

1994   Tradisjonell samisk fagterminologi. In *Festskrift til Ørnulf Vorren.* D. Storm, N. Jernsletten, B. Aarseth and P. K. Reymert, eds. *Tromsø museums skrifter* XXV: 234 – 53. Tromsø: University of Tromsø.

Kalstad, Johan Albert

1991   *Noen trekk ved fagfeltet samisk kulturminnevern.* Tromsø: Tromsø Museum.

Nergaard, Jens-Ivar

1997   De samiske grunnfortellingene-En kulturpsykologisk skisse. In *Filosofi i et nordlig landskap.* A. Creve and S. Nesset, eds. Ravnetrykk 12: 68 – 80. Tromsø: University of Tromsø.

Olsen, Bjørnar

1986   Norwegian Archaeology and the People Without (Pre-) History: Or How to Create a

Myth of a Uniform Past. *Archaeological Review from Cambridge* 5 (1): 25 – 42.

Oskal, Nils

1995 *Det rette, det gode og reinlykken.* Unpublished Ph. D. Thesis. Tromsø: Institute of Social Science, University of Tromsø.

Paine, Robert

1994 *Herds of the Tundra. A Portrait of Sámi Reindeer Pastorialism.* Washington, DC, and London: Smithsonian Institution Press.

Sametinget, Samisk kulturminneråd

1998 – 2001 *Samisk Kulturminneplan* (Sámi Cultural Heritage Plan). Varangerbotn: Sametinget.

2000 *Samisk kulturminneråds årsmelding* (Council of Sámi Cultural Heritage, Annual report). Varangerbotn: Sametinget.

Schanche, Audhild

1993 Kulturminner, identitet og etnisitet. *Dugnad* 4: 55 – 64.

1994 *Samisk kulturminnevern. Vern og Virke: årsberetning fra Riksantikvaren og den antikvariske bygningsnemnd* 14: 28 – 33. Oslo: Riksantikvaren.

1995 *Det symbolske landskapet-landskap og identitet i samisk kultur.* Ottar 207 (4): 38 – 45.

Skandfer, Marianne

1998 *Registreringsrapport. Mauken-Blåtind øvings-og skytefelt.* Tromsø: Sametinget.

2001 Etikk i forvaltning-forvaltning av etikk. *Viking* 64: 113 – 31. Oslo: Norsk arkeologisk selskap.

2002 Etikk i møte med Det Fortidige. In *NIKU Tema 5: Verneideologi.* Elisabeth Seip, ed. , pp. 51 – 60. Oslo: NIKU.

Smith, Laurajane

1994 Heritage Management as Postprocessual Archaeology? *Antiquity* 68 (3): 300 – 09.

Sommerseth, Ingrid

1999 – 2001 *Registreringsrapport. Mauken-Blåtind øvings-og skytefelt.* Tromsø: Sametinget.

2001 *Den samiske kulturhistoria i Mauken-Blåtind.* Varangerbotn: Sametinget.

2004 Fra fangstbasert reindrift til nomadisme i indre Troms. Etnografiske tekster og arkeologiske kontekster. In: *Samisk forhitorie. Rapport fra konferanse i Lakselv 5 – 6. September 2002.* M. Krogh and Kjersti Schanche, eds. *Várjjat Sámi Musea Èallosat* 1: 150 – 61. Várjjatvuonna (Varangerbotn).

（孙厌舒 译）

这片土地像一本书

——加拿大西北地区文化景观管理

托马斯·D. 安德鲁斯（Thomas D. Andrews）

> 对于我们印第安人来说，土地就是我们的生命，没有土地，我们……不能再作为人存在（Richard Nerysoo, Fort McPherson, 1976，摘自 Berger 1977：94）。

1999年4月1日，经过将近15年的索要土地权谈判，加拿大北部的地图随着努纳武特（Nunavut）新区的建立发生了巨大的变化。努纳武特作为加拿大因纽特人（Inuit）的故乡，代表了文化景观向地缘政治景观的转变，因纽特人的政治自治得以实现。这样实际上形成了两个新区——新努纳武特和西北地区（Northwest Territories, NWT），但媒体对新形成的土著区域更加感兴趣，而对西北地区的形成关注甚少。如果努纳武特代表了文化景观向地缘政治景观的转变，那么西北地区文化景观的地位如何？从西北地区土著族群的世界观来看，文化景观仍然很重要，但是由于资源开发的变化和影响，文化景观正面临压力。在过去二十年里出现了什么趋势、有了何种变化和新发展？土著社会如何保存和保护北方文化景观？本文从文化景观研究的角度回顾了这些变化，特别着重介绍了加拿大西北地区麦肯基河（Mackenzie River）流域近期的发展情况。

西北地区的文化景观

如果我们记住这些传说并按其教导生活，如果把地标作为我们的象征，我们作为一个民族将永远不会遇到任何困难（Stanley Isiah，as told to George Blondin，摘自 Dene Nation，1981：ii）。

我们继续旅行，祖父……继续跟我交谈……他就是这样教育孩子们的（George Blondin，Deline，1990，摘自 Blondin，1990：204）。

对于西北地区的迪恩人（Dene）、梅蒂斯人（Metis）和因纽维亚鲁特人（Inuvialuit）[1]来说，这片土地确实非常特殊，它不仅仅是一个空间，而是像一条由若干世纪的故事编织而成的毯子，充满了意义；它是一种文化景观，其物质特征成为整理和保存口头叙事的记忆手段，记录了有关身份、历史、文化和生存的知识。用理查德·奈里索（Richard Nerysoo）的话说，土地即生活。

地理特征、地名和口头叙事之间的记忆联系，在很多保存着丰富口头叙事传统的社会中都有很好的记载（Andrews et al.，1998；Feid & Basso，1996；Hirsch & O'Hanlon，1995）。频繁迁徙的社会成员熟知面积庞大的区域并为之命名，这构成了复杂的民族地理学，其中自然世界转变成社会地理，文化和景观融为一体。这些文化景观融合了自然和文化价值，并且常常难以与西方描述的地理类别相比较。当年轻人和老年人一起旅行时，老年人给年轻人讲述很多地名和故事，年轻人使用地理特征作为助记符。通过这种方式，旅行或迁徙成为年轻人学习的方式。在这片土地上生活了一辈子的老人，游览过具有精神内涵的地方，到过这一地区的边缘地带，了解并能讲述关于这些地方的故事，他们因为知识渊博受到极大的尊重。通过这种方式，在故事中多年流传下来的知识与个人经验得以结合。迁徙以及由此获得的知识、声誉与名望也因此联系在一起（Andrews et al.，1998：311－313）。教育孩子与土地打交道的民族教育是一个古老的传统，这一传统得到口头传说的证实和考古研究的支持（见下文）。

尽管有很多例子可以证明这种关系，但阿约尼基（Ayonikj）遗址尤其有帮助，因为据说这个遗址见证了萨图·迪恩人（Sahtu Dene）及其邻近族群的创建。下面这段话引自萨图遗产地和遗址联合工作组（Sahtu Heritage Places and Sites Working Group）的报告（T'Seleie et al.，2000：18－20）——该报告将在下文中进行了更全面的描述：

故事发生在很久以前的萨图，那时人类和动物可以改变形体。萨图·迪恩人的历史分为两个伟大的时期，即"旧世界"时期和"新世界"时期。在"旧世界"时期，动物和人类可以改变形体，并共同生活。旧世界被新世界替代，人类和动物最终定型。在"新世界"，人和动物和谐相处，遵守相互尊重的行为准则。这些准则教导猎人尊重那些供他们食用的动物。我们今天生活在新世界，正如一位来自科维尔湖（Colville Lake）的长者所说，阿约尼基的故事开始了……

在古代，该地区的因纽特人、哥威迅人（Gwich'in）和迪恩人生活在一起。发生在阿约尼基的大战起因于两个孩子抢夺猫头鹰的争斗。人们因为孩子开始打仗，据说战斗非常激烈，在那座山上形成了一个血湖。最后一位长者站出来要求人们停止战斗。人们分道扬镳，甚至语言也随着时间的推移而改变。一只孤独的狗朝着哥威迅城走去，它就代表了哥威迅人。一个年轻人漫游到北极海岸，代表因纽特人，这也是因纽特人非常敏捷的原因。孩子们向大熊湖（Great Bear Lake）跑去，他们代表尼亚哥特人（Neyagot'ine），这也是大熊湖的居民如此精力充沛的原因。一位长者留在这里，他代表今天住在这里的人。这就是这个地区的居民如此聪明的原因。

一般说来，为年轻人讲故事时不做任何解释，上述提到的阿约尼基的故事，对结局也不做任何解释。长辈们说，年轻人必须试着通过自己的经历来理解故事的意义，这样能鼓励独立思考，使他们在未来更加强大。当一些家庭沿着穿过萨图景观的小路从一个地方到另一个地方旅行时，会告知孩子们这些地方的名字和故事。他们长大后，开始给自己的孩子讲同样的故事。这些地方有助于记住大量口头传说，这些口头传说里蕴含着萨图·迪恩人和梅蒂斯人的民族之根。通过这种方式，这片土地帮助年轻人了解他们的身份、历史和社会规则，经验成为获取知识的催化剂。这些地方都被认为是圣地，且对未来萨图·迪恩人和梅蒂斯人的文化发展意义重大。

西北地区土地和文化之间的联系代表了一个与景观完全和谐共存的古老系统，在那里可以找寻到精神和肉体的食粮。现在还留存有什么？这个系统继续运行吗？依据目前北部地区变化的速度，这种古老的民族教育仍然有效吗？

不断变化的景观

当今的一些年轻人声称传统的生活方式已经过时，我相信只要有迪恩人，我们就不会放弃传统的生活方式。我告诉年轻人听听我们要说的话，因为那样他们就能从我们的教导中受益。口头传说一旦被记录下来，将和这片土地一样传承下去，如果记住这一信息，他们将从中受益。这就是我们在这片土地上工作的理由。（Harry Simpson, Rae Lakes, 1991, 摘自 Andrews et al., 1998：317）

有人曾经提到，从新西北地区变化的速度来看，如果你对现状不满意，只要等几天，谈判就会改变现状。20 世纪，变化的速度和程度都是惊人的，对北方土著社会产生了巨大影响。从两个多世纪前开始的早期勘探和毛皮贸易，到今天继续进行的主要资源开发活动，随着跨国公司争夺开发权，西北地区的景观已成为国际关注的焦点。虽然发展速度非常快，但西北地区土著居民与加拿大政府进行了长达一个多世纪的谈判，他们试图既获得一定程度的自主权，又能掌控在传统上属于他们的土地上进行的资源开发并从中获益。从第 8 号条约（1899）和第 11 号条约（1921）的谈判开始，西北地区的土著居民迪恩人、梅蒂斯人、因纽特人一直努力与加拿大确立合适的关系。虽然与因纽特人（1984）、哥威迅人（1992）、努纳武特的因纽特人（1993）、萨图·迪恩人和梅蒂斯人（1993）签署了全面的土地索要协议（许多人称之为"现代条约"），但土地索要谈判在这一区域的南部地区继续进行，自治谈判也是如此。[2]谈判过程漫长而艰难，其最终目标是取得自治。

西北地区的土著社会如何保护自己的文化景观免受市场经济的冲击？对文化景观的影响是什么？西北地区不断变化的地缘政治景观是否会影响对其文化景观的感知？其他社会和文化的变化是否会引起对文化景观的解读或欣赏的变化？虽然详尽考察这些问题超出了本文的范围，但本文选择性地描述当前记录和保护文化景观的研究方法和方案，旨在提供对当今西北地区文化景观及其变化的一般观点，试图从宏观上回答这些问题。但为了设定研究背景，本文将首先回顾当前西北地区的社会、政治和经济趋势。

今天的西北地区

西北地区拥有 28 个社区，总人口为 42000 人[3]，面积为 1346106 平方公里（519734 平方英里），今天西北大部分地区仍然由于偏远而难以进入。虽然所有的社区都可以通过乘坐飞机到达，但只有一半社区通过 2200 公里（1367 英里）的全季公路相连。冬季道路连接着许多其他社区，以及几个大型矿井，这些道路一年中只能使用 4 个月。驳船或海港为一些社区提供交通服务。今天，所有社区都通了电，可以打电话，尽管对于最小和最偏远的社区来说，到了 20 世纪 90 年代才有这些服务。

作为加拿大领土的一部分，西北地区地方政府的权力最终取决于联邦政府。由于一部分责任已经通过移交协议移交到地方政府，地方政府逐渐发挥更大的作用。然而，加拿大南部省份拥有王室土地所有权，因此拥有对省属土地的广泛的立法权。但在西北地区，联邦政府保持所有权，因此也保持对王室土地的立法控制。今天西北地区最大的私人土地所有者是土著土地索赔机构。例如，麦肯基河三角洲地区（Mackenzie Delta region）的哥威迅人获得了西北地区22422平方公里（8657平方英里）土地的所有权，作为其土地要求权的一部分，占其定居区的40%。因为土著群体通过谈判，承担了一些传统上属于他们的部分地区的管理责任，所以持续进行的自治谈判也将改变西北地区的政治地图。由于这些谈判仍在进行中，现在讨论它们的性质还为时过早，但这有可能对未来西北地区的管理方式带来重大改变。

税收只是当地政府财政收入的一小部分，地方政府的主要收入来自联邦政府近8亿加元的转移支付，约占当地政府财政收入的61%。政府仍是西北地区最大的雇主。诱捕动物获得毛皮是传统的自给自足经济的一个重要方面，但在过去三十年里其重要性急剧下降，这在很大程度上归因于动物权利运动及其对时装业的影响。1988年，诱捕动物获得的毛皮在西北地区创造了近6亿加元的产值，而十年后仅为75万加元（CNWT，2000 b）。与这一趋势相反，资源开发不断深入。1998年，西北地区的矿产、石油和天然气产值为2.89亿加元，而1999年上升到8.61亿加元，增长了近2倍，这完全得益于新金刚石矿的开采，新金刚石矿为必和必拓公司（BHP-Billiton）的子公司必和必拓钻石公司（BHP Diamonds Inc.）所有。随着两个新的金刚石矿开始投产，这些数字将在未来十年内上升到更高的水平，[4]而且天然气产量也将显著增加。天然气开发不断深入，将天然气从麦肯基河三角洲地区输送到南方市场的新管道的开发前景目前受到政府、工业界和土著团体的极大关注。土著团体组建了土著管道联盟，联合迪恩人和因纽特人作为合作伙伴，与跨国公司谈判，签订合资协议，要求获得新天然气管道开发的部分权益。随着公司争先恐后地寻找潜在的管道资源，勘探活动正在增加，管道建设已经进入环境审查程序。[5]

这些项目的经济收入通常会改善西北地区政府收支状况，甚至缩减西北地区治理成本。事实上，一些较大的跨国矿业公司在世界范围内雇用的人数比西北地区的居民要多。这些事实令人生畏，地方政府和土著社区必须克服这些问题，通过谈判形成有意义的伙伴关系和实现利益分配。

繁荣和萧条的发展周期给政府在提供健康和社会服务项目方面带来了压力。吸毒、酗酒等社会问题在北方许多社区普遍存在，而且似乎在萧条期这些问题会恶化。但许多社区已经通过由政府和其他机构支持的"健康"和康复计划对抗这一趋势，那些请求援助的人可以很容易地得到帮助。

一个世纪以前，刚到加拿大的欧洲人带来的疾病夺去了北方土著居民的生命。天花、猩红热、流感、肺结核和麻疹等疾病对北方族群产生了巨大影响。据估计，从第一次接触欧洲人到1860年，80%的哥威迅人死于新疾病，因为他们对这些新疾病没有免疫力或治疗方法。今天，虽然大多数这类疾病已经被根除或通过医学进步得到控制，但每年仍然有一些人死于结核病和流感（Krech，1978：99）。

如今，一些较大的社区中心有医院，较小的社区也有护理站，但是通常很难找到和留住使用这些医疗设施的合格护士。西北地区政府提供医疗空运服务，将病人送往因努维克（Inuvik）或耶洛奈夫（Yellowknife）的医院，必要时将严重的病人送往加拿大南部较大的中心城市。

西北地区有八种官方语言［契帕瓦语（Chipewyan）、多格里布语（Dogrib）、斯拉维语（Slavey）、克里语（Cree）、哥威迅语（Gwich'in）、因纽特语（Inuktitut）、英语和法语]。迪恩或阿塔帕斯卡语系（契帕瓦语、多格里布语、斯拉维语、哥威迅语）是最大的土著语系，许多成年人都精通他们的第一语言和英语。世界范围的语言同质化趋势使许多西北地区土著语言面临消失的危险，因为学习母语的年轻人越来越少。许多土著社区正在积极通过实施语言复兴计划来对抗这种趋势，保护自己的母语。

长期以来，猎杀驯鹿是北方文化的标志和自给自足经济的重要支柱，无论是驯鹿的营养价值还是其象征意义方面，猎杀驯鹿都具有重要作用。在西北地区茂密的林地，如果没有迁徙的驯鹿群，麋鹿狩猎非常重要。捕鱼也至关重要，但是也许人们认为捕鱼是一种更世俗的活动，不像打猎那么浪漫，所以关于自给自足经济的文学作品中很少涉及捕鱼。然而，对于生活在陆地上的人来说，捕鱼比捕猎驯鹿或麋鹿更容易，成本更低，因此生活在陆地上的人吃鱼比吃肉多。尽管如此，驯鹿对于北方人的生存是必不可少的，在北方人的思想意识中占据中心地位。随着驯鹿迁徙和鱼类产卵洄游，人类也会做相应的迁徙，无论生活在陆地上还是水里（Helm，2000：35），都意味着每年一轮的"丛林"生活。随着毛皮贸易的到来，定期去毛皮贸易站成为每年周而复始的工作周期的新内容，捕猎和交易毛皮成为以土地为主要生活来源的家庭的新重心。20 世纪 50 年代联邦政府的转移支付和加拿大社会支持网络的发展促使人们迁入城镇，"丛林"生活逐渐受到侵蚀。今天，北方社区兴旺发达，拥有现代化的住宅和便利的设施，有市政和联邦政府提供的电力、电话和卫星电视服务。

虽然本地食物仍然是北方饮食的重要组成部分，但狩猎发生了巨大变化。1999 年 9 月，我陪着一群多格里布猎人到荒野中参加传统的秋季狩猎，后来我在给人类学家琼·赫尔姆（June Helm）的一封信中描述了这种狩猎。赫尔姆在她最近的一本书《西北地区的人民》（*The People of Denendeh*）中摘录了这封信的一部分，与 19 世纪 20 年代的狩猎技术进行了对比（Helm，2000）。19 世纪 20 年代的狩猎技术包括模仿驯鹿行为跟踪猎物、使用陷阱和各种驱赶手段。今天，猎人使用现代化的便利设施捕猎。虽然狩猎的性质已经改变，但它仍然是建立在几个世纪之前的传统和知识之上的，正如我在给琼·赫尔姆的信（2000：70 - 71）中所指出的：

　　由四个多格里布社区［雷 - 埃佐（Rae-Edzo）、瓦提（Wha Ti）、加米提（Gamiti）和韦克韦蒂（Wekweti）］的狩猎理事会组织的狩猎活动同时在同一大片区域进行。一周前仔细挑选了营地的位置。猎人们首先查阅了资源、野生动物和经济发展部（Department of Resources, Wildlife, and Economic Development, RWED）每周向各社区发送卫星地图，这些地图显示了 14 头戴有接收卫星发射信号颈圈的母驯鹿的所在地。这些地图通常贴在理事会办公室附近的公告牌上，总能吸引很多人的注意。资源、野生动物和经济发展部的研究旨在考察最近钻石矿的勘探和开发对近 35 万只巴瑟斯特驯鹿（Bathurst Caribou）的影响。驯鹿颈圈上的卫星发射器每隔五天发送一次信号，持续六小时。耶洛奈夫的生物学家下载位置数据，准备好地图，发送到社区。一旦选择了一个大范围的狩猎区域，理事会就租用一架小型飞机去侦察驯鹿，并最终确定营地的具体地点。北美驯鹿群分布广泛，从几只到几千只不等，分布面积达几千平方英里。寻找合适的地点显得很有必要，因为狩猎队要使用包机（花费高昂）运送猎人和营地物资到驯鹿所在地。相比之下，上一代狩猎者由于乘独木舟来到荒原，因此他们更加机动，能够走很远的路去追捕驯鹿。通过使用飞机，这些营地设置在驯鹿数量相当多的地方，狩猎者徒步从营地出发，因此选择有足够数量的驯鹿穿过的区域是狩猎成功的关键。

虽然卫星地图提供了关于驯鹿群分布的最新数据，但它仅相当于多格里布人对驯鹿迁移和行为的传统知识。事实上，我们参观的营地已经被很多代猎人使用，这个地区的湖泊和地貌都有多格里布语名称。例如，灰熊湖（在多格里布语中称为"Diga Ti"或"狼湖"）位于传统的独木舟航线上，通过此湖可以进入夏秋猎区。因此，在我们参观期间发现两处考古遗址并不奇怪。一个……是直径 4 米的石头圈，……一个是坟墓（被尖桩篱笆围着，可以追溯到 20 世纪），还有三只桦树皮独木舟的残骸。根据保存的状态，独木舟很可能有不到 100 年的历史。也有少量的石片散落在该地，表明可能更早之前使用过。第二个地点位于一个高高的基岩山丘上，……在那里我们发现了大量散落的石片。和我们一起旅行的猎人停下来休息，寻找驯鹿。在讨论［考古遗迹］时，他们确信这些碎片是远古祖先在等待驯鹿时坐在山顶上打造石器打发时间的结果。回顾这两段经历很有意思，它们因时间和技术上的巨大差异而被分隔，却又被世代相传的景观知识联系在一起。

今天，北方土著青年的世界观与他们的祖父母不同，因为电视、互联网、世界旅行、基于加拿大南方的教育系统以及基于社区的生活方式为年轻人创造了截然不同的生活体验。还有一部分原因是语言障碍，年轻人已经很难讲长辈们所讲的第一语言，传统的知识和价值观被加拿大城市或南部的主要社会价值观淹没，面临被边缘化的危险。如今，大多数年轻人喜欢城市生活的舒适，不愿忍受"丛林"生活的严酷，也不再全天候地追求传统的生活方式。因此，以工资为基础的经济使自给自足的经济模式黯然失色。今天，狩猎、捕鱼、诱捕和"丛林"生活已成为许多北方土著居民的娱乐活动。上一代的年轻人通过旅行和传统故事从文化景观中接受教育、获得经验，进而融入社会。如今，儿童主要在学校和现代社区中接受教育。这些变化是有代价的，而对于许多长者来说，这种变化代表着危机。长者正在努力寻找方法，确保曾经引导他们一生的代代相传的知识通过其他方式传授给当今的年轻人。然而，如果他们不再通过旅行、聆听与地方有关的故事学习，北方文化景观是否危在旦夕呢？

西北地区文化景观研究与管理的历史

关于那座山有很多故事，所以当我们到达那里时，我会讲述这座山的故事，会有很多很多的故事。我们必须考察故事中提到的所有区域，我们必须爬到山顶上去。当我们到达那座小山时，将有许多工作要做（Harry Simpson, Rae Lakes, 1992——摘自 Andrews & Zoe, 1997：173）。

文化景观研究在西北地区有着悠久的历史。记录传统的生态知识已经成为北方经济的一部分，如今经常与环境评估研究相伴进行。阿拉斯加和加拿大的天然气生产商目前正在讨论将北极天然气输送到市场上的路线，其中一条路线是修建一条通过麦肯基山谷的运输管道。最近，因纽特人和迪恩人组建的一个财团发表声明支持这一建议，表明他们有兴趣就管道的所有权占比进行谈判。这一声明与20 世纪 70 年代中期这一集团采取的立场形成鲜明对比，当时一个铺设管道的建议引起强烈抗议，一项名为麦肯基山谷管道调查（Mackenzie Valley Pipeline Inquiry）（Berger，1977）的重大研究由此启动，并导致长达 25 年的土地索要谈判，直到今天一些地区仍在进行谈判。

几十年来，土著组织通过开展规模宏大的土地使用研究来记录北方文化景观，努力达到政府谈判议程的要求。因纽特人土地利用项目（Inuit Land Use and Occupancy Project）（Freeman，1976）和迪恩人测绘项目（Dene Mapping Project）（Asch et al.，1986）可以看作这种努力的两个范例。这些项目由政府提供贷款，以抵消一部分索赔的最终赔偿，用来保护受到来自外部因素的严重压力和正在经历巨大变化的土地使用的全貌。北方土著青年的后代将在应对新的挑战时发现这些研究的价值。

1989 年，联合国教科文组织加拿大分部（UNESCO Canada）公布了基于社区的资源管理项目清单（Cohen & Hanson，1989）。关于西北地区的章节（DeLancey & Andrews，1989）强调资源使用冲突，总共整理了 25 个项目，旨在帮助社区通过全面的土地索要谈判获得他们的利益。20 世纪 80 年代，西北地区以社区为基础的研究大多是记录传统的生活方式，其中包含用于土地索赔谈判或环境评估听证会的长者所了解的文化景观知识。该清单报告根据研究主题将基于社区的研究工作划分为不同的类别。大多数项目旨在记录传统生活方式以应对发展压力，或者为当地社区获得对本地资源利用权所进行的谈判提供支持。虽然十多年已经过去，但今天在这方面的研究几乎没有改变。

　　大规模开发通常能产生大量资金，来自不同学科的研究人员可以利用这些资金。20 世纪 80 年代和 90 年代早期的北部石油和天然气行动计划（The Northern Oil and Gas Action Plan）是工业和政府联营的典范，该计划为收集麦肯基河三角洲地区基础数据的各个学科提供同样的资金。这一项目由政府管理，早期很少为土著研究提供津贴。最近，随着 90 年代中期对钻石勘探和开发的兴趣激增，土著群体、工业界、政府和环境组织结成伙伴关系，创建了西基蒂克美奥特/斯拉维协会（West Kitikmeot/Slave Society，WKSS）。该协会创立于 1995 年，以发现钻石的地质区域命名（西基蒂克美奥特和斯拉维地质省），主要由工业界、政府和环境组织资助建成。土著群体控制着西基蒂克美奥特/斯拉维协会董事会席位的半数以上。正如该组织的愿景陈述中所描述的那样，其目标是"实现西基蒂克美奥特/斯拉维研究区的可持续发展，保护土地，保留文化，使社区能够自立自强"（WKSS，2000：iii）。

文化景观维护概况

　　　　所以这个地方有一个故事，也是一个很好的故事（Harry Simpson，1994，摘自 Andrews et al.，1998：311）。

土著群体及其合作伙伴在过去十年里努力工作，认识到继续记录和维护文化景观有非常重要的必要性。与过去一样，十年中大部分民族志景观研究是由资源使用冲突驱动的，随着发展步伐加快，记录文化景观的需要也随之增加。详尽回顾当前所有研究超出了本文的范围，所以我将讨论保护文化景观的五种不同的方法，希望这些例子能说明最近的研究方向，并说明管理这些项目的不同方式。

土地综合索要：保护谈判

西北地区的土地索要谈判已经进行了近三十年。的确，整整一代成长起来的迪恩和因纽特青年人都认为谈判和狩猎一样，是生活的一部分。简而言之，迄今土地索要谈判使土著族群获得了以下权益：土地所有权和管理权，让渡某些权利能获得补偿，实现自给自足的经济和社会目标。或者作为正在进行的土地索要谈判的组成部分，或者通过完成土地索赔之后的专门谈判，许多土著群体已经开始进行自治条款的谈判。

在这些协议中，土著群体使用了许多策略来维护和保护文化景观。土地选择允许土著群体保护（收费、简化所有权）他们认为最重要的传统区域。然而，在保护文化景观和经济自给自足之间达成平衡意味着一些区域的选择要着眼于未来的发展。哥威迅人和萨图·迪恩人的声明要求制订土地使用计划，通过制定土地使用政策来维持发展，而且文化价值观在这些计划中占据主导地位。一些怀疑论者想知道，保护这些地区矿产权益的游说是否已经导致政府暂缓通过这些计划；经过多年的谈判，一项新的协议终于签署。[6]

西北地区萨图·迪恩人和梅蒂斯人在综合土地索赔（Government of Canada，1993）中采取了一种独特的方法来保护文化景观。关于遗产的一章中有一项条款要求成立一个联合工作组，负责就如何保护特定地点和遗址向政府提出建议。联合工作组的代表一名来自联邦政府，一名来自当地政府，两名来自萨图地区。四名成员选举一名萨图居民作为工作组的第五名成员，此人还要担任主席。萨图遗产地和遗址联合工作组于 2000 年 1 月发布了报告（T'Seleie et al., 2000），提出了关于如何纪念和保护萨图居住区 40 个圣地、文化遗址和遗址群的建议。报告还提出了 21 项一般性建议，涉及今后的研究方向和该区域文化景观保护和宣传的必要性。工作组在四年时间（1995 ~ 1999）里不断举办会议，经常聘请长者和社区专家协助研究。

尽管报告中的许多建议仍然有待政府和萨图土地索赔机构采取行动落实，但事实证明，该报告对希望避免影响萨图文化遗址的开发者和正在制订该地区土地使用计划的规划者是有用的。此外，该地区的一些教师也将该报告作为学校的资源和资料。这些进展最终服务于保护萨图文化景观。

教育：大地上的课堂

由于认识到通过旅行来教育青年的民族教育方法正在消失，一些土著群体利用传统路径开始了每年一次的教育旅行，在那里年轻人和长者以与过去几乎相同的方式互动。例如，哥威迅人在西北地区的麦克弗森堡（Fort McPherson）和育空地区的旧克罗（Old Crow）之间组织了一次一年一度的雪车旅行。这次旅行遵循传统的狗队路径，允许居住在两个社区的家庭相互联系和互致问候，并为长者提供机会教育青年人了解传统生活的方方面面，其他组织也组织了类似的旅行。1999 年，长者和年轻人沿着夏天徒步路线，从科尔维尔湖步行到好望堡（Fort Good Hope），在好望堡的哈德逊湾公司（Hudson's Bay Company）举办了一年一度的贸易活动。耶洛奈夫迪恩第一民族（Yellowknives Dene First Nation）组织了夏季独木舟旅行，选择了传统的桦树皮独木舟路线，专门为青少年提供学习经验。

1971 年，吉米·布吕诺酋长（Chief Jimmy Bruneau）在埃佐社区

新高中开学典礼上发表讲话，认为有必要采取加拿大南部的学校制度和多格里布文化教育两种方式教育多格里布学生。1990 年，多格里布长者、教育工作者和教育管理者召开会议，为多格里布学校系统拟定了一份使命声明，在会议上长者与教育改革者伊丽莎白·麦肯基（Elizabeth Mackenzie）谈到了酋长的观点："如果儿童在两种文化中均等地接受教育，他们就会像两个人一样强壮。"多格里布教育委员会认识到了这一点的重要性，并将其作为多格里布学校系统的教育哲学（Dogrib Divisional Board of Education，1991）。该声明认为，如果年轻人在加拿大南部风格的学校环境中接受正规教育，同时接受多格里布语言、文化和身份方面的教育，从两种世界观中汲取最好的东西，他们就会变得"像两个人一样强壮"。因为许多多格里布人的历史和身份都与土地上的生活息息相关，所以这种新的教育策略利用每一个机会把课堂带到土地上去，把文化景观作为课堂（这样表述与本文的主题更契合）。通过一年四季组织文化营、夏季独木舟旅行、直接让长者进课堂以及提供正式的多格里布语言教学，多格里布教育体系为多格里布青年提供了基于这种合作理念的独特学习经验。

多格里布长者认识到自己族群的青年人面对的是一个不同的世界，他们总是以"像两个人一样强壮"的普遍哲学为指导，努力把过去带入教育系统。在过去的十年里，多格里布长者以合作者的身份参加了各种研究项目，与语言学家、人类学家和考古学家交流。[7]总的来说，这类研究旨在将多格里布传统知识运用到这些学科的理论和方法中。然而，对长者来说，还有一个共同的目标：这些合作关系取得的成果可以用来在多格里布学校中教育青年。因此，许多研究项目是基于与多格里布学校系统的复杂的伙伴关系（见下文）。

努力让文化景观进课堂还包括在西北地区不同区域组织的许多科

学营，这些科学营旨在将西方的科学方法和理论与传统的民族教育学在以土地为基础的环境中结合起来，并取得了很大的成功。自 1995年以来，哥威迅社会和文化研究所（Gwich'in Social and Cultural Institute，GSCI）的总部设在启吉迭克（Tsiigehtchic）（原北极红河），为高中生组织了为期十天的"陆上"秋季营（Kritsch，1996）。课程以哥威迅文化景观为主，由拥有西方教育和土著教育传统的教师进行包括民族植物学、可再生资源管理、遗产资源管理、土地索要历史和实施等主题的教学。

冻土带科学营（The Tundra Science Camp）位于达令湖（Daring Lake）冻土带生态研究站（Tundra Ecological Research Station，TERS)[8]位于耶洛奈夫荒原北部约 150 公里（93 英里）处。高中生在一项为期十天的科学文化探索实践项目中进行沉浸式学习（Strong & Hans，1996），有机会参加在冻土带生态研究站进行的研究项目，学习考古学、植物学、生物学、地质学、环境研究倡议和多格里布文化，了解荒野的文化景观。这样的科学营遵循"像两个人一样强壮"的传统，把文化景观带入课堂。

环境评价：缓解土地利用冲突

西北地区金刚石矿山的勘探开发激发了环境影响评价框架下的研究，数量很多。《麦肯基山谷资源管理法》（Mackenzie Valley Resource Management Act，1998）特别强调需要记录传统知识和评估对文化景观的潜在影响。如上所述，这一努力的结果之一是创建了西基蒂克美奥特/斯拉维协会。西基蒂克美奥特/斯拉维协会资助了几项基于社区的项目，旨在记录契帕瓦人、耶洛奈夫人、多格里布人和因纽特人的文化景观。这些项目已收到大量资金用于建立训练有素的社区研究小组，这些小组在指导调整发展计划以确保重要文化遗址得到保护方面发挥了重要作用。

"多格里布传统领土聚居地项目"由多格里布第 11 号条约理事会和西基蒂克美奥特/斯拉维协会资助支持的研究机构承担（Legat，1998；Legat et al.，1999，2001），由多格里布第 11 号条约理事会赞助。该研究小组主要由多格里布的研究人员组成，已经开展了几个项目，旨在参照多格里布人的环境分类，记录和呈现多格里布人的传统知识。这些项目以地名、栖息地以及动物和植物的命名法为重点，拥有一批训练有素的研究人员，多格里布人可以利用这些资源完成其他任务。

卢特塞克（Lutselk'e）的契帕瓦人位于大奴湖东部（Great Slave Lake），也承担了由西基蒂克美奥特/斯拉维协会资助的研究。社区研究人员注重记录卢特塞克·迪恩第一民族长者和土地使用者在他们传统领域范围一个特定地区的传统生态知识。加拿大戴比尔斯公司（DeBeers）是南非钻石开采巨头在加拿大的分公司，而莫诺普罗斯（Monopros）是戴比尔斯公司的一个子公司，该公司正在对喀什库伊（Kache Kue）或者肯纳迪湖（Kennady Lake）的地区进行深入细致的勘探，加拿大戴比尔斯公司已经申请获得在距卢特塞克北部 100 公里（62 英里）的斯耐普湖（Snap Lake）开矿的许可，在撰写本文时（2002 年 4 月）该公司刚刚提交了一份环境影响评估报告。西基蒂克美奥特/斯拉维协会基金将协助卢特塞克·迪恩第一民族提出自己的诉求，特别是开发地区契帕瓦文化景观的文件，并允许他们参与环境审查。

利用创新的计算机技术，如地理信息系统（Geographic Information Systems，GIS）来记录文化景观，确保通过这些项目收集的传统知识能够存档并提供给未来的项目使用。这些研究项目还允许土著群体制定管理战略，以监测发展对文化景观的长期和累积影响。地理信息系统作为一种工具，旨在提供管理以地点或地理为参照的信息的方法，并且非常适合记录传统地名、路径和土著人土地使用的其他方面。除了提供归档和管理数据的工具之外，地理信息系统技术还允许土著青年将新的计算机技能融入其中，从而做出重大贡献。通过与长者一起记录有关土地的知识，一起审查地理信息系统生成的地图，年轻人和老年人以新的方式互动，提供各种机会以土地为师，这在以前是没有的。

文化研究所：掌控研究议程

创建于 1992 年的哥威迅社会和文化研究所一直致力于清点哥威迅定居区[9]的传统地名、土地利用、圣地和路径。这项工作已经产生了许多研究报告和出版物，通过记录大量的传统地名和相关叙事来记录哥威迅文化景观（Kritsch et al.，1994；Kritsch & Andre，1997；Heine et al.，2001）一直是该研究所的重要工作。

哥威迅社会和文化研究所注重合作研究，他们已经与南方和北方的研究人员建立了伙伴关系。在哥威迅社会和文化研究所的帮助下，哥威迅部落理事会起草了一项传统知识研究政策[10]，该政策概述了在哥威迅定居区内进行的所有研究活动的指导方针（GTC，2004）。该政策旨在确保哥威迅人成为合作伙伴，保护哥威迅人对传统知识的知识产权，并确保开展的工作符合研究伦理，并在此基础上鼓励在该地区进行各种类型的研究。这类政策的形成有助于确保研究议程与北方生活及其优先事项相关。更重要的是这类政策给非哥威迅研究人员提供了一个明确的切入点，使他们能够与哥威迅研究人员建立有意义的合作关系。

1997～1998 年，哥威迅市与加拿大公园管理局合作创建了国家历史遗址（National Historic Site），以纪念一部分具有国家历史意义的哥威迅文化景观——纳格威乔恩吉克国家历史遗址（Nagwichoonjik National Historic Site）（Heine，1997；Neufeld，2001）。该遗址覆盖了麦肯基河——流经传统土地使用区的哥威迅市中心——175 公里（110 英里）的流域和流经的土地，成为加拿大认定的最大的土著文化景观之一，也是第一批被纪念的文化景观之一（Buggy，1999，见本卷）。纳格威乔恩吉克国家历史遗址展示了许多命名的地点、考古遗址、文化遗址和生存营地，广泛纪念了哥威迅人的历史和文化。这些合作研究成果可以作为今后保护和管理北方文化景观的范例。

博物馆：伙伴关系与合作

威尔士王子北方遗产中心（Prince of Wales Northern Heritage Centre，PWNHC）是位于耶洛奈夫的一个由政府管理的区域博物馆，它的大部分研究工作都集中在与长者、社区组织和学校董事会建立伙伴关系上，因此博物馆工作人员与北方的许多社区形成了密切的关系。20 世纪 80～90 年代，这些努力主要体现在以下几个地区项目上：

——与麦肯基河三角洲地区和北极海岸地区的因纽特人合作开展的民族考古学和传统地名研究（Arnold 1988，1994；Arnold & Hart，1991；Hart，1994）。

——与山地迪恩人合作，对麦肯基山的路径、地名和考古遗址进行清查（Hanks & Pokotylo，1989，2000；Hanks & Winter，1983，1986，1989）。

——作为萨图遗产地和遗址联合工作组的一部分，对文化遗址进行清查并就如何保存和保护文化景观提出建议（T'Seleie et al.，2000）。

——多格里布传统桦树皮独木舟和狗队小径的遗产资源清单和相关项目（Andrews & Zoe，1997，1998；Andrews et al.，1998；Andrews & Mackenzie，1998；Woolf & Andrews，1997，2001）。

这项工作的重点是建立整个北部的考古和文化遗址清单，使威尔士亲王北方遗产中心的考古学家能够在土地使用审查和环境评估过程中担任专家顾问并提供建议，从发展的角度看待对遗产地的潜在影响。

记录地名、路径和文化景观，然后利用这些信息来定位考古遗址，能够知道文化景观形成的年代，并在此过程中证实有关远古时间和事件的口头叙述是否确切。与多格里布人合作进行的民族考古学研究表明，地名本身记录了数百年的知识，保存了石器原料来源的知识（Andrews & Zoe，1997：165–167；Hanks，1997）。

通常，这些项目会激发相关的项目或后续研究，主要是因为长者或社区成员对此感兴趣。例如，在与多格里布人合作进行的遗产资源清查中，考古学家在长者沿着路径指认的遗址中发现了35只桦树皮独木舟的残骸，这为研究者提供了新的视角，也可以帮助研究者了解这种工艺在整个多格里布文化景观中的作用和重要性。后来研究者开展了一个相关项目，用视频记录了多格里布桦树皮独木舟建造的整个过程（Andrews & Zoe，1998；Woolf & Andrews，1997）。在多格里布的"像两个人一样强壮"的教育理念指导下，这个项目与当地学校董事会进行合作，几名高中生给来自雷（Rae）的六名制造独木舟的长者当学徒。当建造独木舟时，来自威尔士亲王北方遗产中心的展览设计师与学校的工艺班合作，为完成的独木舟建造了一个展示箱，设计的展示箱可滚动经过学校的所有大门，直接进入教室，供长者教学使用。

如今互联网把西北地区所有的学校连接了起来，为西北地区教学引进了新资源。遵循以土地为师的民族教育传统，威尔士亲王北方遗产中心与多格里布社区服务委员会（Dogrib Community Services Board）和因纽维亚鲁特社会发展计划（Inuvialuit Social Development Program）合作，开发了基于网络的北方文化景观虚拟旅游。这个名为"来自土地的课程"（Lessons from the Land）的网络资源为学生提供了参观两种文化景观——爱达阿小径（Idaà Trail）、多格里布桦树皮独木舟和狗队小径，以及"努利亚克之旅"（Journey with Nuligak）的机会。这个课程以因纽特文化和历史（www. lessonsfromtheland. ca）为重点，未来还会增加更多的模块。通过照片、插图、叙事、视频和声音剪辑以及3D动画，学生可以选择"在线长者"作为向导，参观这些风景。该网络资源的结构允许教师选择特定的素材编制与正在教授的年级水平相关的课程。与西北地区政府教育、文化和就业部（Department of Education，Culture，and Employment）联合开发的"来自土地的课程"是最近修订的北方研究课程的一个组成部分，通过计算机提供虚拟体验，将文化景观带入课堂，提供将课堂带出学校、带到大地上的学习模式。

保护文化景观

这片土地就像一本书。（Harry Simpson，Rae Lakes，1998，

摘自 Andrews and Zoe，1998：79）

　　显然，最近在记录整个西北地区的传统知识和文化景观方面取得了很大进展，记录的这些知识对后代来说是一笔宝贵的财富。这些工作在保存和保护文化景观方面成效如何呢？

　　虽然北方教育体系在开发基于北方的课程材料方面取得了一些进展，但还不够广泛。目前，西北地区只有两门基于土著世界观的小学课程（Dene Kede GNWT，1993；Inuuqatigiit GNWT，1997）。虽然这些课程在几个地区相当成功，但没有全部使用，并且与之相关的资源也很少。多格里布人一直非常积极地为自己的学校开发项目，如多格里布教育委员会（Dogrib Divisional Board of Education，1996）开发的专门课程"祖先的足迹"，学生可以在夏季乘独木舟穿越多格里布文化景观，深受学生欢迎。虽然这些课程很成功，但是实施起来成本昂贵，而且由于缺乏反映北方民族价值观和现实情况的出版教材，这些课程很难在课堂上实施。基于土地的课程总是有趣且有教育意义，但运作起来非常困难，花费很高。由于总是很难获得项目资金，组织者一直在不断寻求资金来源，因此这些课程开设并不广泛。政府需要把重点放在开发基于土著世界观的北方课程上，然后资助学校董事会尽可能地将教室设在户外，同时还必须最大限度地通过互联网在课堂上进行创新。这些项目将使下一代认识到需要像他们的祖先那样管理文化景观。

　　虽然环境评估支持了传统知识和文化景观研究，从而对北方知识库做出了重大贡献，但这些努力是否能够真正保存和保护文化景观尚未得到证实。社区长者掌握着大量有关土地文化生态的知识，并且以土著语言作为第一语言，但对他们来说，环境听证会的形式可能是一种令人恐惧的经历，不利于表达土著的世界观。此外，许多社区发现，参与环境诉讼的过程只不过是对政治议程让步的象征性努力。这些项目还与开发的繁荣和萧条周期联系在一起，不能长期有效利用。创建于1995年的西基蒂克美奥特/斯拉维协会的运行周期本来只有五年，后来延长了两年，但研究人员必须最终寻找到可替代的新的资金来源。因此，虽然这些项目使传统知识的文献量大增，但实际上对文化景观的长期保护影响很小。通过这些项目形成的基于社区的研究能力必须在发展周期的萧条阶段维持下去。此外，更重要的是，要想在北方社区最大限度地利用地理信息系统技术，就必须提供教育和培训机会来学习使用这些技术。

在加拿大，土著文化景观的纪念活动相对较新（Buggey，1999）。1998年萨图地区的德利纳（Deline）社区举行了国家历史遗址纪念活动，以纪念其传统领土上的文化景观——索休和埃达乔国家历史遗址（Sahyoue and Edacho National Historic Site）。[11]与纳格威乔恩吉克国家历史遗址一样，这些遗址的认定有助于土著文化景观通过国家纪念的形式提高知名度，这是加拿大国家历史遗址系统计划的重要组成部分（Parks Canada，2000；Buggey，1999，见本卷）。虽然覆盖了大片的区域，但纪念只是表达敬重，很少提供具体的保护措施。德利纳社区已经就索休和埃达乔国家历史遗址的临时土地收回进行了谈判，但是各国政府在寻找保护这些景观的长久之策方面行动迟缓。

临时收回是在保护区战略（Protected Area Strategy，PAS）的支持下批准的，保护区战略是1999年批准的联邦－地区项目（GNWT，1999），旨在确定和建立西北地区的保护区，在推进保护区方面寻求与北方土著群体建立伙伴关系。保护区战略秘书处（位于耶洛奈夫）与社区合作，制订了保护面积为10000平方公里（3861平方英里）

的霍恩（Horn）高原计划，对麦肯基山谷的斯拉维和多格里布文化都至关重要。[12]虽然这一临时解决方案能够进行为期五年的保护，但尚未出台永久性的保护措施。

关于保护文化景观，萨图遗产地和遗址联合工作组的报告（T'Seleie et al.，2000：24 – 25）注意到，加拿大保护景观或景观特征的立法实际上把重点放在自然价值而非文化价值上。为了纪念那些以文化价值著称的遗址而制定的法律通常只对这些遗址进行纪念，并不保护它们免受不合理的土地利用的影响。虽然保护区战略文件中提到了文化景观，但没有确定保护文化价值场所的特别立法措施。联合工作组建议政府立即采取措施进行纠偏。很多立法工具用来保护具有自然价值的地方，这些法律工具界定了可接受的土地使用类型（如旅游业）并为它们的实践制定指导方针。最重要的是，这些法律文书保护自然景观免受不当形式的开发。萨图·迪恩的一位长者乔治·巴纳比（George Barnaby）说："在我们的语言中，我们没有表示'荒野'的词，因为我们所到之处就是我们的家。"（Fumoleau，1984：59）他表达的观点是不区分自然和文化，两者是不可分割的整体。萨图·迪恩人的世界观表达了自然和文化之间的和谐一致，与加拿大法律所代表的将文化和自然分开的观点形成鲜明对比。有必要在保护文化景观的新立法中反映这种整体观。

西北地区土著文化研究所的发展是一个重大进步，因为它允许当地社区基于传统土地制定研究议程。设在海伊河（Hay River）的迪恩文化研究所、设在雷（Rae）的惠赫杰普·诺沃·克（Whaèhdǫǫ Nàowoòkǫ）研究所和设在启吉迭克（Tsiigehtchic）的哥威迅社会和文化研究所都是以社区为基础的旨在记录文化景观和保存土著世界观的范例。这些都是鼓励研究和土著社区进行合作的积极的发展趋势。

然而，这些组织面临一些问题，其中最大的问题是缺乏长期稳定的研究和项目资金。例如，据哥威迅社会和文化研究所估算，将近50%的时间和工作人员用于筹集资金（Ingrid Kritsch, pers. comm.）。另一个问题是规模问题。这些机构通常由几个兢兢业业的连续工作很多年的人管理，在西北地区管理人员通常为女性。与政府打交道来获得项目资助或支持时，这些机构发现它们必须应对规模是其好几倍的行政机构，这常常造成误解，使这些小机构难以满足行政部门的期望。必须找到大量和长期的资金来源支持它们的活动，因为正是这些机构推动着文化景观的保护。缺乏资金也是博物馆或政府研究项目持续关注的问题。文化机构、博物馆和政府研究人员在有限的资金来源上的竞争最终会酿成恶果，不利于西北地区以及加拿大北部其他地区文化景观的保护。

虽然在过去的十年里在记录和保护西北地区的文化景观方面取得了重大进展，但仍有许多工作要做。今后几十年应该继续把重点放在文献编辑上，还应该努力广泛发展教育项目，让年轻人了解他们生活在其中的文化景观。北方民族应该敦促各国政府采取保护文化价值的立法手段，政府也应该为社区文化和遗产研究提供重要稳定的资金。

"这片土地就像一本书。"我已经和说这话的多格里布长老哈利·辛普森（Harry Simpson）一起工作了很多年，听过他多次使用这个比喻后，我想我明白了他的意思。很显然，这种说法抓住了多格里布民族教育的精髓——以土地为师，帮助人们记住几千年积累的通过口头叙事和旅行传递给年轻人的知识。此外，这个比喻实际上是对多格里布教育理念的精心诠释。因为通过与"书"做比较，这一教育理念很容易被非土著理解，因为非土著将他们的知识呈现在书本中，而不是呈现在与文化景观紧密相连的口头叙述中。文化景观最终是由集体智慧创造的，被人类社会珍视。如果一个社会要确保被后代珍视，那么它必须一代又一代地传递这种价值观。多格里布人和许多其他北方群体无疑已经做到了这些，并且他们还将继续做下去。

在保护其文化景观的努力中，加拿大北部的土著寻求与全社会建立伙伴关系。与环境组织合作，游说各国政府和国际机构，包括联合国教科文组织和其他机构，而且到遥远的地方争取支持。所有这些都已成为维护和保护民族文化景观的有力手段。2001 年 9 月，一群来自加拿大和阿拉斯加的哥威迅人前往华盛顿特区，游说美国政府代表投票反对在阿拉斯加北坡"1002 土地"勘探石油和天然气的提案。虽然哥威迅人的代表以前多次到华盛顿执行类似的任务，但"9·11"事件让他们感到恐惧。北方的家人和朋友在电视上观看了纽约世贸中心和华盛顿五角大楼遭遇的恐怖袭击，担心他们离家的亲人的安全。经过几小时的沉默，西北地区的居民了解到哥威迅人的代表没有受到伤害，通过与加拿大广播公司北方广播电台（CBC North radio in Canada）的手机连接，他们真切地听到了用他们熟悉的北方方言描述的发生在遥远的地方的恐怖暴行。长期以来这一地标式的美国文化景观一直被认为固若金汤，对其进行的恐怖袭击说明当今世界文化景观确实非常脆弱。

致 谢

在加拿大北部工作和生活的这些年里，我拥有许多值得珍视的友谊和经历，我在撰写本文时经常提及这些友谊和经历。对于那些帮助我形成北方文化景观理解和品鉴能力的匿名人士，我要说声"mahsi cho"（谢谢）。几位同事百忙之中抽出时间来阅读和评论了本文的草稿。非常感谢恰克·阿诺德（Chuck Arnold）、苏珊·布吉、梅勒妮·法法德（Melanie Fafard）、琼·赫尔姆（June Helm）、马克·海耶克（Mark Heyck）、英格丽德·克里奇克（Ingrid Kritsch）、伊戈尔·克鲁普尼克和莱斯利·萨克森（Leslie Saxon）有益和有见地的评论。如有事实歪曲或重要概念或问题的忽略，我独自承担责任。我还要感谢本卷编辑伊戈尔·克鲁普尼克邀请我提交本文，并感谢我的加拿大同胞苏珊·布吉和埃伦·李（Ellen Lee）率先向我提出建议。非常感谢伊戈尔在论文写作初始阶段的鼓励和帮助。我还要感谢威尔士亲王北方遗产中心[13]地理信息系统部门的迈尔斯·戴维斯（Miles Davis），他以一贯的协作精神，在有限的时间内完成了地图绘制，还要感谢威尔士亲王北方遗产中心的约翰·波里尔（John Poirier），帮助我处理了一些图像。最后，我向我的妻子英格丽德表示衷心的感谢，谢谢她经常帮我编辑文稿。

注释

1. 希望阅读更多关于迪恩人、梅蒂斯人和因纽特人民族志和历史的读者应查阅史密森学会出版的《北美印第安人手册》（*Handbook of North American Indians*）第 5 卷（Damas，1984）和第 6 卷（Helm，1981），所有迪恩语都使用西北地区政府的实用正字法。
2. 自 1992 年以来，多格里布人一直在与联邦政府就土地索赔和自治协议进行谈判。2003 年，双方签署了最终协议，多格里布人将获得 3.9 万平方公里土地的所有权，更大面积的共同管理和狩猎权、自治权和 1.52 亿加元的经济补偿。到 2004 年 6 月，加拿大议会尚未通过赋予协议法律效力所需的立法。
3. 大约一半的西北地区人口是土著居民，将近一半的人口（18000 人）生活在区域中心城市耶洛奈夫，第二大社区是海伊河社区，有 4000 人。
4. 迪亚维克矿（Diavik mine）距必和必拓公司的矿 35 公里，2003 年投产。加拿大戴比尔斯公司位于耶洛奈夫东北 150 公里处，2003 年完成了环境谈判，并将很快开始建设。

5. 麦肯基天然气项目由帝国石油公司（Imperial Oil）、康菲石油公司（Conoco Philips）、壳牌加拿大公司（Shell Canada）、埃克森美孚公司（Exxon Mobil）和土著居民管道集团（Aboriginal Pipeline Group）等组成的财团提出，该项目将建设一条天然气管道，将沿着麦肯基河右岸从麦肯基河三角洲延伸到艾伯塔省（Alberta）北部，项目如果按预期进行，将于 2010 年投产。

6. 参考 http：//www. gwichinplanning. nt. ca/ landUsePlan. html。

7. 例如，参见 Andrews & Zoe 1997，1998；Andrews et al.，1998；Legat，1998；Legat et al.，1999，2001；Woolf & Andrews，1997，2001。

8. 资源、野生动物和经济发展部形成了环境影响评估报告，以研究苔原生态并创建基础数据，以此来衡量钻石勘探和开发对环境的影响。科学营由资源、野生动物和经济发展部组织，由威尔士亲王北方遗产中心协助。

9. 西北地区麦肯基河三角洲地区位于启吉迭克的四个哥威迅社区之一。

10. 该政策现可从哥威迅社会和文化研究所网站（http：//www. gwich in. ca）下载。

11. 又称灰熊山、香草山。以加拿大的文化景观设计经验为基础讨论该网站的重要性，参见 Buggey，1999：21 – 23。

12. 霍恩高原的迪恩语地名是艾德赫芝（Edéhzhíe）。

13. 威尔士亲王北方遗产中心地址：邮政信箱 1320，耶洛奈夫，NTX1A2L9，加拿大。

参考文献

Andrews，Thomas D.，and John B. Zoe

1997　The Idaa Trail：Archaeology and the Dogrib Cultural Landscape，Northwest Territories，Canada. In *At a Crossroads：Archaeology and First Peoples in Canada*，George P. Nicholas and Thomas D. Andrews eds.，pp. 160 – 77. Vancouver：Simon Fraser University Press.

1998　The Dogrib Birchbark Canoe Project. *Arctic* 51（1）：75 – 81.

Andrews，Thomas D.，John B. Zoe，and Aaron Herter

1998　On Yamǫ̀pzhah's Trail：Dogrib Sacred Sites and the Anthropology of Travel. In *Sacred Lands：Aboriginal World Views，Claims，and Conflict*，J. Oakes，R. Riewe，K. Kinew，and E. Maloney，eds.，pp. 305 – 20. Edmonton：Canadian Circumpolar Institute，University of Alberta.

Andrews，Thomas D.，and Elizabeth Mackenzie

1998　*Tłįchǫ Ewg Kǫ njhmbàa：The Dogrib Caribou Skin Lodge：An Exhibit Guide*. Yellowknife：Prince of Wales Northern Heritage Centre，Yellowknife.

Arnold，Charles D.

1988　Vanishing villages of the past: Rescue Archaeology in the Mackenzie Delta. *The Northern Review*, Vol. 1: 40 – 58.

1994　Archaeological investigations on Richards Island. *Canadian Archaeological Association Occasional Paper* 2: 85 – 93.

Arnold, Charles D., and Elisa Hart

1991　Winter houses of the Mackenzie Inuit. *Society for the Study of Architecture in Canada* 16 (2): 35 – 9.

Asch, Michael, T. D. Andrews, and S. Smith

1986　The Dene Mapping Project on Land Use and Occupancy: An Introduction. In *Anthropology in Praxis*, P. Spaulding, ed. , pp. 36 – 43. Occasional Papers in Anthropology and Primatology, Department of Anthropology. Calgary: University of Calgary.

Berger, Thomas R.

1977　*Northern Frontier, Northern Homeland: The Report of the Mackenzie Valley Pipeline Inquiry.* 2 vols. Ottawa: Supply and Services Canada.

Blondin, George

1990　*When the World was New: Stories of the Sahtu Dene.* Yellowknife: Outcrop.

Buggey, Susan

1999　*An Approach to Aboriginal Cultural Landscapes.* Ottawa: Historic Sites and Monuments Board of Canada, Parks Canada.

Cohen, Fay G., and Arthur J. Hanson, eds.

1989　*Community-based Resource Management in Canada: An Inventory of Research and Projects.* UNESCO Canada/MAB Working Group on the Human Ecology of Coastal Areas, Report 21. July 1989. Ottawa.

Damas, David

1984　*Arctic. Handbook of North American Indians*, Volume 5. Washington, D. C. : Smithsonian Institution.

DeLancey, Deborah J., and Thomas D. Andrews

1989　Denendeh (Western Arctic). In *Community-based Resource Management in Canada: An Inventory of Research and Projects*, F. G. Cohen and A. J. Hanson, eds. , pp. 145 – 73. UNESCO Canada/MAB Working Group on the Human Ecology of Coastal Areas, Report 21. July 1989. Ottawa.

Dogrib Divisional Board of Education

1991　*Strong Like Two People: The Development of a Mission Statement for the Dogrib Schools.* Rae-Edzo: Dogrib Divisional Board of Education.

1996　*Gowhaèhdǫǫ̀ Gits'ǫ Etǫ Niwheʔàa: Trails of our Ancestors: Course 15 Curriculum.* Rae-Edzo: Dogrib Divisional Board of Education.

Feld, Steven and Keith H. Basso, eds.

1996　*Senses of Place.* Santa Fe: School of American Research Press.

Freeman, Milton M. R.

1976　*Inuit Land Use and Occupancy Project*, 3 volumes. Ottawa: Indian and Northern Affairs.

Fumoleau, Rene

1984　*Denendeh: A Dene Celebration.* Yellowknife: Dene Nation.

Government of Canada

1993　*Sahtu Dene and Metis Comprehensive Land Claim.* Ottawa: Indian and Northern Affairs Canada.

Government of the Northwest Territories

1993　*Dene Kede: Education: A Dene Perspective. Curriculum K – 6.* Yellowknife: Department of Education, Culture and Employment.

1997　*Inuuqatigiit: Curriculum K – 6.* Yellowknife: Department of Education, Culture and Employment.

1999　*Northwest Territories Protected Areas Strategy: A Balanced Approach to Establishing Protected Areas in the Northwest Territories.* Northwest Territories Protected Areas Strategy Advisory Committee. Yellowknife: Department of Resources, Wildlife and Economic Development.

2000a　*Northwest Territories, Highway Traffic, 1999.* Yellowknife: Transportation Planning Division, Department of Transportation, GNWT (www. gov. nt. ca/ Transportation/ documents/index. html).

2000b　*NWT Socio-Economic Scan, 2000.* Yellowknife: NWT Bureau of Statistics, (www. stats. gov. nt. ca/Statinfo/Generalstats/Scan/scan. html).

Gwich'in Tribal Council

2004　Gwich'in Traditional Knowledge Policy. lnuvik: GTC.

Hanks, Christopher C.

1997　Ancient Knowledge of Ancient Times: Tracing Dene Identity from the Late Pleistocene and Holocene. In *At a Crossroads: Archaeology and First Peoples in Canada*, George P. Nicholas and Thomas D. Andrews, eds. , pp. 178 – 89. Vancouver: Simon Fraser University Press.

Hanks, Christopher C, and David L. Pokotylo

1989　The Mackenzie Basin: An Alternative Approach to Dene and Metis Archaeology. *Arctic* 42 (2): 139 – 47.

2000　Mountain Dene *In Situ* Adaptation and the Impact of European Contact on Mackenzie Drainage Athabaskan Land Use Patterns. *Anthropological Papers of the University of Alaska* 25 (1): 17 – 27.

Hanks, Christopher C, and Barbara Winter

1983   Dene Names as an Organizing Principle in Ethnoarchaeological Research. *The Musk-ox* 33: 49 – 55.

1986   Local Knowledge and Ethnoarchaeology: an Approach to Dene Settlement Systems. *Current Anthropology* 27 (3): 272 – 5.

1989   The Traditional Fishery on Deh Cho: an Ethnohistorical and Archaeological Perspective. *Arctic* 44 (1): 47 –56.

Hart, Elisa J.

1994   Heritage Sites Research, Traditional Knowledge and Training. In *Bridges Across Time: The NOGAP Archaeology Project*, J-L Pilon, ed. , pp. 15 – 27. Occasional Paper No. 2. Ottawa: Canadian Archaeological Association.

Heine, Michael

1997   *"That river, it's like a highway for us"*: *The Mackenzie River through Gwichya Gwich'in History and Culture.* Ottawa: Historic Sites and Monuments Board of Canada.

Heine, Michael, Alestine Andre, Ingrid Kritsch, and Alma Cardinal

2001   *Gwichya Gwich'in Googwandak: The History and Stories of the Gwichya Gwich'in.* Tsiigehtchic: Gwich'in Social and Cultural Institute.

Helm, June

2000   *The People of Denendeh: Ethno-history of the Indians of Canada's Northwest Territories.* Iowa City: University of Iowa Press.

Heim, June, ed.

1981   *Subarctic. Handbook of North American Indians*, Volume 6. Washington, D. C. : Smithsonian institution.

Hirsch, Eric and Michael O'Hanlon, eds.

1995   *The Anthropology of Landscape: Perspectives on Place and Space.* Oxford: Oxford University Press.

Krech, Shepard

1978   On the Aboriginal Population of the Kutchin. *Arctic Anthropology* 15 (1): 89 – 1 04.

Kritsch, Ingrid

1996   The Delta Science Camp. *Wild Times* (Fall): 2 – 4 . Yellowknife: Department of Resources, Wildlife and Economic Development, Government of the Northwest Territories.

Kritsch, Ingrid D. , and Alestine Andre

1997   Gwich'in Traditional Knowledge and Heritage Studies in the Gwich'in Settlement Area. In *At a Crossroads: Archaeology and First Peoples in Canada*, George P. Nicholas and Thomas D. Andrews, eds. , pp. 123 – 44. Vancouver: Simon Fraser University Press.

Kritsch, Ingrid, Alestine Andre, and Bart Kreps

1994　Gwichya Gwich'in Oral History Project. In *Bridges Across Time：The NOGAP Archaeology Project*, *J-L*. Pilon, ed. , pp. 5 – 13. Occasional Paper No. 2. Ottawa：Canadian Archaeological Association.

Legat，Allice

1998　*Habitat of Dogrib Traditional Territory：Place Names as Indicators of Biogeographical Knowledge*. Annual Report of the Dogrib Renewable Resources Committee to the West Kitikmeot Slave Study Society, Yellowknife.

Legat，Allice，Sally Anne Zoe，Madelaine Chocolate，and Kathy Simpson

1999　*Habitat of Dogrib Traditional Territory：Place Names as Indicators of Biogeographical Knowledge*. Annual Report of the Dogrib Renewable Resources Committee to the West Kitikmeot Slave Study Society, Yellowknife.

Legat，Allice，Georgina Chocolate，Bobby Gon，Sally Anne Zoe，and Madeline Chocolate

2001　*Caribou Migration and the State of their Habitat：Final Report*. Submitted to the West Kitikmeot/Slave Study Society, Yellowknife.

Neufeld，David

2001　Parks Canada and the Commemoration of the North：History and Heritage. In *Northern Visions：New Perspectives on the North in Canadian History*, K. Abel and K. S. Coates, eds. , pp. 45 – 75. Peterborough：Broadview Press.

Parks Canada

2000　*National Historic Sites：System Plan*. Ottawa：Department of Canadian Heritage.

Strong，Roseanna，and Brenda Hans

1996　Diamonds in the Rough：The Tundra Science Camp. *Green Teacher* 48：24 – 6.

T'Seleie，John，Isadore Yukon，Bella T'Seleie，Ellen Lee and Thomas D. Andrews

2000　*Rakekée Gok'é Godi：Places we take care of*. Report of the Sahtu Heritage Places and Sites Joint Working Group. Yellowknife：Sahtu Heritage and Places Joint Working Group (available online at www. pwnhc. ca).

West Kitikmeot/Slave Study (WKSS)

2000　*Annual Report：99/00*. West Kitikmeot/Slave Study, Yellowknife, NT.

Woolf，Terry，and Thomas D. Andrews

1997　*Tłįchǫ Kíelà：The Dogrib Birchbark Canoe*. VHS video documentary；30 minutes. Rae-Edzo：Dogrib Divisional Board of Education.

2001　*Tłįchǫ Ekwò Njhmbàa：Dogrib Caribou Skin Lodge*. VHS video documentary；30-minutes. Rae-Edzo：Dogrib Community Services Board.

（崔艳嫣　译）

图书在版编目（CIP）数据

北方民族志景观：北极民族视角／（美）伊戈尔·
克鲁普尼克（Igor Krupnik），（美）雷切尔·梅森
（Rachel Mason），（美）托妮娅·伍兹·霍顿
（Tonia W. Horton）主编；李燕飞，孙厌舒译. －－北京：
社会科学文献出版社，2021.4
　（北冰洋译丛）
　书名原文：Northern Ethnographic Landscapes：
Perspectives from Circumpolar Nations
　ISBN 978－7－5201－7907－2

　Ⅰ.①北…　Ⅱ.①伊…②雷…③托…④李…⑤孙
…　Ⅲ.①北极－民族地区－景观保护－研究　Ⅳ.
①X321.1

中国版本图书馆 CIP 数据核字（2021）第 025461 号

北冰洋译丛
北方民族志景观
——北极民族视角

主　　编／〔美〕伊戈尔·克鲁普尼克（Igor Krupnik）　〔美〕雷切尔·梅森（Rachel Mason）
　　　　　〔美〕托妮娅·伍兹·霍顿（Tonia W. Horton）
译　　者／李燕飞　孙厌舒

出 版 人／王利民
组稿编辑／张晓莉
责任编辑／叶　娟
文稿编辑／肖世伟

出　　版／社会科学文献出版社·国别区域分社（010）59367078
　　　　　地址：北京市北三环中路甲 29 号院华龙大厦　邮编：100029
　　　　　网址：www.ssap.com.cn
发　　行／市场营销中心（010）59367081　59367083
印　　装／三河市龙林印务有限公司

规　　格／开本：787mm×1092mm　1/16
　　　　　印张：24　字数：296 千字
版　　次／2021 年 4 月第 1 版　2021 年 4 月第 1 次印刷
书　　号／ISBN 978－7－5201－7907－2
著作权合同
登 记 号　／图字 01－2020－2313 号
定　　价／128.00 元